关联区域 VOCs 排放信息的收集、融合与应用

陆秋琴　黄光球　著

北 京

冶 金 工 业 出 版 社

2022

内 容 提 要

本书系统介绍了关联区域 VOCs 排放信息收集、融合与应用的方法等，内容包括关联区域 VOCs 排放层次化云网格管理系统框架、VOCs 污染物监测系统数据采集原理、VOCs 污染物排放数据错误值修正及缺失值补充模型、基于错误值修正的 VOCs 污染物排放数据三级融合算法、基于云网格体系的关联区域 VOCs 相关性及贡献率分析、基于随机森林算法的 VOCs 浓度预测方法、基于多源数据融合的区域 VOCs 浓度预测方法、基于深度学习的区域 VOCs 聚集态势感知、跨区域的 VOCs 污染传播预警方法、关联区域内 VOCs 危害程度评价、关联区域内 VOCs 危害程度成因解析、关联区域内 VOCs 危害程度控制。

本书可供管理科学与工程、环境管理、信息系统与信息管理、人工智能、信息融合等领域的科研人员、工程技术人员阅读，也可供大专院校有关专业的师生参考。

图书在版编目（CIP）数据

关联区域 VOCs 排放信息的收集、融合与应用/陆秋琴，黄光球著. —北京：冶金工业出版社，2022.1
　　ISBN 978-7-5024-8975-5

　　Ⅰ.①关…　Ⅱ.①陆…　②黄…　Ⅲ.①挥发性有机物—研究
Ⅳ.①X513

中国版本图书馆 CIP 数据核字（2021）第 242941 号

关联区域 VOCs 排放信息的收集、融合与应用

出版发行	冶金工业出版社	**电　话**	（010）64027926
地　址	北京市东城区嵩祝院北巷 39 号	**邮　编**	100009
网　址	www.mip1953.com	**电子信箱**	service@mip1953.com

责任编辑　高　娜　美术编辑　彭子赫　版式设计　禹　蕊
责任校对　郑　娟　责任印制　禹　蕊
三河市双峰印刷装订有限公司印刷
2022 年 1 月第 1 版，2022 年 1 月第 1 次印刷
710mm×1000mm　1/16；14.75 印张；284 千字；219 页
定价 87.00 元

投稿电话　（010）64027932　投稿信箱　tougao@cnmip.com.cn
营销中心电话　（010）64044283
冶金工业出版社天猫旗舰店　yjgycbs.tmall.com
（本书如有印装质量问题，本社营销中心负责退换）

前　言

　　由于工业化的快速发展，我国的大气污染已由单一型转化为复合型，常见的区域复合型大气污染主要表现为臭氧、酸雨和雾霾等形式。在氮氧化物和颗粒物等作用下形成的雾霾污染已经对人们的生活造成了不同程度的影响，并成为近年来的一个焦点问题。在对雾霾研究过程中发现，雾霾的形成与挥发性有机化合物（volatile organic compounds，VOCs）有着直接的关系，$PM_{2.5}$的浓度过高时引发了雾霾污染，而VOCs对$PM_{2.5}$有很大的贡献。除此之外，VOCs的排放还会造成其他危害：VOCs会导致臭氧破坏，加剧了温室效应；一些VOCs具有毒性，能引发某些病状，严重时可能导致癌症；一些VOCs容易引起火灾，甚至产生爆炸。

　　在我国VOCs是指常温下饱和蒸气压大于133Pa、常压下沸点在50～260℃之间的有机化合物，或在常温常压下任何能挥发的有机固体或液体。VOCs主要来源是工业源，工业源在总排放量中占据主要地位，工业源主要有：石油天然气的开采和运输、钢铁及有色金属生产、医药食品生产、机械制造、电子产品生产、纺织印染工业、涂料生产等，这些工业生产过程中会排放出大量VOCs；此外机动车尾气也是一个重要的排放源，车辆行驶中由于汽油和柴油的使用会排放大量VOCs，其组成物质有乙烯、丙烯、丙烷等；生活源也是一个重要的排放源，厨房做饭时的油烟排放、新房的装潢材料、农村地区秸秆燃烧，甚至日常使用的化妆品、消毒剂、防腐剂等也会产生一些 VOCs。

对于上述问题，在"十三五"规划的总量减排基础上，2020 年生态环境部会议提出在"十四五"时期，将 VOCs 排放考虑到环境保护税的范围中。不同省份针对 VOCs 也出台了相应的控制策略。

对于 VOCs 排放的监测及预防，首要的任务便是保证 VOCs 排放监测数据的可靠性。由于关联区域 VOCs 排放监测机构众多，多种渠道来源的监测信息略有差异，监测水平也良莠不齐，各监测部门的人员、设备配置、监测经验存在差异，将多源监测信息稍做比较便会发现同一地区的 VOCs 排放监测数据易出现多个不同的数值，无法对该区域大气环境质量做出精确评价。且随着 VOCs 排放监测系统的复杂性日益提高，依靠单个 VOCs 排放监测机构对污染气体进行监测显然不具有说服力，特别是有部分小型监测站也是 VOCs 排放监测气体数据的重要信息源，但是这一信息源往往由于规模过小或精度不高而被人们所忽略，因此，在 VOCs 排放数据分析中需要使用数据融合技术将多个监测机构监测的 VOCs 排放数据进行科学处理。

为了解决关联区域 VOCs 排放信息收集和融合中存在的难点问题，本书介绍了下列研究成果：

（1）对采集数据的传感器网络监测系统进行了详细的分析，提出了建立关联区域 VOCs 监测系统数据收集与共享平台的方法。

（2）考虑到传感器网络监测系统直接采集到的数据通常不完整、存在误差和噪声干扰，提出了一种组合错误数据检测算法（SWDS-LOF），并利用多项式拟合的方法对错误数据进行修正，针对修正后数据不完整的情况提出多变量季节性时间序列模型（SARIMA），最终得到完整准确的 VOCs 污染物排放监测值。

（3）在基于错误值修正及缺失值补充方法得到的数据基础上，提出了关联区域内 VOCs 污染物排放监测数据三级融合算法及可靠性方法。

以上述研究成果为基础，本书介绍了以下应用成果：

（1）为了"精细化"地管理数据，提出了对关联区域划分网格的方法。

（2）为了研究关联区域内各子区域 VOCs 的相关性和相互污染程度，提出了空间自相关分析方法和 VAR 模型。

（3）为了预测关联区域内 VOCs 的浓度值，提出了随机森林算法。

（4）为了提升关联区域内 VOCs 浓度预测的准确性，采用数据融合理论构建出了多源 VOCs 浓度监测信息的三级数据融合模型。

（5）为了实现 VOCs 聚集态势感知，采用深度学习方法提出了基于浓度预测的 VOCs 聚集态势感知法，简称聚集态势感知法，该方法将态势感知的概念引入 VOCs 研究，将区域 VOCs 聚集态势直观展示出来。

（6）为了对子区域间的 VOCs 污染传播预警分析，提出了指标预警的方法。

（7）为了有效监管 VOCs 危害状况、防止危害的发展，提出了基于系统动力学的 VOCs 危害程度评价方法。

（8）为了找出排放并扩散 VOCs 到目标区域的污染源，防止目标区域受到进一步污染，提出基于对象函数 Petri 网的关联区域内 VOCs 危害程度成因解析模型。

（9）通过分析 VOCs 在大气、土壤、水体环境中产生污染迁移从而导致目标区域受到污染所涉及的影响因素，建立了"VOCs 引发的污染"事故树模型。

在本书的撰写过程中，魏巍、兰琼、吴甜甜、白静飞、潘婉琪等参与了部分工作，在此表示感谢。

本书内容涉及的研究得到了以下科研项目的资助：

（1）国家自然科学基金项目：关联区域挥发性有机化合物（VOCs）排放可伸缩层次化联防联控云网格精细化管理机制研究，71874134，2019/01-2022/12。

（2）陕西省自然科学基础研究计划-重点项目：关联区域 VOCs 排放联防联控机制研究，2019JZ-30，2019/01-2021/12。

由于作者水平所限，书中不妥之处，敬请读者批评指正。

作　者
2021 年 8 月

目　　录

1　关联区域 VOCs 排放层次化云网格管理系统框架 ················· 1

1.1　层次化云网格管理系统目标 ···························· 1

1.2　基础网格划分与编号 ······························· 1

　1.2.1　正方形网格划分方法 ··························· 1

　1.2.2　三角形网格划分方法 ··························· 2

1.3　云网格体系的构建与运作机制 ························ 4

　1.3.1　云网格数据汇集机制 ··························· 4

　1.3.2　组织云网格运作机制 ··························· 6

　1.3.3　任务云网格运作机制 ··························· 7

　1.3.4　执行云网格运作机制 ··························· 7

1.4　云网格体系的形成 ······························· 9

　1.4.1　软硬件及服务器准备 ··························· 9

　1.4.2　搭建云环境 ······························· 10

1.5　网格数据收集与预估 ······························ 11

　1.5.1　网格数据收集 ····························· 11

　1.5.2　网格数据预估 ····························· 12

1.6　本章小结 ································· 14

参考文献 ····································· 14

2　VOCs 污染物监测系统数据采集原理 ····················· 15

2.1　VOCs 污染物监测系统传感器网络模块描述 ················ 16

　2.1.1　VOCs 污染物监测系统传感器型号 ················· 16

　2.1.2　VOCs 污染物监测系统电源模块 ·················· 17

2.2　VOCs 污染物监测系统传感器网络数据采集 ················ 17

2.3　关联区域 VOCs 污染物监测系统数据采集与共享平台 ········· 18

　2.3.1　关联区域 VOCs 污染物监测系统数据采集平台 ········· 18

　2.3.2　关联区域 VOCs 污染物监测系统数据共享平台 ········· 19

2.4　本章小结 ································· 20

参考文献 …………………………………………………………………… 20

3　VOCs 污染物排放数据错误值修正及缺失值补充模型 …………… 22

　3.1　传感器网络监测系统故障的判定 ……………………………… 22
　　3.1.1　传感器网络监测系统故障类型分析 …………………… 22
　　3.1.2　传感器网络监测系统故障与失效状态故障树 ………… 25
　3.2　基于 SWDS-LOF 算法及多项式拟合法修正错误值 ………… 28
　　3.2.1　SWDS-LOF 算法检测错误值 …………………………… 28
　　3.2.2　多项式拟合法修正错误值 ……………………………… 30
　3.3　基于多变量季节性时间序列模型（SARIMA 模型）补充缺失值 ……… 30
　　3.3.1　高度相关污染物传感器组的判定 ……………………… 31
　　3.3.2　多变量 SARIMA 模型的构建 ………………………… 31
　　3.3.3　VOCs 污染物排放数据修正及补充流程 ……………… 33
　3.4　案例研究 ………………………………………………………… 33
　　3.4.1　研究区域概况 …………………………………………… 33
　　3.4.2　数据来源分析 …………………………………………… 34
　　3.4.3　VOCs 污染物排放数据错误值修正及缺失值补充 …… 36
　3.5　本章小结 ………………………………………………………… 44
　参考文献 …………………………………………………………… 44

4　基于错误值修正的 VOCs 污染物排放数据三级融合算法 ……… 46

　4.1　基于 EMD-DS 算法的单系统 VOCs 污染物排放数据一级融合 ……… 47
　　4.1.1　单系统 VOCs 污染物排放数据结构 …………………… 47
　　4.1.2　单系统 VOCs 污染物排放数据融合算法场景描述 …… 47
　　4.1.3　单系统 EMD-DS 数据融合算法中 BPA 生成方法 …… 49
　　4.1.4　单系统 EMD-DS 数据融合算法证据决策方法 ……… 52
　　4.1.5　单系统 EMD-DS 数据融合算法结果可靠性验证 …… 54
　4.2　基于 SD-CP 算法的关联系统 VOCs 污染物排放数据二级融合 ……… 57
　　4.2.1　关联系统 VOCs 污染物排放数据结构 ………………… 57
　　4.2.2　关联系统 VOCs 污染物排放数据融合场景设计 ……… 58
　　4.2.3　关联系统 SD-CP 数据融合算法原理 ………………… 59
　　4.2.4　关联系统 SD-CP 数据融合算法流程 ………………… 60
　　4.2.5　关联系统 SD-CP 数据融合算法结果可靠性验证 …… 62
　4.3　基于 NNs-RA 算法的关联区域 VOCs 污染物排放数据三级融合 ……… 64
　　4.3.1　关联区域 VOCs 污染物排放数据结构 ………………… 64

　　　　4.3.2　关联区域 VOCs 污染物排放数据优化处理 ·················· 65

　　　　4.3.3　关联区域 NNs-RA 数据融合算法原理及流程 ············· 66

　　　　4.3.4　关联区域 NNs-RA 数据融合算法步骤 ···················· 68

　　4.4　案例研究 ··· 68

　　　　4.4.1　单系统 VOCs 污染物排放数据融合算法案例分析 ········· 68

　　　　4.4.2　关联系统 VOCs 污染物排放数据融合算法案例分析 ······· 81

　　　　4.4.3　关联区域 VOCs 污染物排放数据融合算法案例分析 ······· 88

　　4.5　本章小结 ··· 93

　　参考文献 ··· 93

5　基于云网格体系的关联区域 VOCs 相关性及贡献率分析 ········· 96

　　5.1　关联区域 VOCs 空间自相关分析 ····························· 96

　　　　5.1.1　VOCs 空间自相关分析场景描述 ························· 96

　　　　5.1.2　VOCs 空间溢出效应分析 ······························· 97

　　　　5.1.3　VOCs 空间自相关分析 ································· 97

　　　　5.1.4　空间权重矩阵 ······································· 99

　　5.2　关联区域相互影响的 VOCs-VAR 模型 ······················· 99

　　　　5.2.1　VOCs-VAR 模型的构建 ······························· 99

　　　　5.2.2　VOCs-VAR 模型检验 ································· 100

　　　　5.2.3　VOCs 污染误差扰动分析 ····························· 100

　　　　5.2.4　VOCs 污染方差归因 ································· 101

　　5.3　子区域间 VOCs 相互贡献率分析 ··························· 101

　　　　5.3.1　子区域间 VOCs 相互贡献率 ························· 101

　　　　5.3.2　受体子区域最佳影响个数 ··························· 102

　　5.4　案例研究 ··· 103

　　　　5.4.1　研究区域概况 ······································· 103

　　　　5.4.2　数据来源分析 ······································· 104

　　　　5.4.3　研究区域网格划分与数据收集 ······················· 104

　　　　5.4.4　研究区域自相关性和相互贡献率计算 ················· 107

　　5.5　本章小结 ··· 112

　　参考文献 ··· 112

6　基于随机森林算法的 VOCs 浓度预测方法 ····················· 114

　　6.1　基于随机森林的 VOCs 污染预测 ··························· 114

　　　　6.1.1　VOCs 污染预测原理与方法 ························· 114

　　6.1.2　随机森林算法的定义和性质 ·················· 114

　6.2　数据集与模型结构 ·················· 115

　　6.2.1　VOCs 预测模型特征 ·················· 115

　　6.2.2　VOCs 预测模型原始样本数据集 ·················· 116

　　6.2.3　VOCs 预测模型构建 ·················· 116

　6.3　子样本集选取与决策树的构建 ·················· 117

　　6.3.1　子样本集的随机选取 ·················· 117

　　6.3.2　CART 决策树的构建 ·················· 118

　6.4　VOCs 浓度预测结果及性能评价 ·················· 119

　　6.4.1　VOCs 浓度预测结果 ·················· 119

　　6.4.2　性能评价指标 ·················· 119

　6.5　基于随机森林算法的 VOCs 预测模型 ·················· 120

　　6.5.1　模型构建与特征相关性检验 ·················· 120

　　6.5.2　模型训练、验证和评估 ·················· 120

　　6.5.3　VOCs 污染物浓度预测 ·················· 121

　6.6　本章小结 ·················· 122

　参考文献 ·················· 122

7　基于多源数据融合的区域 VOCs 浓度预测方法 ·················· 124

　7.1　基于多源数据融合的 VOCs 浓度预测模型 ·················· 125

　　7.1.1　区域 VOCs 多源数据融模型的构建 ·················· 125

　　7.1.2　基于矩阵分析的一级融合算法 ·················· 126

　　7.1.3　基于卷积神经网络的二级融合算法 ·················· 127

　　7.1.4　基于支持向量机的三级融合算法 ·················· 129

　　7.1.5　模型评价标准 ·················· 130

　7.2　仿真实验与结果分析 ·················· 131

　　7.2.1　数据介绍 ·················· 131

　　7.2.2　基于多源数据融合的 VOCs 浓度预测 ·················· 131

　　7.2.3　结果分析与模型对比 ·················· 136

　7.3　本章小结 ·················· 138

　参考文献 ·················· 139

8　基于深度学习的区域 VOCs 聚集态势感知 ·················· 142

　8.1　基于深度学习的区域 VOCs 聚集态势感知模型 ·················· 143

　　8.1.1　区域 VOCs 聚集态势感知模型构建 ·················· 143

8.1.2　VOCs 聚集态势感知 ······················· 145

8.1.3　基于 RF 模型的特征选择 ················· 146

8.1.4　基于 LSTM 模型的浓度预测 ··········· 148

8.2　仿真实验与结果分析 ······························· 150

8.2.1　数据介绍 ······································· 150

8.2.2　模型评价指标 ································· 151

8.2.3　特征重要性分析 ····························· 151

8.2.4　基于 RF-LSTM 模型的 VOCs 浓度预测 ··· 152

8.2.5　态势感知分析 ································· 156

8.3　本章小结 ··· 158

参考文献 ··· 158

9　跨区域的 VOCs 污染传播预警方法 ················ 161

9.1　VOCs 污染预警分析 ······························· 161

9.2　VOCs 预警指标体系的建立 ····················· 162

9.2.1　预警指标选取原则 ························· 162

9.2.2　初级预警指标筛选与关联性分析 ······· 162

9.2.3　最终预警指标体系 ························· 164

9.3　VOCs 预警综合评价 ······························· 165

9.3.1　预警指标数据处理 ························· 165

9.3.2　预警指标权重的计算 ····················· 166

9.3.3　VOCs 预警综合评价和等级划分 ········· 166

9.4　基于指标预警模型的综合评价 ·················· 167

9.4.1　指标权重的计算 ····························· 167

9.4.2　预警等级与综合评价 ····················· 168

9.5　本章小结 ··· 169

参考文献 ··· 170

10　关联区域内 VOCs 危害程度评价 ·················· 172

10.1　VOCs 产生危害的作用机理 ···················· 172

10.1.1　VOCs 对环境危害的作用机理 ········· 172

10.1.2　VOCs 对人体健康危害的作用机理 ····· 173

10.2　关联区域内 VOCs 危害过程分析 ··········· 173

10.2.1　VOCs 对大气环境的危害 ··············· 173

10.2.2　VOCs 对地表自然生态环境的危害 ····· 174

　　　10.2.3　VOCs 对人体健康的危害 ················· 174

　　　10.2.4　VOCs 危害过程综合分析 ·················· 175

　　10.3　关联区域内 VOCs 危害程度系统动力学评价模型构建 ··· 176

　　　10.3.1　模型因果关系图 ······················· 176

　　　10.3.2　系统动力学模型流图 ··················· 177

　　　10.3.3　VOCs 危害程度指数分级 ················· 179

　　10.4　案例研究 ································ 179

　　　10.4.1　案例背景和数据来源 ··················· 179

　　　10.4.2　系统方程的构建 ······················· 180

　　　10.4.3　模型检验 ··························· 181

　　　10.4.4　模拟结果分析 ························· 182

　　10.5　本章小结 ······························· 184

　　参考文献 ································· 185

11　关联区域内 VOCs 危害程度成因解析 ··············· 186

　　11.1　关联区域内 VOCs 危害程度成因解析的基本原理 ······ 186

　　　11.1.1　关联区域内 VOCs 危害程度成因解析的场景描述 ··· 186

　　　11.1.2　潜在污染源与目标区域联系的建立 ·········· 187

　　　11.1.3　关联区域 VOCs 危害程度成因解析的步骤 ······ 187

　　11.2　VOCs 危害程度成因解析 Petri 网模型 ··········· 189

　　　11.2.1　VOCs 危害程度成因解析的定义 ············ 189

　　　11.2.2　OFPNM 模型的构建流程 ················· 190

　　　11.2.3　VOCs 浓度计算 ······················ 191

　　　11.2.4　VOCs 迁移表示及计算 ·················· 191

　　　11.2.5　目标区域污染成因确定步骤 ··············· 192

　　11.3　案例研究 ······························ 193

　　　11.3.1　数据来源及 Petri 网模型的构建 ··········· 193

　　　11.3.2　结果分析与讨论 ······················· 198

　　11.4　本章小结 ······························ 200

　　参考文献 ································· 200

12　关联区域内 VOCs 危害程度控制 ················· 201

　　12.1　目标区域 VOCs 污染程度的影响因素分析 ········· 201

　　　12.1.1　VOCs 引发的大气污染程度的影响因素 ········ 201

　　　12.1.2　VOCs 引发的土壤污染程度的影响因素 ········ 202

12.1.3　VOCs 引发的水体污染程度的影响因素 ……………………… 203

12.2　目标区域 VOCs 污染程度的关键影响因素辨识 ……………………… 203

12.2.1　VOCs 引发的污染的事故树模型 ……………………… 203

12.2.2　事故树分析 ……………………… 204

12.3　关联区域内 VOCs 危害程度控制的系统动力学模型 ……………… 205

12.3.1　系统动力学模型因果关系图 ……………………… 205

12.3.2　系统动力学模型流图 ……………………… 206

12.4　案例研究 ……………………… 208

12.4.1　案例背景及数据来源 ……………………… 208

12.4.2　系统方程的构建 ……………………… 208

12.4.3　模型灵敏度分析 ……………………… 212

12.4.4　方案设计及结果分析 ……………………… 213

12.5　VOCs 危害程度控制措施 ……………………… 215

12.5.1　从污染源层面采取的控制措施 ……………………… 216

12.5.2　从大气污染层面采取的控制措施 ……………………… 216

12.5.3　从土壤污染层面采取的控制措施 ……………………… 217

12.5.4　从水体污染层面采取的控制措施 ……………………… 217

12.5.5　VOCs 末端治理措施 ……………………… 218

12.6　本章小结 ……………………… 218

参考文献 ……………………… 219

1　关联区域 VOCs 排放层次化云网格管理系统框架

1.1　层次化云网格管理系统目标

建立关联区域内 VOCs 排放层次化云网格管理系统的目标是将网格化管理与云计算联系起来，利用网格化管理的层层相扣与云计算强大的运算能力，将关联区域内 VOCs 的排放数据进行汇总统计；并且利用网格化管理既能从上至下传递信息，又能由下至上传递信息的特点，正向和反向传递消息，从而将关联区域内的减排任务由顶层云网格中心下放分摊至下一级云网格中心，层层相扣，最终全部传达到底层的企业，让企业快速执行减排任务，加快信息传递和信息交互。

1.2　基础网格划分与编号

1.2.1　正方形网格划分方法

关联区域网格由 $w \times w (\mathrm{km}^2)$ 的细小正方形网格构成，覆盖了整个关联区域地理范围，且排除了部分明显不包含 VOCs 排放源的网格。采用 w-网格划分方法可以在关联区域东西方向划分 L 个单元，南北方向划分 W 个单元，共计 LW 个单元网格。单元网格中心点坐标及覆盖范围如式（1.1）、式（1.2）所示。将全部单元网格边界以黑色实线绘制到关联区域电子地图上，可以得到相应的可视化网格系统。

$$C_{m,n} = \left(S_o + \frac{(n-0.5) \times w}{3.6} L_{lon}, \ S_a - \frac{(m-0.5) \times w}{3.6} L_{lat} \right) \quad (1.1)$$

$$G_{m,n} = \left[C_m \pm \frac{w \times 0.5}{3.6} L_{lon}, \ C_n \pm \frac{w \times 0.5}{3.6} L_{lat} \right] \quad (1.2)$$

式中，w 为网格的大小；m 和 n 分别为单元网格行列坐标；$C_{m,n}$ 为坐标第 m 行 n 列的单元网格中心点坐标；S_a 为研究范围经度起始值；S_o 为研究范围纬度起始值；L_{lon} 为地表每公里距离经度跨度，其数值近似为 25.516667s；L_{lat} 为地表每公里距离纬度跨度，其数值近似为 30.883333s；$G_{m,n}$ 为单元网格覆盖范围；C_m 为该单元网格中心点经度；C_n 为该单元网格中心点纬度。

当 VOCs 排放量在连续空间分布中变化剧烈时，可以使用 w 级粒度网格划分方法得到的单元网格对VOCs排放活动建立有针对性的网格管理机制。

1.2.2 三角形网格划分方法

　　基础网格实现了网格管理体系的精细化，当最低层级所管辖的区域被划分为众多基础网格时，数据和信息的传递也同时实现了精细化。基础网格通常采用规则的 1km×1km 单元网格划分法，得到大小相同的规则网格，但在实际应用中由于会受到地理条件限制、高大建筑物的阻碍、边界线上的网格所属区域包含性等问题，本章引入了点网格划分算法。点网格算法通过选取关联区域中的点，合理地避免一些高大建筑物如医院、学校的限制；划分网格时会将基础网格进行编号，每一个网格都有对应的网格信息；整个划分过程对点的利用率高，通过形成不规则三角网格将区域中所有点全部划分完，不会存在没有划分的点。

　　点网格算法划分网格时首先建立区域坐标点集合，选取集合中的点，从该点开始搜索最近的另一个点，得到一条线段，以该线段的中点为基础寻找最近的下一个点，这三点组成种子网格；采用中点法寻找种子网格的新边，形成原始网格；原始网格继续扩展，当利用所有点完成划分过程时，关联区域便会产生若干三角网格。具体步骤如下：

　　（1）建立区域坐标点集合。在关联区域中建立相应的坐标系，保证区域中的点都以坐标的形式表达，获得区域坐标点集合 R_c，如式（1.3）所示。

$$R_c = \{(x_1, y_1), (x_2, y_2), \cdots, (x_n, y_n)\} \tag{1.3}$$

式中，(x_i, y_i) 为区域中点 i 的坐标，其中 $i = 1, 2, \cdots, n$；n 为区域中所有的坐标点。

　　（2）依据区域坐标点集合 R_c，初始化种子网格。对于点 $p_1 = (x_{m_1}, y_{m_1})$ 进行临近检索得到第二个坐标点 $p_2 = (x_{m_2}, y_{m_2})$，连接两个点得到线段 $L(p_1, p_2)$，通过线段 L 的中点检索距离最近第三点 $p_3 = (x_{m_3}, y_{m_3})$，将 p_1、p_2、p_3 依次连接得到一个种子网格，如图 1.1 所示。集合 E_l 用来储存此过程中产生的边，起初 E_l 为 $\varnothing$，随着网格的划分储存的边集合越来越多，E_l 如式（1.4）所示。

$$E_l = E_l \cup (p_1, p_2) \cup (p_4, p_3) \cup \cdots \cup (p_i, p_j) \tag{1.4}$$

式中，E_l 为边集合；(p_i, p_j) 为坐标点 p_i、p_j 形成的边。

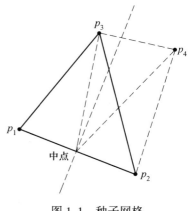

图 1.1　种子网格

（3）扩充种子网格，形成原始网格。选择 E_l 中没有进行中点检索的边 L_k，其端点坐标即为 $p_i = (x_{m_i}, y_{m_i})$、$p_j = (x_{m_j}, y_{m_j})$，同时利用式（1.5）、式（1.6）计算该点的中点坐标 $C_{i,j}$；继续从 R_c 寻找与点 $C_{i,j}$ 距离最近的点，再得到一个三角网格，并且将新的边存到 E_l 中，继续此过程直到 E_l 没有符合的边为止。

$$C_{i,j} = \left(\frac{x_{m_i} + x_{m_j}}{2}, \ \frac{y_{m_i} + y_{m_j}}{2} \right), \ i \neq j \tag{1.5}$$

$$|AB| = \sqrt{(x_{m_i} - x_{m_j})^2 + (y_{m_i} - y_{m_j})^2}, \ i \neq j \tag{1.6}$$

式中，$C_{i,j}$ 为坐标点 p_i、p_j 的中点坐标；$|AB|$ 为两坐标点间的距离。

（4）扩展原始网格，得到新网格。在原始网格的基础上，检查 R_c 中是否还剩单独的点，若有则重复第二、第三个步骤，这时关联区域中坐标点是大量存在的，在划分中可以利用这些点详细地划分整个区域。

（5）基础网格编号与信息标识。第一个三角网格的编号为 001，在扩展原始网格的过程中，得到基础网格的信息 $N[(p_i, p_j, p_k), Num]$，其中 (p_i, p_j, p_k) 表示形成该网格的三个点，即 $p_i = (x_{m_i}, y_{m_i})$、$p_j = (x_{m_j}, y_{m_j})$、$p_k = (x_{m_k}, y_{m_k})$，Num 表示网格编号，编号值范围为 0~999 的整数。

通过点网格算法可以将网格体系中的最低层级所辖区域划分为众多基础网格，并对每个网格编号，如图 1.2 所示。这样可以获取不同网格的坐标信息和编号信息，为网格数据的收集提供了方便。当基础网格的数据收集完成后，依次上传到所属的上级云网格中心，同时当出现污染问题时也能准确标识出所属的基础网格。

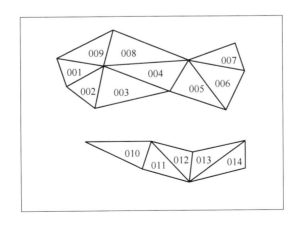

图 1.2　基础网格编号图

1.3　云网格体系的构建与运作机制

1.3.1　云网格数据汇集机制

　　所有面源节点内的 VOCs 浓度通过 HYSPLIT4 软件计算出来，并自动汇集到最底层云网格中心的数据库中。所有点源节点所释放出来的 VOCs 排放量，通过与责任主体相关联的网格化清单和责任主体的活动水平信息，被上传到其所属的最底层云网格中心数据库中。

　　下级云网格中心数据库所保存的 VOCs 排放信息不断通过汇总向其所属的上级云网格中心聚集。上级云网格中心通过收集到的 VOCs 排放汇总信息，即可精确了解其所辖区域内的 VOCs 排放情况。例如，若一个关联区域为某个省，则对该关联区域管理部门所管理的顶层云网格中心（省级）来说，它能收集到各二级云网格中心（地级市）的 VOCs 排放的汇总情况，从而可以判断哪个二级云网格中心的 VOCs 排放量存在问题。对三级管理部门所管理的区县级云网格中心来说，它能收集到各乡镇或街道的 VOCs 排放的汇总情况，从而可以判断哪个乡镇或街道的 VOCs 排放量存在问题。对乡镇或街道管理部门所管理的底层云网格中心来说，它能看到所辖区域内每个 VOCs 排放企业的 VOCs 排放情况，从而可以判断哪个企业 VOCs 排放量存在问题。

　　云网格管理系统中的数据汇集机制如图 1.3 所示。网格数据收集并进行汇总的运行机制如下：按照国家划分地区层级的标准，将国家级关联区域的云网格中心分为六层，分别为顶层云网格中心（国家）、二级云网格中心（省/地区）、三级云网格中心（市）、四级云网格中心（县/区）、五级云网格中心（镇/街道）以及底层的直接排放 VOCs 的企业。从底层企业开始，由每个企业的企业负责人上传其企业的 VOCs 排放信息，企业上传的 VOCs 排放信息将会汇总到其所属的上一级（即某一个五级云网格中心），其所属的五级云网格中心将会收集到其管理的所有企业的 VOCs 排放信息，并将其汇总后反馈给它所属的上一级（即某一个四级云网格中心），其所属的四级云网格中心会将其下所属的所有五级云网格中心反馈的数据收集并汇总，一起反馈给此四级云网格中心的上一级（即某一个三级云网格中心），这样一来，此三级云网格中心便能收集到其下所属的所有四级云网格中心的 VOCs 排放数据，此三级云网格中心将这些数据收集起来，打包汇总至其上一级（即某一个二级云网格中心），此二级云网格中心便能收集到其下所属的所有层级的 VOCs 排放数据，并将这些数据发送给顶层云网格中心，顶层云网格中心是唯一的，它能够收集并汇总此关联区域内所有的企业和工厂的 VOCs 的排放数据。使用此种层次化的管理模式，可以将整个关联区域内的 VOCs 排放数据完整地收集和汇总。

　　在此运行机制中，每个云网格中心都有负责对自己管理区域所排放的 VOCs 数据进行管理监督工作的云网格管理责任人，企业也有负责上报本企业 VOCs 排

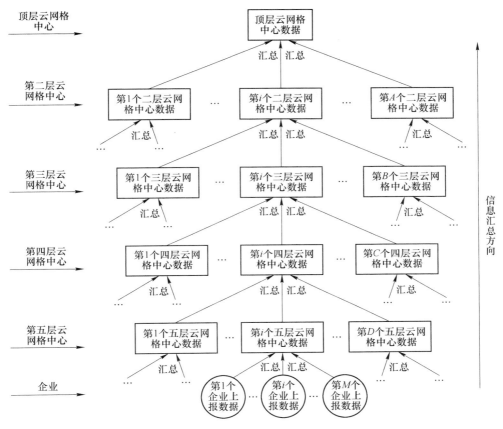

图 1.3 信息汇总运作机制

放数据的责任人。企业的责任人只需要跟自己上级的五级云网格管理责任人进行信息对接，而五级网格管理责任人则要负责管理和监督自己所属的云网格中心其下的所有企业的 VOCs 排放信息。五级云网格管理责任人只需要跟自己上一级所属的四级云网格管理责任人进行数据对接，而此四级云网格管理责任人需要对自己管理范围内的所有五级云网格中心的 VOCs 排放数据进行管理监督，然后跟自己的上级三级云网格管理责任人进行数据对接。同样地，三级云网格管理责任人要对自身管理范围内的所有四级云网格中心的 VOCs 排放数据进行监督，并且跟他的上级管理责任人，即某一个二级云网格管理责任人进行数据对接，确保数据传输和汇总的准确性；而顶层云网格管理责任人则只需要与其下所属的所有二级云网格管理责任人进行数据对接。此管理结构层层相扣，既能将每个云网格管理责任人的管理内容缩减，不至于管理的数据量过大，增加管理难度，又能够保证上报数据的准确性。

1.3.2 组织云网格运作机制

由于每个云网格中心设置一个云网格管理责任人，这样，顶层云网格中心责任人负责对整个关联区域的 VOCs 排放实施监督和管理，但他只与二级云网格中心责任人打交道。二级云网格中心责任人负责该云网格中心所属的整个地区的 VOCs 排放实施监督和管理，但他只与三级云网格中心责任人打交道。三级云网格中心责任人负责该云网格中心所属的整个区域的 VOCs 排放实施监督和管理，但他只与四级云网格中心责任人打交道。四级云网格中心责任人负责该云网格中心所属整个区域的 VOCs 排放实施监督和管理，但他只与五级云网格中心责任人打交道。五级云网格中心责任人负责该云网格中心所属区域的 VOCs 排放实施监督和管理，但他只与底层云网格中心责任人打交道。底层云网格中心责任人负责该云网格中心所属的整个乡镇或街道内的 VOCs 排放实施监督和管理，但他只与管辖范围内的企业责任人打交道。组织网格运作机制如图 1.4 所示。

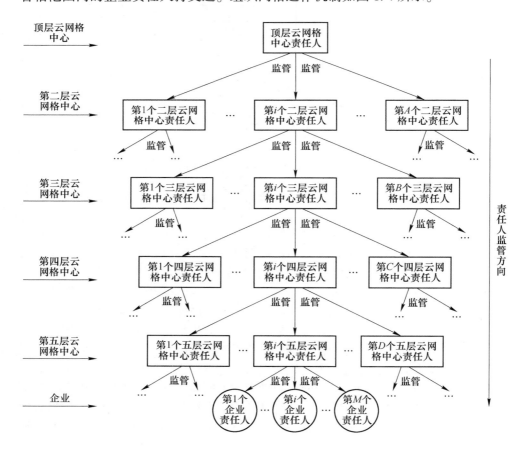

图 1.4 组织网格运作机制

1.3.3 任务云网格运作机制

任务云网格用于对各层级云网格中心派发 VOCs 排放联防联控任务的管理，即减排任务的分摊。任务云网格是由上级向下一级派发 VOCs 减排任务的一种方便上下级传输信息的运行机制，使用这种传输信息的机制能够保证信息传达快速并且准确，还能够使得每一级的云网格中心责任人精确地了解到自己管理范围内的 VOCs 联防联控情况。

任务云网格的减排任务分摊运行机制如下：顶层云网格中心责任人根据其管理区域的 VOCs 排放特性将减排任务分发至各二级云网格中心；二级网格责任人接收到上级发送的减排任务后，凭借对于自身管理范围的认知，将本级云网格中心要完成的减排任务进行合理的分摊，对其下所属的三级云网格中心发送精准的减排任务；三级云网格责任人接收到上级发送的减排任务后，凭借对于自身管理范围的认知，将本级云网格中心要完成的减排任务进行合理的分摊，对其下所属的四级云网格中心发送精准的减排任务；四级云网格责任人接收到上级发送的减排任务后，凭借对于自身管理范围的认知，将本级云网格中心要完成的减排任务进行合理的分摊，对其下所属的五级云网格中心发送精准的减排任务；五级云网格责任人接收到上级发送的减排任务后，凭借对于自身管理范围的认知，将本级云网格中心要完成的减排任务进行合理的分摊，对其下所属的所有企业发送精准的减排任务。

当所有 VOCs 减排任务全部下达到位之后，各个企业就可以根据其分配到的减排任务开始执行，执行的减排任务完成进度又能够通过网格收集并汇总数据的运行机制来进行上报。在此过程中，需要云网格中心责任人对于自身管理范围内的企业实际完成的排放任务进行监督，确保上传数据的真实性。本云网格系统减排任务分摊运行机制如图 1.5 所示。

1.3.4 执行云网格运作机制

执行云网格用于对各层级执行部门执行 VOCs 减排对标考核情况的管理。对于顶层云网格中心责任人来说，利用云网格管理机制可以针对各省的 VOCs 减排任务检查其执行情况。对于二级云网格中心责任人来说，他可以针对地市减排任务检查其执行情况。对于三级云网格中心责任人来说，他可以针对各区（县）的 VOCs 减排检查其执行情况。对于四级云网格中心责任人来说，他可以针对各镇或街道减排任务检查其执行情况。对于五级云网格中心责任人来说，他可以针对每个企业的 VOCs 减排任务检查其执行情况。减排执行方向和任务下达方向是一致的。如图 1.6 所示。

其中，云网格管理中的数据汇集机制是从下向上单向执行的，而且是严格按时间周期性地上传数据；而 VOCs 减排任务分摊机制和减排任务执行机制是从上向下单向执行的。由于从下向上单向的数据汇集可以获得 VOCs 的排放情况，因此，从下向上单向的数据汇集机制可以立即发现组织→任务→执行机制的运作效果。

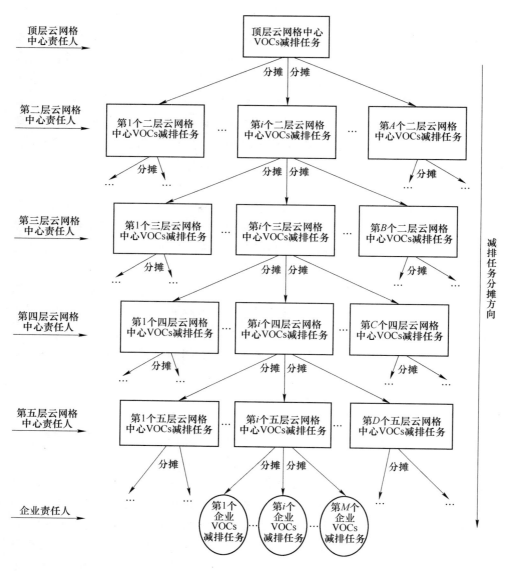

图 1.5　企业减排任务分摊运行机制

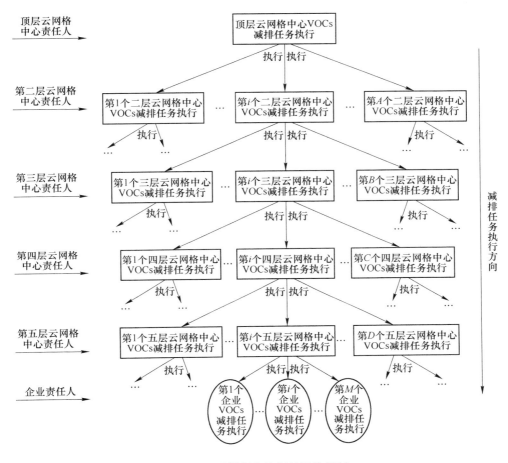

图 1.6　减排任务执行的运作机制

1.4　云网格体系的形成

将 1.2 节构建的网格体系部署到云计算环境中，从而形成云网格体系。云计算可以实现数据与信息的共享，通过云存储数据处理机制，将网格数据存入云端数据库和服务器进行相应的处理，并将结果返回到终端设备。云网格体系中云环境的搭建方法如下所述。

1.4.1　软硬件及服务器准备

在本节中需要使用阿里云服务器作为云服务器主机，使用 Apache 服务器搭建网络，使用 Python 和 HTML 语言编程。本体系所需要用到的软件、服务器的具体版本以及需要安装和配置的相关操作清单如表 1.1 所示。

表 1.1   搭建云环境需求清单

名　　称	版　　本	要　　求
阿里云服务器	轻量应用服务器，应用镜像 WordPress 4.8.1， 系统镜像 Windows Server 2008 R2	无
Python	Python 3.8.3，64 位	安装在云服务器上
Apache 服务器	Apache-2.4.46	安装在云服务器上
Python numpy 包	numpy-1.19.3+mkl-cp38-cp38-win_ amd64.whl	安装在 Python 中
Python CGI	无	在 Apache 服务器中配置

本章所需要用到的软件、服务器以及需要安装和配置的相关操作介绍如下。

（1）阿里云服务器。阿里云服务器是阿里云计算公司经营的云服务器，能提供高效的计算服务。

（2）Python。Python 是一个 Python 代码解释器，Python 代码是一种计算机程序设计语言，在本体系中使用 Python 语言完成网站核心算法代码的编写，并将其部署到 Apache 服务器中。

（3）Apache 服务器。Apache 是一种 web 服务器软件，可以通过修改其配置文件将多种代码解释器部署到 Apache 服务器中。

（4）Python numpy 包。Python numpy 包是一个专门用于 Python 中有关科学计算的外部包，它可以创建任意类型数组，可高效地对含有大量数据的随机矩阵进行操作。由于本体系需要进行大量的有关随机矩阵和数组的计算和迭代，因而需要安装 Python numpy 包。

（5）Python CGI。CGI 程序可以是 Python 脚本，也可以是 C、C++等多种计算机程序语言脚本，在本体系中使用的 CGI 为 Python CGI。

通常情况，搭建云环境的部署如图 1.7 所示。

1.4.2　搭建云环境

在将上述准备工作完成后，开始搭建云环境，具体步骤如下：

（1）配置云服务器。在阿里云官网选择一种服务器，地域为杭州，应用镜像为 WordPress 4.8.1，系统镜像为 Windows Server 2008 R2。在轻量应用服务器控制台即可找到选择的服务器并查看服务器详细信息，然后需要设置管理终端密码和远程登录密码，在确定好密码后，连接远程服务器桌面。

（2）安装 Python 及 Python numpy 包。本体系中，使用的 Python 版本为 3.8.3，64 位，安装位置为远程服务器主机桌面上的 C：\ Python \ Python38，然后在远程服务器主机上的命令提示符中通过使用 pip3 安装 Python numpy 包，版本为 numpy-1.19.3+mkl-cp38-cp38-win_ amd64.whl，这个版本需要和 Python 的版

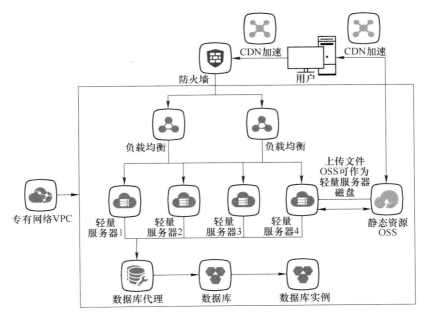

图 1.7 云环境部署图

本相对应。安装完成后会看到命令提示符中出现安装成功信息。

（3）配置 Apache 服务器及 Python CGI。本体系使用的 Apache 版本为 Apache-2.4.46，然后使用记事本打开 httpd.conf 文件，修改其中的代码，将 Apache 安装地址修改为实际的解压地址，为防止端口号被占用，将监听端口号 设置为 8088。同时，在 httpd.conf 文件中的 AddHandler 行中增加 Py，配置 Python CGI。最后，在命令提示符中可以测试 Apache 服务器是否配置成功。

（4）部署 html 页面和 Py 脚本到 Apache 服务器。将算法代码，即 Python 脚 本放入 Apache 服务器的 cgi-bin 文件夹下，由于该文件夹理论上只可以放入脚本，不可以放入 HTML 文件，所以需要在 htdocs 文件夹下，新建 Python 目录，将 HTML 文件放入 Python 目录中，最后，用户在公网中访问算法网站并求解问题。至此，云环境搭建完成。

1.5 网格数据收集与预估

1.5.1 网格数据收集

网格数据的收集是根据云网格体系完成的，首先收集每个基础网格的数据，再依次上传到所属的上级云网格中心，这样能准确地获得不同层级的 VOCs 污染浓度值，以及整个区域的 VOCs 排放数据，从而实现了 VOCs 数据的收集、汇总、合并。在网格数据的收集中，底层网格包含着最基础的数据，上级云网格中心保存其所包含网格中的所有数据，经过数据的处理与合并，层级越高所包含数据信息越丰富，处理数据的能力也越强，数据依据此方式不断地向上收集和汇总，并保持更新。在云网格体系中数据的收集、汇总如图1.3所示。

　　污染数据可以通过不同层级的云网格中心收集和汇总，所有数据都是由底层网格数据得到的，因此首先要进行底层网格数据的收集。目前的VOCs监测设备能监测VOCs总浓度值，以及VOCs各种成分的浓度值，在网格中设置监测点的VOCs浓度数据通过上传到服务器存储。但并不是所有网格都设置了监测点，为了收集没有设置监测点的网格数据，运用克里金插值法，通过已知网格与未知网格间的空间性进行浓度数据的预估，对网格监测数据与预估数据整理，得到基础网格的VOCs浓度值，如表1.2所示。

表1.2　区域基础网格VOCs污染物浓度值

VOCs 组成成分	VOCs 污染物浓度值/$\mu g \cdot m^{-3}$			
	001 网格	006 网格	…	031 网格
苯	$V_{001(1)}$	$V_{006(1)}$	…	$V_{031(1)}$
甲苯	$V_{001(2)}$	$V_{006(2)}$	…	$V_{031(2)}$
丙烯	$V_{001(3)}$	$V_{006(3)}$	…	$V_{031(3)}$
⋮	⋮	⋮	⋮	⋮
苯乙烯	$V_{001(12)}$	$V_{006(12)}$	…	$V_{031(12)}$

　　表1.2表示区域中每个基础网格的VOCs浓度值和组成成分的浓度值，并将VOCs主要组成物质分别编号：苯的编号是1，甲苯的编号是2，…，苯乙烯的编号是12，结合基础网格编码，可以表达每个基础网格中不同成分的VOCs浓度值，如001号网格中甲苯的浓度值用$V_{001(2)}$表示，031号网格中丙烯的浓度值$V_{031(3)}$表示，这样便可以清晰地得到基础网格浓度数据。收集如表1.2所示的数据进行预处理，得到区域VOCs浓度集合D，如式（1.7）所示。

$$D = \begin{Bmatrix} v_{11} & v_{12} & \cdots & v_{1j} \\ v_{21} & v_{22} & \cdots & v_{2j} \\ \vdots & \vdots & & \vdots \\ v_{i1} & v_{i2} & \cdots & v_{ij} \end{Bmatrix} \tag{1.7}$$

式中，D为区域中网格的VOCs组成成分浓度集合；v_{ij}为第i个基础网格的第j类成分浓度值。

1.5.2　网格数据预估

　　在实现VOCs精细化监管的过程中，将关联区域划分成不同层级，每个层级拥有云网络中心，通过底层网格收集数据，在一定的时段内监测设备进行网格 VOCs 浓度值的监测。而未设监测点的网格数据通过克里金插值法预估。选取待预估网格附近的含有监测点网格数据进行预估。因为临近点对其影响最大，这样获得的数据也较精确，同时网格化的数据预估能消除数据收集过程的盲点。

　　克里金插值法考虑了空间位置上属性的分布特点[1,2]。与其他方法相比，当网格化体系应用到克里金插值法中时考虑了研究对象的空间相关特征，通过差值误差使差值的结果更可靠和科学，更接近实际情况[3~5]。假设网格中坐标点 p_i 处有监测设备，其浓度值表示为 $V(p_i)$，其中 $i=1, 2, \cdots, n$；而点 p_0 处未设监测点，因此通过周围其他点的监测值 $V(p_i)$ 获得 p_0 的预估值，如式（1.8）所示：

$$V^*(p_0) = \sum_{i=1}^{n} \lambda_i V(p_i) \tag{1.8}$$

式中，监测点 p_i 的权重值是 λ_i，λ_i 的值取决于监测点与待估点之间的距离以及空间分布特征。各个点的分布如图 1.8 所示。

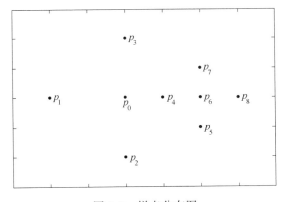

图 1.8　样点分布图

　　设 p_0 为待估计的点，在其范围内有 p_1，p_2，$\cdots$，p_8 等样点，如图 1.8 所示。各点的权重用 λ_1，λ_2，$\cdots$，λ_8 表示，由于 p_1、p_2、p_3、p_6 到 p_0 的距离是一样的，则有 $\lambda_2 = \lambda_3$，但 p_6 因为样点 p_5、p_7、p_8 对它的影响，减小了采样点 p_6 对待估计点 p_0 的作用，p_1 是相对单一的采样点，而且点 p_6 与 p_0 之间的 p_4 对 p_6 有着屏蔽效应，因此 $\lambda_1 > \lambda_6$。

　　对于预估结果的无偏最优估计特征，包括以下两方面：

　　（1）无偏估计，即 $E = [V(p_0) - V^*(p_0)] = 0$

　　（2）估计方差最小，即 $\mathrm{Var}[V(p_0) - V^*(p_0)] = \min$

　　则要求权重 λ_i 满足下列方程式（1.9）：

$$\begin{cases} \gamma(p_0, p_j) = \sum_{i=1}^{n} \gamma(p_i, p_j)\lambda_i + \mu \\ \sum_{i=1}^{n} \lambda_i = 1 \end{cases} \tag{1.9}$$

式中，监测点 p_i 与 p_j 的半变异值用 $\gamma(p_i, p_j)$ 表示；监测点 p_0 与待估计点 p_j 间的变异值用 $\gamma(p_0, p_j)$ 表示；μ 为拉格朗日乘数。通过计算权重 λ_i 的数值，并结合式（1.8），可以得到所求的点 p_0 插值的结果 $V(p_0)$，内插值即为该网格点内 VOCs 浓度数据的预估值，对所有未设置监测点的网格进行数据预估，便得到所有的网格数据。

1.6　本章小结

本章介绍了云网格体系构建的过程，以及最低层级基础网格的划分方法和相关数据的获取方法。从基础网格开始按照层次化的网格体系，收集和上传网格数据。对于未设置监测点的网格数据，通过克里金插值法计算获取，从而明确了最低层级中的网格数据获取方法。这些方法为关联区域间相互影响计算，以及 VOCs 污染预测、预警的计算提供依据。

参 考 文 献

[1] Meng Junzhen. Raster data projection transformation based-on kriging interpolation approximate grid algorithm [J]. Alexandria Engineering Journal, 2021, 60 (2): 2013~2019.

[2] Wang Yongxing, Gang Hua, Tao Weige, et al. Improved RSS data generation method based on kriging interpolation algorithm [J]. Wireless Personal Communications, 2020 (115): 1~13.

[3] Ma Hongyang, Zhao Qile, Verhagen Sandra, et al. Kriging interpolation in modelling tropospheric wet delay [J]. Atmosphere, 2020, 11 (10): 1125~1125.

[4] Hao Tongchun, Zhong Liguo, et al. A new prediction method of reservoir porosity based on improved kriging interpolation [J]. Journal of Physics: Conference Series, 2021, 1707 (1): 72~87.

[5] 李如仁，李广超，陈伟，等. 京津冀气溶胶数据普通克里金插值研究 [J]. 沈阳建筑大学学报（自然科学版），2020, 36 (1): 179~185.

2 VOCs 污染物监测系统数据采集原理

传感器网络监测系统完成对选定监测区域相应参数的监测工作，监测到的数据统一进行分析处理并上传给汇聚节点[1,2]。传感器网络由于其自身优点显著，近年来引起了人们的广泛关注，在社会各行各业应用极其广泛，国内外众多专家学者都对其进行了深入的研究和讨论，20 世纪中后期以来，传感器网络的功能和技术得到了空前的发展，应用前景极其广泛[3]。国外率先投入大量技术人员和科研资源开展研究并取得了突破性的进展，其中美国甚至将其上升到国家军事和战略层面[4]。2000 年之后，美国累计在该技术上投入资金高达几亿美元，为了提高军事作战能力，在军用传感器网络方面做了大量研究[5]。英国、德国、日本也紧紧跟随形势的发展，加大在该技术上的经费投入及研究应用[6]。各科技巨头也争先恐后大力开发争相占领该技术市场[7]。我国对于传感器网络的研究起步较晚，但时任总理温家宝紧观时事，大力鼓励我国相关研究者广泛关注该技术，抓住机会攻破核心技术[8]。国家各部门均设立了针对传感器网络的专项科研基金，国内许多科研单位和专家学者积极在该技术上投入大量精力进行研究和探索[9,10]。传感器网络以其节点能量消耗低等优点被用于 VOCs 等大气污染物排放监测领域[11~18]。

分析传感器网络数据采集系统，明确气体监测传感器的型号、技术参数和传感器所处的温湿度环境及电源环境，以此明确监测数据类型以及数据精度，为下文数据的归一化处理提供采集环境及平台。基于上述监测环境，本章将详述传感器网络数据采集系统的工作原理，绘制数据采集系统流程图；其中由多个传感器网络数据采集系统组成某一个大气环境监测机构的一个大气环境数据采集系统，N 个大气环境数据采集系统组合为该大气环境监测机构的数据采集系统，称为单一监测数据采集系统，简称单系统；将关联区域内某一城市下设区县中多个大气环境监测机构数据采集系统组合起来，即将多个单系统组合为该区县级关联监测数据采集系统，简称关联系统；多个区县级关联系统组合为关联区域内某一城市监测数据采集系统，进而将关联区域内所有城市数据采集系统进行组合，即得到关联区域监测数据采集系统，简称关联区域系统。

采集流程简略表示为：传感器网络数据采集→大气环境数据采集系统→大气环境监测机构数据采集系统（单系统）→区县级监测数据采集系统（关联系统）→市级监测数据采集系统→关联区域监测数据采集系统（关联区域系统）。以传感器网络数据采集为基础，逐步将传感器网络数据采集扩展为关联系统数据采集，并进一步扩展为关联区域数据采集系统，并实现整个关联区域数据共享及交换管理，为下文中关联区域 VOCs 污染物排放数据融合提供基础数据管理平台。图 2.1 给出了陕西省部分地区 VOCs 污染物监测系统数据采集体系示例。

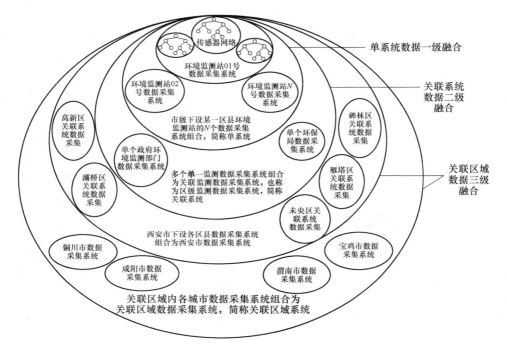

图 2.1　陕西省部分地区 VOCs 污染物监测系统数据采集体系

2.1　VOCs 污染物监测系统传感器网络模块描述

2.1.1　VOCs 污染物监测系统传感器型号

采集大气排放的污染物气体之前需要明确监测系统传感器型号及其技术参数，以此明确监测数据类型以及数据精度，为下文数据的归一化处理提供理论依据。各气体监测传感器的技术参数及监测环境如表 2.1 所示。所有监测传感器均具有量程自动切换功能，监测仪器稳定可靠且精度高。

表 2.1　不同种类气体监测传感器技术参数

污染物	分析方法	最低检出限	精度	零漂	跨漂	电源要求	模拟输出信号
SO_2	差分吸收光谱法	10^{-9}	读数的 1%	$<1.0\times10^{-9}$	$\pm1.0\%$F. S.	220±10%VAC，50Hz	DC 0~5.0V，0~20mA

污染物	分析方法	最低检出限	精度	零漂	跨漂	电源要求	模拟输出信号
CO	红外吸收相关法	10^{-7}	读数的 1%	$\leq \pm 10 \times^{-9}$	$\pm 1.0\%$F. S.	$220 \pm 10\%$VAC，50Hz	DC $0 \sim 5.0$V，$0 \sim 20$mA
NO_x	差分吸收光谱法	10^{-9}	读数的 1%	$\leq 0.5 \times 10^{-9}$	$\pm 2.0\%$F. S.	$220 \pm 10\%$VAC，50Hz	DC $0 \sim 5.0$V，$0 \sim 20$mA
O_3	紫外光度法	2×10^{-9}	读数的 1%	$\leq 2 \times 10^{-9}$	$\pm 1.0\%$F. S.	$220 \pm 10\%$VAC，50Hz	DC $0 \sim 5.0$V，$0 \sim 20$mA
PM_{10}	β 射线方法	$5\mu g/m^3$	$\pm 5\mu g/m^3$（24h）以内	—	—	$220 \pm 10\%$VAC，50Hz	DC $0 \sim 5.0$V，$0 \sim 20$mA
$PM_{2.5}$	β 射线加动态加热系统方法	$2\mu g/m^3$	$\pm 5\mu g/m^3$（24h）以内	—	—	$220 \pm 10\%$VAC，50Hz	DC $0 \sim 5.0$V，$0 \sim 20$mA

2.1.2 VOCs 污染物监测系统电源模块

设置 VOCs 污染物排放监测系统采集数据时的温度范围为 $-20 \sim 50\,^{\circ}\mathrm{C}$、湿度范围为 $0 \sim 100\%$。该范围可用于监测大范围温湿度变化的室外环境，传输的数据可直接与省级站及总站数据库相连，可存储超过一年的数据，且数据可循环覆盖，网络条件具备时可随时被省级监测站和总监测站调用，通过互联网实时对外公布，监测到的历史数据也可随时进行查询。该 VOCs 污染物排放监测系统中气体传感器的工作电压为 5V，系统电源电压电路采用 DC12V 锂电池供电，通过稳压芯片将恒定电压降至恒值 5V，根据气体监测器需要将输出的 5V 电压通过稳压芯片降至恒值 3.3V。

2.2 VOCs 污染物监测系统传感器网络数据采集

在 2.1 节 VOCs 污染物监测系统传感器网络模块描述的环境下，本节将详述传感器网络监测系统数据采集原理并绘制采集流程图，该系统采用 STM32 为核心处理器模块，监测 VOCs、SO_2、CO 和 NO_2 气体数据，通过 RS485 工业现场总线进行连接，监测模块的工控机将数据上传并存储到数据库中对其简单分析，并通过数据交互等建立自身的传感器网络。上位软件与实时数据库之间用 Socket、TCP/IP 协议等来实现通信和数据显示、处理等，将现场监测与数据显示联系起来，外部采集系统可以实现不间断监测 VOCs 污染物排放数据，亦可设置监测时长，满足客户需求，VOCs 污染物监测系统传感器网络数据采集原理如图 2.2 所示。

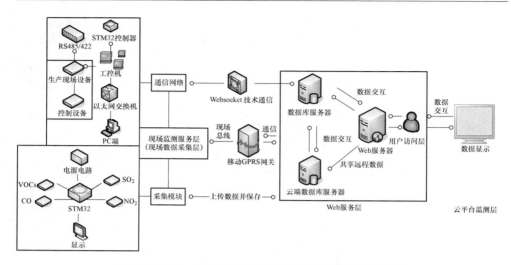

图 2.2　VOCs污染物监测系统传感器网络数据采集原理

2.3　关联区域 VOCs 污染物监测系统数据采集与共享平台

由于关联区域中 VOCs 污染物排放监测数据可能会受到来自多个地区的共同影响，即单个 VOCs 污染物排放监测系统传感器网络所采集的数据并不全面，因此需要在单传感器网络监测系统数据采集原理（图 2.2）的基础上建立关联区域 VOCs 污染物监测系统采集与共享平台，联立多个关联地区 VOCs 污染物排放情况共同分析。所建数据库中包含关联区域内每个市县设置的所有大气环境监测机构及大气环境监测系统。通过整合已有的环保平台和管理系统监测数据，建立采集系统数据库，将采集到的所有数据汇总到数据库中，便于随时取用并进行分析管理。通过实施关联区域基础地理信息数据采集、VOCs 污染物排放监测数据采集、其他环保部门及政府 VOCs 污染物排放监测机构数据采集，建立关联区域 VOCs 污染物排放监测系统数据采集与共享平台，并与数字化城市管理系统和视频监控等既有系统实行整合对接，实现各地区各部门业务数据的有效整合。

2.3.1　关联区域 VOCs 污染物监测系统数据采集平台

VOCs 污染物排放监测网络运行所产生的原始数据主要包括：SO_2、NO_2、VOCs 各组分、CO 等污染物浓度，监测设备的规格和技术参数及监测点位信息等。该采集平台完成了对关联区域各个监测机构的 VOCs 污染物排放监测数据和区域空间数据的采集、加工、建库工作。在数字资源层整合了各个不同监测机构的 VOCs 污染物排放数据，通过形成 VOCs 污染物排放监测信息数据库可以随时取用及查看监测数据，但仅仅整合在一起是不够的，还需要对不同监测机构数据进行分析处理，将监测机构数据融合在一起得到关联区域的真实 VOCs 污染物排放状态。关联区域 VOCs 污染物监测系统数据采集平台如图 2.3 所示。

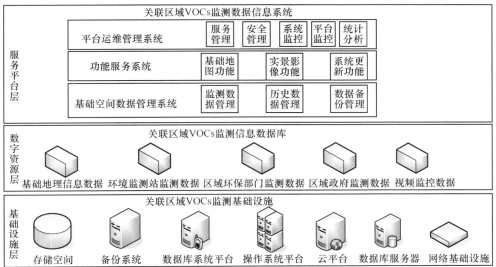

图 2.3　关联区域 VOCs 污染物监测系统数据采集平台

2.3.2　关联区域 VOCs 污染物监测系统数据共享平台

关联区域 VOCs 污染物监测系统数据共享平台综合了各个 VOCs 污染物排放监测部门的数据采集信息，包括其数据种类、数据信息及监测机构的位置信息，通过建立空间信息交换节点，实现统一标准体系下数据的汇总、数据传输和数据的上传。该平台涵盖了所有监测机构的数据种类、空间地理信息等，实现了整个关联区域共享数据的交换管理。关联区域 VOCs 污染物监测系统数据共享平台见图 2.4。

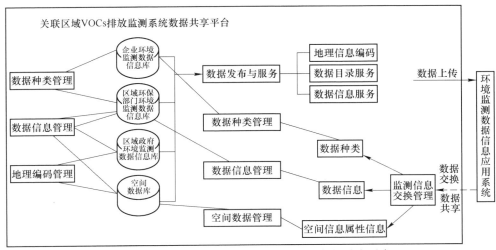

图 2.4　关联区域 VOCs 污染物监测系统数据共享平台

2.4　本章小结

本章概述了 VOCs 污染物排放监测传感器网络的监测环境特点、电源模块结构、数据采集原理。在单传感器网络监测系统数据采集的基础上，通过整合已有的环保平台和大气环境管理部门监测数据，实现了关联区域 VOCs 污染物监测系统监测数据采集与共享，综合多源 VOCs 污染物排放监测部门的数据采集信息，包括其数据种类、数据信息及监测机构的位置信息，并与数字化城市管理系统和视频监控等既有系统实行整合对接，实现了各地区各部门业务数据的有效整合。本章内容为第 3~5 章的内容提供理论研究基础。

参 考 文 献

［1］郭庆源. 基于物联网的大气环境监测系统的设计与实现［D］. 成都：电子科技大学，2019.

［2］中华人民共和国国家质量监督检验检疫总局，中国国家标准化管理委员会. GB 12358—2006. 作业场所环境气体检测报警仪通用技术要求［S］. 北京：中国标准出版社，2006.

［3］黄金科，王兴华，向新. 一种基于 Wi-Fi 的环境监测系统实现［J］. 传感器与微系统，2013，08：95~97，101.

［4］Karvonen Heikki，Pomalaza-Raez Carlos，Hamalainen Matti. A Cross-layer optimization approach for lower layers of the protocol stack in sensor networks［J］. ACM Transactions on Sensor Networks，2014，11（1）：16.

［5］Martin Adamek，Martin Uhlar，Jan Prasek. The electrochemical sensor with integrated chip of potentiostat［J］. Electronics Technology，2008：531~534.

［6］Xue Yu，Chang Xiangmao，Zhong Shuiming，et al. An eiffcient energy hole alleviating algorithm for wireless sensor networks［J］. IEEE Transactions on Consumer Electronics，2014，60（3）：347~355.

［7］He S，Chen J，Jiang F，et al. Energy provisioning in wireless rechargeable sensor networks［J］. IEEE Trans. Mob. Comput，2013，12（10）：1931~1942.

［8］程越巍，罗建，戴善溪，等. 基于 Zig Bee 网络的分布式无线温湿度测量系统［J］. 电子测量技术，2009，32（12）：144~146.

［9］姚毓升，解永平，文涛. 三电极电化学传感器的恒电位仪设计［J］. 仪表技术与传感器，2009，（9）：23~25.

［10］胡珂. 基于人工蜂群算法在无线传感网络覆盖优化策略中的应用研究［D］. 成都：电子科技大学，2012：23~29.

［11］Qian Yi，Lu Kejie，Tipper David. A design for secure and survivable wireless sensor networks［J］. IEEE Wireless Communications，2007，14（5）：30~37.

［12］Kavi K Khedo，Rajiv Perseedoss，Avinash Mungur. A wireless sensor network air pollution monitoring system ［J］. International Journal of Wireless Mobile Networks，2010，2（2）：31~45.

［13］ Ali H，Soe J K，Weller S R. A real-time ambient air quality monitoring wireless sensor network for schools in smart cities ［C］. Smart Cities Conference. Guadalajara，Mexico：IEEE，2015：1~6.

［14］ Teixeira A F，Postolache O. Wireless sensor network and web based information system for asthma trigger factors monitoring ［C］. Instrumentation and Measurement Technology Conference. Montevideo，Uruguay：IEEE，2014：1388~1393.

［15］ David Hasenfratza，Olga Saukh，Walser C，et al. Deriving high-resolution urban air pollution maps using mobile sensor nodes ［J］. Pervasive & Mobile Computing，2015，16：268~285.

［16］ Shum L V，Hailes S，Gupta M，et al. Bi-scale temporal sampling strategy for traffic-induced pollution data with Wireless Sensor Networks ［C］. Local Computer Networks. Edmonton，AB，Canada：IEEE，2014：279~287.

［17］ 高艳图. 基于 Zig Bee 无线传感网络的可吸入颗粒物监测系统研究 ［D］. 天津：天津理工大学，2017.

［18］ 万国峰，骆岩红. 基于无线传感器网络的大气污染监测系统的设计 ［J］. 自动化与仪器仪表，2012（1）：44~46.

3 VOCs 污染物排放数据错误值 修正及缺失值补充模型

VOCs 污染物排放监测数据准确性直接反映大气污染问题的严重性。第 2 章明确了 VOCs 污染物监测系统传感器网络数据采集原理，本章首先针对图 2.2 的采集与上传过程，分析传感器网络可能出现的故障类型，分别绘制故障状态和失效状态的故障树，为下文针对不同异常状态的传感器网络数据修正及补充研究提供基础；其次，分析传感器网络系统可能出现故障或失效状态的概率，对于传感器故障概率明显大于某一限值时，即传感器网络处于故障状态所产生的错误值提出 SWDS-LOF 算法进行检测并用多项式拟合法修正[1]；对于传感器失效概率明显大于某一限值时，即传感器网络处于失效状态所产生的缺失值，通过建立合理的多变量季节性时间序列模型（SARIMA）进行补充[2]，最终得到接近真实可靠的 VOCs 污染物排放监测数据，为第 4 章的研究提供准确可靠的监测数据错误值修正方法。

3.1 传感器网络监测系统故障的判定

3.1.1 传感器网络监测系统故障类型分析

2.2 节中图 2.2 所提供的传感器网络监测数据采集系统，在数据传输的各个环节都可能发生故障。传统的传感器故障类型有四种，分别为完全失效故障、固定偏差故障、漂移偏差故障及精度下降故障，本节在传统的故障类型分类基础上，根据传感器发生不同故障时表现出来的不同数据趋势，重新将传感器故障分为 6 种情况，其中由于传感器发生失效故障时所表现出来的数据趋势与发生其他故障时数据趋势大有不同，失效故障即表现为一段时间内的监测数据完全缺失或显示恒值，因此将失效故障单独作为一类故障进行分析。

监测数据可靠与否直接取决于传感器网络监测得到的数据是否准确，传感器网络得到的数据是否准确又取决于传感器网络是否发生故障，因此需要通过传感器网络监测得到的数据趋势大概预判一下传感器是否处于错误状态。假设传感器处于正常状态时输出数据趋势见图 3.1。传感器故障分为以下六种情况。

（1）固定偏差故障数据：指监测数据和真实数据相差一个固定值，可能是由于电流或电压变化导致，见图 3.2。公式表示为：$y(t) = y'(t) + C_0\varepsilon_0(t - t_0)$。

式中，$y(t)$ 为监测数据；$y'(t)$ 为真实数据；C_0 为固定偏差；$\varepsilon_0(t-t_0)$ 为单位阶跃函数；t 为当前时刻；t_0 为发生固定偏差故障的时刻。

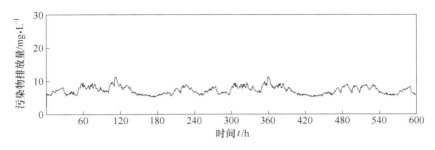

图 3.1　正常输出数据

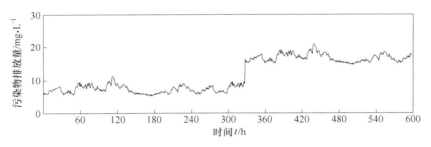

图 3.2　固定偏差故障数据

（2）线性漂移故障数据：指监测数据和真实数据的差值随时间呈线性变化，可能是由于零点漂移、温度漂移等导致，见图 3.3。公式表示为：$y(t)=y'(t)\pm v'(t-t_{\mathrm{f}})$。式中，$v'$ 为线性漂移斜率；t 为当前时刻；t_{f} 表示发生线性漂移故障的时刻，$t\geqslant t_{\mathrm{f}}$。

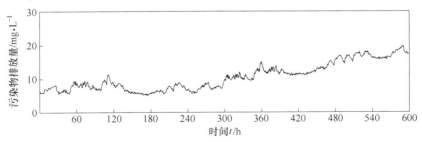

图 3.3　线性漂移故障数据

（3）突变值故障数据：指监测数据在某一时刻出现较大幅度的突变值，但很快补充到正常的工作状态，可能是由于随机电磁干扰、电火花放电等，见

图 3.4。公式表示为：$y(t) = y'(t) \pm C_1 [(\varepsilon_0(t_2 + t_1) - \varepsilon_0(t_2))]$。式中，$C_1$ 为突变值常数；t_2 为突变故障开始时间；t_1 为发生突变故障持续时间。

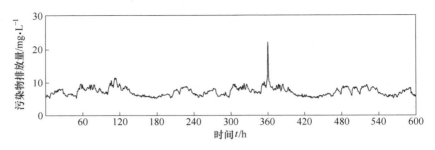

图 3.4　突变值故障输出数据

（4）固定倍数偏差故障数据：指监测数据是真实数据的固定倍数，可能是由于遇大风、暴雨等，见图 3.5。公式表示为：$y(t) = \beta y'(t)$。式中，β 为固定倍数系数。

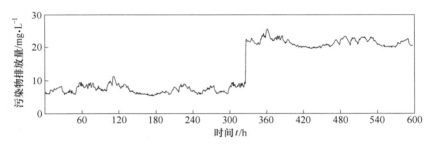

图 3.5　固定倍数偏差故障数据

（5）周期干扰故障数据：可能是由于传感器周围有其他信号源的干扰，导致监测数据出现周期性波动，见图 3.6。公式表示为：$y(t) = y'(t) + T_0$。式中，T_0 为周期性干扰信号。

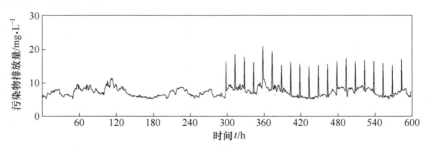

图 3.6　周期干扰故障数据

（6）传感器失效故障：1）恒值（含零值）失效数据。指监测数据长时间内恒定不变，表现为一常量或零值，可能是由于传感器内部焊点脱焊、虚焊等，见图 3.7。公式表示为：$y(t) = C_2$。式中，C_2 为常数，$C_2 \geqslant 0$。2）无数据失效情况。是指在某一时刻，突然长时间内监测不到数据，见图 3.8。

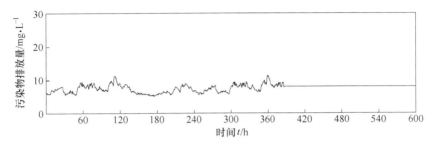

图 3.7 恒值失效数据

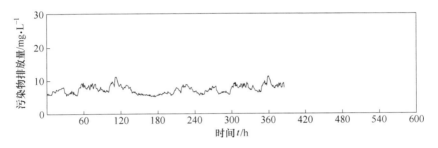

图 3.8 无数据失效图

3.1.2 传感器网络监测系统故障与失效状态故障树

在 3.1.1 节中初步预判传感器网络是否出现异常状态后，仍需通过传感器网络发生故障或失效的基本事件来分析传感器网络监测系统发生故障或失效的概率，进而更准确地判断传感器网络监测得到的数据是否需要修正以及选用何种方法进行修正。VOCs 污染物排放数据采集是由传感器网络完成的，监测数据准确与否直接取决于传感器网络是否处于异常监测状态。图 3.9 为针对传感器网络的两种异常状态绘制的故障树图，由于失效故障是传感器网络故障的一种特殊故障类型，导致传感器网络失效的事件一定会导致传感器网络发生故障，但传感器网络发生故障时不一定会导致传感器网络失效。图 3.9（a）为除失效故障外其他故障（如固定偏差故障、线性漂移故障等）的基本事件，图 3.9（b）为失效故障的基本事件。由于失效故障监测到的数据与其他故障监测数据有很大区别，因此将其作为特例单独分析，即图 3.9（a）的基本事件发生时，监测数据仍然完

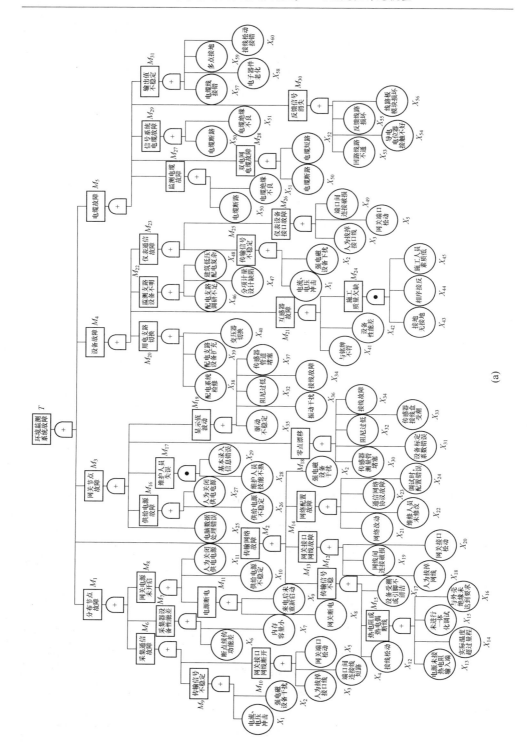

(a)

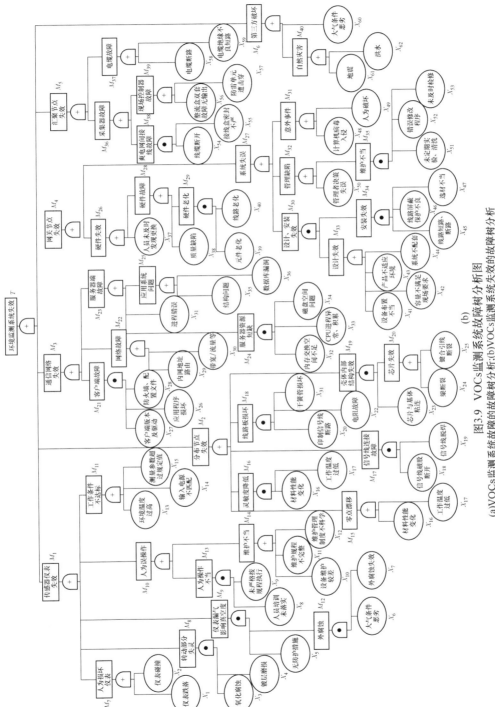

图3.9 VOCs监测系统故障树分析图

(a)VOCs监测系统故障的故障树分析;(b)VOCs监测系统失效的故障树分析

整，只是表现为某一点出现错误值或数据周期性异常变化，可以用算法进行检测并修正，或者建立适当的模型补充数据。图3.9（b）的基本事件发生时，监测到的数据表现为一段0值或一段缺失值，监测数据的补充必须且只能通过建模来完成。图3.9（a）和图3.9（b）分别选择"大气环境监测系统故障"和"大气环境监测系统失效"为顶事件进行分析，列出所有的中间事件和底事件。

3.2 基于SWDS-LOF算法及多项式拟合法修正错误值

分析3.1.2节中所绘制的传感器故障状态故障树图3.9（a），计算系统故障概率，当由式（3.1）计算所得的故障概率值大于等于某个限值（20%）[3]时，则需要对系统进行修正。当由式（3.1）计算所得的故障概率值小于某个限值[3]时，判定系统无明显故障。设基本事件$X_l(l=1, 2, \cdots, u)$的故障概率为$p_l(l=1, 2, \cdots, u)$，顶事件T发生的概率为P，u个基本事件相互独立，则故障发生概率见公式（3.1）：

$$P = \sum_{\substack{j=1 \\ x_l \in r_j}}^{r} \prod p_l - \sum_{1 \leqslant j < s \leqslant r} \prod_{x_l \in r_j \cup r_s} p_l + \cdots + (-1)^{r-1} \prod_{\substack{j=1 \\ x_l \in r_j}}^{r} p_l \qquad (3.1)$$

3.2.1 SWDS-LOF算法检测错误值

目前对动态数据流的研究中错误值检测方法大多为滑动窗口模型加某一基于距离或基于密度的算法，但该组合算法对错误值进行检测时由于会计算大量数据之间的距离或密度等，加大了计算的复杂度。本章沿用其他学者的研究，仍采用滑动窗口模型处理动态数据流，但在检测错误值时提出结合基于密度的聚类算法以及局部异常因子法两种算法。组合之后的算法首先在聚类阶段得到初步错误数据集，接着对初步错误数据集中的数据计算其局部错误因子即可，避免了重复多次计算数据之间的密度，也避免了计算大量数据的局部错误因子，改进了传统算法中计算复杂度较大的缺陷，大大提高了传统算法中错误值检测的速度和效率。

当由于传感器故障引起监测数据错误时，使用SWDS-LOF算法检测错误值，该算法优化了传统的LOF法[4]，无需计算大量数据的局部错误因子。如图3.10所示，对象a的邻域范围记为$N_o(a)$，SWDS-LOF算法具体执行步骤如下：

输入：动态数据流DS、滑动时间窗口长度w、半径ε'、参数v。

输出：当前时间窗口中$LOF>1$的数据点。

Step1：输入动态数据流DS，并固定当前时间

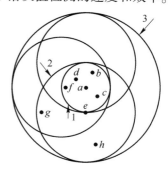

图3.10　邻域查询范围

窗口中存入的数据。

Step2：选取任一数据对象 a，计算 $d_o(a)$、$N_o(a)$ 和所有其他对象与 a 之间的距离，存储 $3d_o(a)$ 为半径的地区，作为 $N_o(a)$ 内的数据对象的邻域查询范围。

Step3：在 $N_o(a)$ 中选取与 a 的距离最小且未被选过的数据对象 b，在 $3d_o(a)$ 为半径的地区范围内进行邻域查询并计算 $d_o(b)$ 和其他未处理数据对象到 b 的距离，直到窗口中所有的点查询完毕。

Step4：然后选其他与 a 距离较近的对象循环 Step2、Step3 计算过程，直到查询地区内对象数量超过一定值，重复步骤 Step2～Step4，开始下一轮查询。

Step5：DBSCAN 聚类，在最后得到的邻域中查询每个对象的 ε'-邻域来寻找聚类。

Step6：如果 $N_o(a)$ 内的数据对象多于 v 个且这些数据对象与 a 之间的距离小于或等于 ε'，则对象 a 为核心对象，创建所有核心对象的密度可达簇 C。

Step7：通过 DBSCAN 算法从 C 中寻找未被选择过的对象 b 的 ε'-邻域，如果 $N_o(b)$ 包含多于 v 个对象，则将 b 的邻点加入簇 C 中，继续检测这些点的 ε'-邻域。这个过程反复执行，直到所有数据被添加。

Step8：整合 Step5～Step7 得到的簇结果集。当数据对象在每组参数（ε'，v）下都可以归类为某个簇时，认为该对象是正常值，将其去除。否则，被判定为错误数据，将其加入到初步错误数据集 YD 中。

Step9：计算 YD 中数据点的 lrd 和 LOF。

Step10：输出当前窗口中 $LOF>1$ 的数据点作为最终错误值。

Step11：在当前滑动窗口内的数据全部被检测完后，时间窗口向前滑动 w，检测下一时间窗口内锁定数据。

Step12：重复 Step2～Step11，直到所有的数据处理完毕。SWDS-LOF 算法流程图见图 3.11。

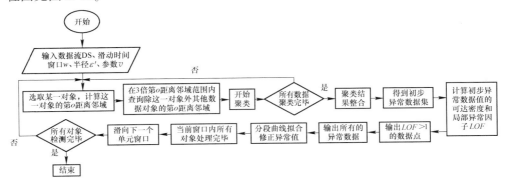

图 3.11　SWDS-LOF 算法流程图

3.2.2　多项式拟合法修正错误值

错误值修正方法仅适用于单一污染物的错误数据修正，其他污染物修正公式与其相同。采用多项式拟合法即最小二乘法得到使拟合数据与真实数据误差平方和尽可能小的曲线，用该曲线估计错误值的真值，该方法可以通过求解不同的参数找到误差最小的那条曲线，使预测值更接近真实值。假设采样时间 t 由 N 次观测得到，为 t_1，t_2，$\cdots$，t_N，对应的观测集为 φ_1，φ_2，$\cdots$，φ_N，实际的目标函数会根据污染物种类的不同分别测得。其中 t_1，t_2，$\cdots$，t_N 已知，通过 t_1，t_2，$\cdots$，t_N 和 φ_1，φ_2，$\cdots$，φ_N 拟合出预测函数，让其尽可能地接近目标函数。建立曲线拟合函数 $\varphi(t)$，使 $\varphi(t)$ 在时间点 t 上近似接近实际目标函数的值。对于已知的数据点 (t, φ)，用公式（3.2）所示的 m 阶多项式进行拟合。

$$\varphi(t, a) = \sum_{h=0}^{m} a_h t^h \tag{3.2}$$

式中，$a = \{a_0, a_1, \cdots, a_m\}$ 为参数集；φ 为关于 t 的非线性函数，也是关于 a 的线性函数；m 为阶数。参数 a_0，a_1，$\cdots$，a_m 由式（3.3）求得。

$$
\begin{bmatrix}
N & \sum_{n=1}^{N} t_n & \cdots & \sum_{n=1}^{N} t_n^h & \cdots & \sum_{n=1}^{N} t_n^m \\
\sum_{n=1}^{N} t_n & \sum_{n=1}^{N} t_n^2 & \cdots & \sum_{n=1}^{N} t_n^{h+1} & \cdots & \sum_{n=1}^{N} t_n^{m+1} \\
\vdots & \vdots & \ddots & \vdots & \ddots & \vdots \\
\sum_{n=1}^{N} t_n^h & \sum_{n=1}^{N} t_n^{h+1} & \cdots & \sum_{n=1}^{N} t_n^{2h} & \cdots & \sum_{n=1}^{N} t_n^{m+h} \\
\vdots & \vdots & \ddots & \vdots & \ddots & \vdots \\
\sum_{n=1}^{N} t_n^m & \sum_{n=1}^{N} t_n^{m+1} & \cdots & \sum_{n=1}^{N} t_n^{m+h} & \cdots & \sum_{n=1}^{N} t_n^{2m}
\end{bmatrix}
\cdot
\begin{bmatrix}
a_0 \\ a_1 \\ \vdots \\ a_h \\ \vdots \\ a_m
\end{bmatrix}
=
\begin{bmatrix}
\sum_{n=1}^{N} \varphi_n \\
\sum_{n=1}^{N} t_n \varphi_n \\
\vdots \\
\sum_{n=1}^{N} t_n^h \varphi_n \\
\vdots \\
\sum_{n=1}^{N} t_n^N \varphi_n
\end{bmatrix}
\tag{3.3}
$$

3.3　基于多变量季节性时间序列模型（SARIMA 模型）补充缺失值

分析 3.1.2 节中所绘制的传感器失效状态故障树图 3.9（b），计算系统失效概率，当由式（3.1）计算所得的失效概率值大于等于某个限值（15%）[3]时，则需要对系统进行修正。当由式（3.1）计算所得的失效概率值小于某个限值[3]时，判定系统无明显失效故障。

由于 VOCs 污染物排放气体监测数据之间有较强的相关性并且具有随季节性变化趋势明显的特点，将多变量季节性自回归滑动平均模型首次用于补充高度相关的 VOCs 污染物排放气体数据中。本章所提模型在 ARMA 模型研究的基础上消除了传统时间序列数据非平稳的缺陷，加入了对 VOCs 污染物排放数据季节性变化的预测，使得模型参数有更多的组合方式，提高了所建模型的精确性。在对某一传感器缺失数据进行补充时，改善了传统方法中仅利用大量历史数据进行补充的局限性，加入了 VOCs 污染物排放气体数据之间的高度相关性。提出首先找到高度相关的 VOCs 污染物排放数据对或数据组，利用其高度相关性构建 VOCs 污染物排放气体向量组建立模型补充缺失数据，避开了只能依靠大量历史数据的局限性，利用与他高度相关的另一传感器监测数据及少量历史数据便可建立模型补充缺失数据。

3.3.1 高度相关污染物传感器组的判定

通过计算 VOCs 污染物排放监测气体之间的相关性矩阵可知，$PM_{2.5}$ 和 PM_{10} 之间相关系数高达 0.942，与一氧化碳、二氧化氮、二氧化硫等气体均具有较强的相关关系，因此提出可以将污染物监测数据之间的高度相关关系用于缺失值补充中，解除了只能依靠失效传感器监测的大量历史数据来进行补充的局限性。假设本系统监测的不同污染物种类都有其对应的传感器，每一种传感器监测到的数据序列为 $\{y_t\}$，t 为监测时隙，不同种类污染物排放量组成的向量构成了多变量的时间序列 $\boldsymbol{Y}_t$，其中 $\boldsymbol{Y}_t = [y_{1t}, y_{2t}, \cdots, y_{kt}]^T$，$k$ 为污染物种类。$[M_1, M_2, \cdots, M_k]$ 为包含 k 种不同污染物的监测值构成的向量，$[R_1, R_2, \cdots, R_k]$ 为 k 种污染物传感器的特征变量，$[S_1, S_2, \cdots, S_k]$ 为 k 种污染物传感器的状态值，$S_e = \{1$，传感器 e 正常工作；0，传感器 e 处于故障或失效状态$\}$。对于数据采集系统，当 $S_e = 1$ 时，特征变量 P_e 和传感器测量值 M_e 之间的线性关系为：$M_e = \alpha_e R_e + \varepsilon_e (e = 1, 2, \cdots, k)$，其中，$\alpha_e$ 是传感器 e 的系数，ε_e 为误差，且满足正态分布。多变量之间的相关关系 $\mathrm{corr}(\boldsymbol{Y}_t)$ 见公式（3.4）：

$$\mathrm{corr}(\boldsymbol{Y}_t) = \boldsymbol{D}\mathrm{var}(\boldsymbol{Y}_t)\boldsymbol{D}^{-1} \tag{3.4}$$

式中，$\boldsymbol{D} = \mathrm{diag}(\lambda_1(0), \lambda_2(0), \cdots, \lambda_k(0))$ 为对角阵；$\mathrm{var}(\boldsymbol{Y}_t)$ 为 $\boldsymbol{Y}_t$ 的协方差矩阵；$\lambda_g(1 \leqslant g \leqslant k)$ 为对角阵的特征值。第 g 个元素是第 g 个过程的方差，协方差和相关矩阵函数为半正定。

3.3.2 多变量 SARIMA 模型的构建

多变量 ARMA 模型是 1986 年邓自力先生首次提出的，此模型可以得到两个或两个以上变量之间的关系，但本章研究的 VOCs 污染物排放监测数据大多是非平稳序列数据，且随季节性变化趋势较明显，因此该模型不能直接用于构建 VOCs 污染物排放数据补充模型，需对其进行改进。本章在前人研究的 ARMA 模型基础上加入了对 VOCs 污染物排放数据季节性变化的预测，所提 SARIMA 模型更符合 VOCs 污染物排放监测数据非平稳性的特点，加入差分运算将非平稳的监测序列变为平稳序列减小预测误差，S 为对季节性变化的预测，加入季节性预测的因素可以获得更多模型参数组合方式，比较不同组合参数之间的方差、平均绝对误差等找到最佳的参数组合，提高模型的适合度和预测的精确度，所建模型更加贴合 VOCs 污染物排放数据的特点，使得数据补充结果更精确，得到的预测结果较之前的模型大大降低了误差值。SARIMA 建模过程与 ARMA 模型类似。

假设 $\{y_t\}$ 为非平稳时间序列。$\{\varepsilon_t\}$ 为白噪声，$\varepsilon_t \sim N(0, \sigma^2)$。由于 VOCs 污染物排放监测数据多为非平稳时间序列，因此首先要经过差分变为平稳数列。一阶差分见公式（3.5）：

$$\Delta Y_t = Y_t - Y_{t-1} = Y_t - QY_t = (1 - Q)Y_t \tag{3.5}$$

式中，Δ 为差分算子。

预测下一时刻的值 Y_{t+1} 或 δ 步以后的值 $Y_{t+\delta}$ 是补充缺失值的主要目的。假设我们可以获取正常传感器监测到的样本值 $\{y_{1t}\}$ 和失效传感器发生故障前监测到的样本值 $\{y_{2t}\}$，利用这些数据作为基础数据建立模型，结合未失效传感器后续监测到的数据来补充失效传感器缺失的数据 $\{Y_{t+1}\}$。将经过差分处理的基础数据表示为 $\{Y_t\}$。

$$Y_t = [y_{1t}, y_{1t-1}, \cdots, y_{1t-i+1}, y_{2t}, y_{2t-1}, \cdots, y_{2t-i+1}]^T$$

假设根据 Y_t 对于 Y_{t+1} 作出的预测为 $\hat{Y}_{t+1|t}$：

$$\hat{Y}_{t+1|t} = \alpha Y_t$$

假设预测值与真实值之间的偏离作为损失，则预测的均方误差为：

$$MSE = E(Y_{t+1})^2 - E(Y_{t+1}Y_t')[E(Y_tY_t')]^{-1}E(Y_tY_{t+1})$$

假设 SMA 过程可逆，即 SAR 过程和 SMA 过程之间滞后算子多项式的关系为：

$$\gamma(Q) = [\theta(Q)]^{-1}$$

预测 SARMA (p, q) 过程：

$$\hat{Y}_{t+1|t} - \mu = \gamma_1(Y_t - \mu) + \gamma_2(Y_{t-1} - \mu) + \cdots + \gamma_p(Y_{t-p+1} - \mu) +$$
$$\theta_1\hat{\varepsilon}_t + \theta_2\hat{\varepsilon}_{t-1} + \cdots + \theta_q\hat{\varepsilon}_{t-q+1}$$

其中 $\hat{\varepsilon}_t$ 用递推公式表示为：$\hat{\varepsilon}_t = Y_t - \hat{Y}_{t|t-1}$。

则前 s 期预测见公式（3.6）：

$$\hat{Y}_{t+s\mid t} - \boldsymbol{\mu} = \begin{cases} \gamma_1(\hat{Y}_{t+s-1\mid t} - \boldsymbol{\mu}) + \cdots + \gamma_p(\hat{Y}_{t+s-p\mid t} - \boldsymbol{\mu}) + \theta_s\hat{\boldsymbol{\varepsilon}}_t + \cdots + \theta_q\hat{\boldsymbol{\varepsilon}}_{t+s-q}, \ s = 1, \cdots, q \\ \gamma_1(\hat{Y}_{t+s-1\mid t} - \boldsymbol{\mu}) + \cdots + \gamma_p(\hat{Y}_{t+s-p\mid t} - \boldsymbol{\mu}), \ s = q+1, \ q+2, \cdots \end{cases}$$

$$(3.6)$$

式中，$\hat{Y}_{\tau\mid t-1} = Y_\tau$，$\tau \leqslant t$。

3.3.3 VOCs 污染物排放数据修正及补充流程

综上所述，传感器故障时出现的错误值检测及修正和缺失值补充的整个流程图如图 3.12 所示，步骤如下。

Step1：获得传感器组网络监测到的 VOCs 污染物排放数据；

Step2：对不同种类气态污染物分析其季节性变化趋势；

Step3：对符合季节性变化趋势的数据用 SWDS-LOF 算法检测错误值；

Step4：用多项式拟合法得到错误值的修正值；

Step5：若检测获取数据不完整，则立即判定缺失时间、缺失长度及与缺失数据高度相关的另一组监测数据，共同建立 SARIMA 模型补充缺失数据；

Step6：最终得到完整且准确度较高的监测数据。

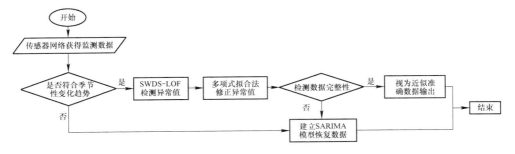

图 3.12 完整监测数据获取流程图

3.4 案例研究

3.4.1 研究区域概况

本章选取陕西省易出现大气环境污染严重现象且污染持续时间较长的区域进行分析，经采集与比较监测数据，选定西安、咸阳、宝鸡、渭南和铜川五市作为研究区域，并称之为关联区域。该区域平均海拔约 500m，北部为陕北黄土高原，向南则为陕南山地、秦巴山脉，地势分布总体呈现南北较高、东西方向略有倾斜的特点，秋冬雾霾天气显著增加，为陕西省工农业发达且人口密集地区，常住人口达 800 多万。大量燃料消耗、汽车尾气和城市建设使 VOCs 污染物排放浓度持续增加，生产活动中排放的 VOCs 污染物易受静稳、高湿、近地逆温等不利气象条件影响，极易在上空累积且难以扩散，易出现污染持续时间长的情况，因此给周边其他地区及附近居民带来了很大的环境压力。图 3.13 为关联区域地理位置分布及污染严重时的 VOCs 污染物排放状况。

图 3.13   关联区域大气环境污染图

3.4.2   数据来源分析

本章的实验数据来源于陕西省企业统计年鉴和陕西省环境监测网站，编写 Python 网络爬虫获取陕西省环境监测网站各 VOCs 污染物监测站的监测数据信息。数据采集时间范围为 2020 年 01 月 30 日~2020 年 11 月 30 日，所有传感器网络每 60s 进行一次数据采集，采集的数据种类包括 VOCs、SO_2、CO 和 NO_2 气体监测数据，样本数据的属性列于表 3.1。监测数据的采集来源于传感器网络，采集原理见图 2.2，将所有传感器网络采集的数据采用第 4 章介绍的一级融合算法形成单个监测机构的数据融合值，融合之后的值再与同级别的各大监测机构的值采用第 4 章介绍的二级融合算法得到某一区县的 VOCs 污染物排放数据融合值，将所研究关联区域中所有城市级之间及城市级下设区县之间监测融合值再采用第 4 章介绍的三级融合算法进行融合，便可得到关联区域 VOCs 污染物排放数据概况。具体的关联区域数据采集与融合过程见图 3.14。

表 3.1   样本数据属性

数据类型	时间间隔/s	数据范围/mg · L⁻¹	实验数据量/条	原始数据量/万条
VOCs	60	0~140	2700	>500
SO_2	60	0~100	2700	>500
CO	60	0~60	2700	>500
NO_2	60	0~130	2700	>500

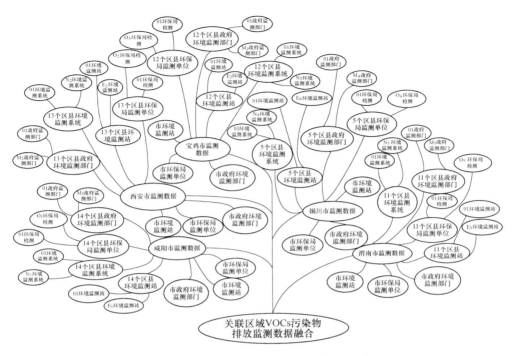

图 3.14　关联区域数据采集与融合过程图

　　在 VOCs 污染物排放数据错误值修正及缺失值补充分析中，选取图 3.14 中西安市监测数据下 13 个区县中某一个区的大气环境监测站中 01 号大气环境监测站的传感器网络中的 VOCs 数据进行验证，其余污染物种类分析及其余传感器网络中的监测数据分析与该验证方法相同，不再赘述。在单系统 VOCs 污染物排放数据一级融合分析中，选取图 3.14 中西安市监测数据下 13 个区县中某一个区县的所有大气环境监测站数据融合为例进行验证，即将 01 号大气环境监测站采集数据至第 E_2 号大气环境监测站采集数据进行融合，得到西安市 13 个区县中某一个区的所有大气环境监测站数据融合值，其余与之同等级别的数据融合方法与该融合方法相同，本书仅举一例。在关联系统 VOCs 污染物排放数据二级融合分析中，选取图 3.14 中西安市监测数据下 13 个区县中某一区县监测数据融合为例进行分析，融合图 3.14 中西安市某一区县不同大气环境监测机构的融合值，包括一级数据融合中的大气环境监测站数据、区政府大气环境监测部门数据及环保局数据等，得到西安市某一区县关联系统的 VOCs 污染物排放数据融合结果。在关联区域 VOCs 污染物排放数据三级融合分析中，选取图 3.14 中西安市所有 13 个区县监测数据融合为例进行分析，关联区域中其他城市的数据融合方法与西安市所有区县数据融合方法类似，最后求得整个关联区域 VOCs 污染物排放数据融合值，整套融合方法可以根据所选区域范围不同进行不同级别的融合，具体的融合方法将在第 4 章进行详细论述。

3.4.3　VOCs 污染物排放数据错误值修正及缺失值补充

选取西安市 11 个区 2 个县中的碑林区 15 个大气环境监测站中友谊东路街道子站监测站第 1 个传感器网络的 VOCs 监测数据在 2020 年 12 月 15 日~2020 年 12 月 30 日时间段内共计 2700 个 VOCs 污染物排放监测数据为例进行分析，原始监测数据见图 3.15。由图 3.15 可以看出，监测数据具有显著的非平稳性，采集期间监测平均值为 36.548mg/L，标准偏差为 14.753mg/L，较高的标准偏差表明此数据预测的复杂性。

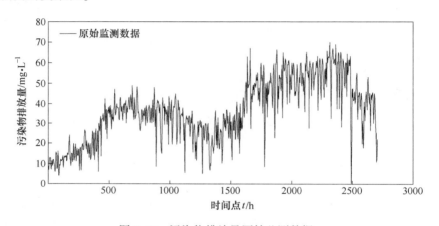

图 3.15　污染物排放量原始监测数据

3.4.3.1　VOCs 污染物排放数据季节性变化趋势

本节以中国环境监测总站中该区域 2015~2020 年污染物排放量作为基础数据，经检测该数据集比较完整。数据预处理后，按照相关定义和数学公式分析污染物排放量季节性变化是否存在差异。图 3.16 为该区域五年来污染物排放量随季节性变化趋势，该区域五年内普遍呈现 12~2 月份高，4 月份低的多次曲线变化。其中排放污染量最多的是 1 月份，约占全年排放污染物的 13.71%；排放污染物最少的是每年 4 月份，仅约占全年排放污染物的 3.01%。每年 1 月份月均污染物排放量高出每年 4 月份约 28.13%，每年 12 月~次年 2 月和次年 4 月的污染物排放量差异显著，每年 6~8 月之间污染物排放量差异不大。

根据该区域常年气象变化将每年 4~5 月划为春季，每年 6~8 月划为夏季，每年 9~10 月划为秋季，每年 11~次年 3 月划为冬季。各季节污染物排放量浓度大小依次为冬>夏>秋>春，冬季与其他三个季节污染物排放量均值存在较大差异

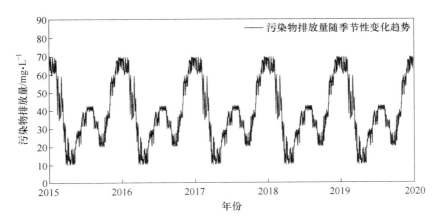

图 3.16　污染物排放量随季节性变化趋势

（$P<0.05$），春季和秋季之间差异不大（$P>0.05$），可见该地区污染物排放量季节性差异相对较大。

为验证污染物排放量随季节性变化趋势，利用 SPSS 的方差分析功能检验不同季节污染物排放量的显著性差异。假设各季节的污染物排放量差异不显著，在 0.05 显著水平下，若 $F>F_\alpha$，则拒绝季节间差异不显著的假设，否则接受原假设。方差分析表见表 3.2，经计算得 $F=8.9031>F_{0.05}=2.8661$，因此认为该区域 VOCs 污染物在不同季节有显著差异，在总体上表现出冬>夏>秋>春。

表 3.2　VOCs 污染物季节方差分析表

	离均差平方和 SS	自由度	均方 MS	F 值	P 值
组间变异	187.29	6	38.73	9.0164	0.0002
组内变异	114.2	19	4.87	—	—
总变异	301.49	25	—	—	—

总体来说，该区域污染物排放量与季节变化相关性较大。春季采暖期结束，气温升高，并且此时植被开始生长，使得春季污染物排放量明显低于冬季。夏季排放量稍高于春秋季节，与该区域空气湿热、空调使用频率高有关，同时夏季高大茂密的植被也具有吸收污染物的作用，因此排放量低于冬季。9 月和 10 月份的降雨普遍增多，且气温低导致蒸发慢，增加了空气的湿度使得污染物排放量相对减少。由于该区域在每年的 11 月~次年 3 月均处于采暖期，采暖期间燃煤量的增加会导致该区域大气环境质量严重下降。经检验所得数据在不同季节有显著差异，且符合非甲烷总烃的季节性变化趋势。

3.4.3.2　VOCs 污染物排放数据错误值检测与修正

通过实验对 SWDS-LOF 算法、IncLOF[5~7] 算法和 GSWCLOF[8] 算法进行分析

和对比。实验测试环境：Inter CORE i5，4G 内存，操作系统为 Window10，编程语言为 MatLab2016b，实验所用数据为经检测合格的 VOCs 污染物排放监测数据集。

（1）使用离群点检测准确度衡量算法性能，结果表明在数据量相同时，SWDS-LOF 算法准确度较高，这是因为 IncLOF 算法中需要重复计算所有数据的 LOF 值，而 GSWCLOF 算法则需要提前分配好 k—距离值，增加了算法的空间复杂度。SWDS-LOF 算法将待处理的数据变为静态，减小了离群因子的计算量，因此该算法的准确度较高，见图 3.17。

（2）使用计算复杂度衡量算法的执行效率。k 取值为 50，SWDS-LOF 算法耗时相比 IncLOF 算法节省了约一半的时间，可知 SWDS-LOF 算法有效降低了算法的复杂度，见图 3.18。

（3）采用模拟数据集测试算法对数据维度的适应性。见图 3.19，SWDS-LOF 算法可以更好地适应维度的增加。

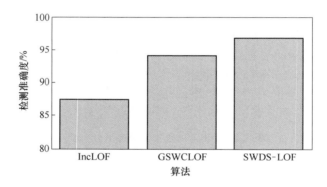

图 3.17　三种算法检测准确度对比

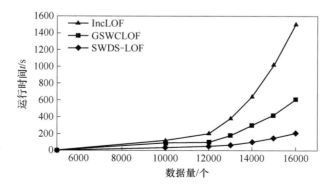

图 3.18　三种算法复杂度对比

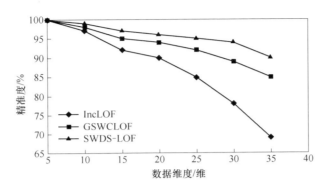

图 3.19 三种算法伸缩性对比

由试验结果可知，SWDS-LOF 算法有效可行。利用 SWDS-LOF 算法对采集到的数据进行错误值检测，将所有 $LOF > 1$ 的数据判为错误值并用 0 值代替，见图 3.20。对比图 3.15 和图 3.20 可以看出，图 3.15 中诸多明显错误的数据被替换为 0，即这些值不能被归为任意一个簇中。经检测后可判定这 2700 个数据中有61 个错误值。

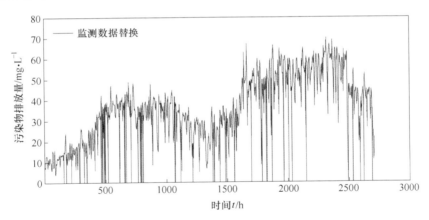

图 3.20 非甲烷总烃的错误值替换

由于所有的错误值被标记为 0 值，对剩余的非 0 值采用公式（3.2）进行曲线拟合，避免了错误值对函数关系式的干扰，由公式（3.3）求出系数即得到正数值的曲线拟合公式。将错误点的 t 值代入函数拟合公式，则第 56 个数据 41.36经修正后被替换为 9.21；第 92 个数据 45.33 经修正后被替换为 7.35；符合周围邻域点的走势。图 3.21 为得到的正数值拟合曲线，图 3.22 为经修正后的非甲烷总烃监测数据。

非甲烷总烃的函数拟合公式：

$$y = a_0 + a_1 t + a_2 t^2 + a_3 t^3 + a_4 t^4 + a_5 t^5 + a_6 t^6 + a_7 t^7 + a_8 t^8$$

$a_0 = 11.35$; $a_1 = -0.01352$; $a_2 = 5.965 \times 10^{-5}$; $a_3 = 6.945 \times 10^{-7}$; $a_4 = -1.992 \times 10^{-9}$; $a_5 = 2.106 \times 10^{-12}$; $a_6 = -1.077 \times 10^{-15}$; $a_7 = 2.689 \times 10^{-19}$; $a_8 = -2.641 \times 10^{-23}$。

结果表明，拟合优度为 0.9909，拟合效果很好。

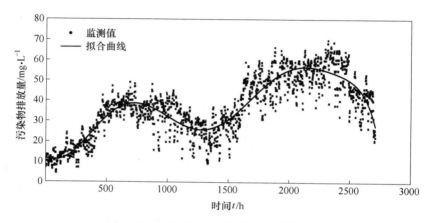

图 3.21 非甲烷总烃正数值的曲线拟合图

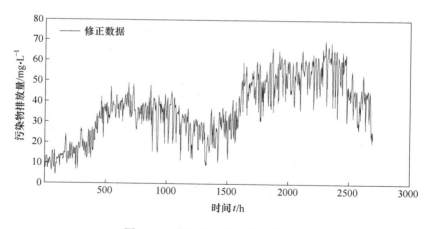

图 3.22 非甲烷总烃的修正结果

3.4.3.3 VOCs 污染物排放数据缺失值补充

A 数据的预处理

挥发性有机化合物（VOCs）和非甲烷总烃（NmHc）大多数情况下基本一致，VOCs 包括范围略大于 NmHc，两者既有相同的类别，又各自包含着不同的

成分。本章由公式（3.4）求得 VOCs 和 NmHc 高度相关，因此利用 VOCs 的监测
传感器数值补充失效的 NmHc 传感器数值，以建立多变量季节性时间序列模型。
利用已修正好的数据验证 SARIMA 模型的有效性，人为剪掉一段数据，利用剪掉
之前的 NmHc 数据和 VOCs 在 NmHc 缺失时间段内的数据以及 NmHc 传感器补充
监测时的数据联合建立 SARIMA 模型。观察上文已修正好的数据（图 3.23）可
知序列为非平稳序列，故对其采用公式（3.5）进行一阶差分去除数据的趋势项
及一阶季节性差分，以下建模过程所使用软件为 Eviews8.0。处理后的序列图如
图 3.24、图 3.25 所示，可以看出数据序列在均值线附近上下波动，均值均十分
接近于 0，无明显的趋势和周期，可以初步认为经处理后序列是平稳的。

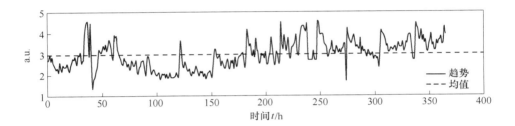

图 3.23　原始数据趋势

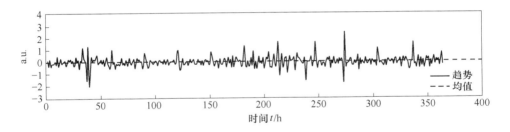

图 3.24　去趋势项后数据趋势

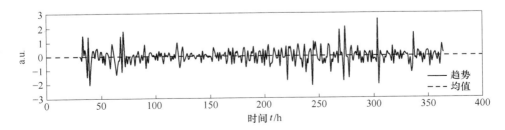

图 3.25　去趋势项和季节性后数据趋势

图 3.26 显示自相关和偏自相关函数图几乎均落入置信区间内，且没有明显的变化规律，可认为经过去趋势和去周期后的数据是平稳的。因此本章将非平稳的时间序列转换为平稳的时间序列，得到随机误差项的表示，可以对序列建立多变量季节性时间序列模型。

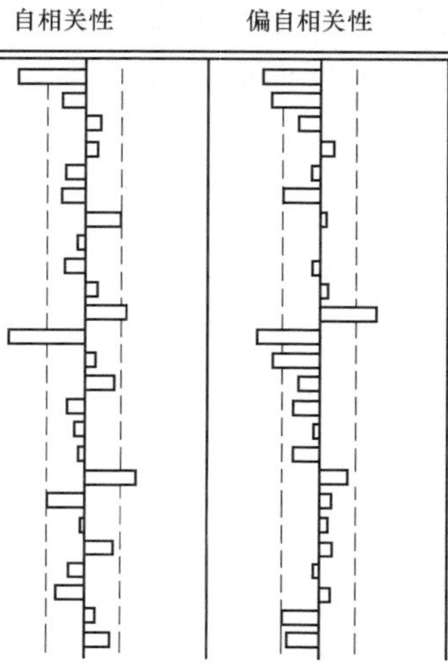 自相关性	偏自相关性		自相关系数	偏自相关系数	Q统计量	伴随概率
		1	−0.353	−0.353	12.212	0.000
		2	−0.119	−0.279	13.626	0.001
		3	0.074	−0.096	14.181	0.003
		4	0.082	−0.056	14.854	0.005
		5	−0.109	−0.045	16.061	0.007
		6	−0.146	−0.224	13.276	0.006
		7	0.203	−0.019	22.593	0.002
		8	−0.036	−0.001	22.727	0.004
		9	−0.083	−0.036	23.461	0.005
		10	0.077	−0.040	24.099	0.007
		11	0.264	0.325	31.728	0.001
		12	−0.520	−0.384	61.804	0.000
		13	0.054	−0.269	62.132	0.000
		14	0.166	−0.085	65.265	0.000
		15	−0.096	−0.127	66.331	0.000
		16	−0.058	−0.024	66.728	0.000
		17	−0.036	−0.130	66.877	0.000
		18	0.361	0.163	82.499	0.000
		19	−0.227	0.041	88.736	0.000
		20	−0.018	0.031	88.776	0.000
		21	0.128	0.065	90.817	0.000
		22	−0.075	−0.025	91.535	0.000
		23	−0.139	0.058	93.998	0.000
		24	0.055	−0.252	94.385	0.000
		25	0.127	−0.168	96.511	0.000

图 3.26 自相关图、偏自相关图检验平稳性

B 模型定阶与预测结果

在对多变量季节性时间序列模型的阶数识别及参数估计上，主要考察数据的自相关性、偏自相关性和周期，结合图 3.26 再通过 AIC 法则，判断模型识别部分的数据如表 3.3 所示。

表 3.3 模型参数识别表

(p, q)	AIC	σ^2	平均绝对百分误差
(1, 1)	37.08	0.4341	10.413259
(2, 0)	28.49	0.4049	7.039512
(2, 1)	37.18	0.4423	8.124723
(3, 0)	37.39	0.4630	8.162302

由表可知，当 (p, q) 为 (2, 0) 时所建模型的 AIC、σ^2 和平均绝对百分误差都是最小，即 (p, q) 为 (2, 0) 时模型效果最好。残差序列的检测显示其为白噪声序列，说明该模型已提取大部分原始信息，因此所建模型为 SARIMA (2, 0, 0)(1, 1, 1) 模型，通过最小平方估计法，求解各项系数。建立模型

如下：

$$y_{\text{NmHc}}(t) = -8546.319 + 0.887y_{\text{VOCs}}(t) - 0.061y_{\text{VOCs}}(t-1) + 0.436y_{\text{NmHc}}(t-1)$$

表 3.4 中显示 R^2 为 0.995，表明此模型提取了预测数据的大部分有效信息，图 3.27 展示了所建模型与原数据的对比，可以看出余值远小于原数据序列。可判定所建模型及确定的阶数与原数据序列高度吻合，可准确地表示原数据序列的数据信息。其中，黑色三角形实线为实际的监测数据，黑色圆点实线为建立模型后预测出的数据，黑色实线表示残差数据。综上，所建模型及所选参数能够较精确的模拟原始数据序列，并与之高度吻合，其中残差值很小，表明所建模型准确。

表 3.4 多变量时间序列模型输出结果

变量	系数	标准差	t-统计值	P 值
常数项	-8546.319	3301.109	-3.670524	0.0002
$y_{\text{VOCs}}(t)$	0.887201	0.011226	73.70203	0.0001
$y_{\text{VOCs}}(t-1)$	-0.061026	0.012834	-3.140097	0.0023
$y_{\text{NmHc}}(t-1)$	0.436544	0.081376	7.490834	0.0000

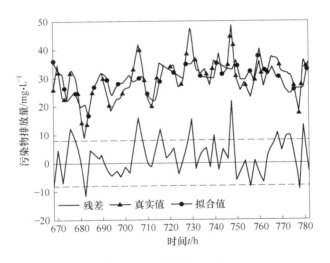

图 3.27 模型拟合效果

C 基于高度相关传感器的数据补充

预测传感器失效点之后的 30 个样本，经修正之后的数据、数值模拟值及 95% 置信区间见图 3.28。图 3.28 结果表明补充的数据与模拟数据非常接近，误差很小，黑色三角形实线表示经修正后的原始数据，黑色圆点实线表示利用模型补充的数据，且在整个补充时间段内，95%置信区间（即图中虚线）完全包含所有数值模拟参考值，补充精度达到 94.60%。此误差水平足以实现 VOCs 污染物排放缺失数据的近似准确补充。综上，该模型可以很好地实现 VOCs 污染物排放监测系统的数据补充。

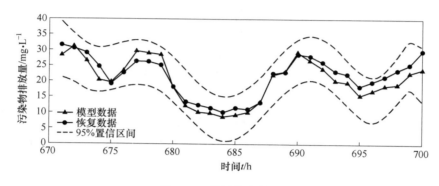

图 3.28　数据补充结果

通过对其他高度相关传感器组的数据预测，如用 $PM_{2.5}$ 的值预测 PM_{10} 的值等，证实此模型确实是高效且准确，对数据频率与范围的预测准确率均高于 85%，为制定高效的 VOCs 污染物排放管理决策提供了可靠的支持。应注意的是：SARIMA 模型应基于一定的适用条件：（1）所研究的污染物应至少存在某一污染物或污染物组与之高度相关；（2）此模型适用于 VOCs 污染物排放监测数据修正后的时间序列；（3）采集污染物数据的传感器外界环境条件相对稳定。

3.5　本章小结

本章首先分析了传感器网络可能发生的故障类型及发生故障的基本事件，其次对大气传感器网络监测系统中错误值的检测及修正方法和数据缺失值补充模型进行了深入的探讨，根据传感器处于不同的异常状态，提出了相应的错误数据修正方法。经理论分析得知，该算法可以很好地检测并修正错误数据，所建模型在理论分析上也显著提高了缺失值补充的精度，在后续研究中可以继续用于优化 VOCs 污染物排放监测网络中传感器的数量和位置，并结合远程控制技术，进一步提升 VOCs 污染物排放监测系统的性能，以求更精确地实现 VOCs 污染物排放监测。

参　考　文　献

[1] Zhou Guiqing. Strategies for improving environmental monitoring technology supervision system

［J］. Resource Conservation and Environmental Protection, 2019, 212: 62.

［2］ Li Wei, Hu Hao, Xu Fuchun, et al. Big data analytical technology in the application of atmospheric environmental monitoring research ［J］. Journal of environmental monitoring in China, 2015, 31 (175): 123~127.

［3］ Liu Xiaodan. Application of fault tree method in reliability analysis of sensor subsystem ［J］. Computer knowledge and technology, 2011, 7 (7): 1656~1657.

［4］ Zeng Yuke, Chen Huanxin, Huang Ronggeng. Fault diagnosis of refrigerant charging capacity based on local abnormal factor combined with neural network ［J］. Refrigeration Technology, 2019, 39 (166): 10~14, 19.

［5］ Liu Xiaodan. Application of fault tree method in reliability analysis of sensor subsystem ［J］. Computer Knowledge and Technology, 2011, 7 (7): 1656~1657.

［6］ Zeng Yuke, Chen Huanxin, Huang Ronggeng. Fault diagnosis of refrigerant charging capacity based on local abnormal factor combined with neural network ［J］. Refrigeration Technology, 2019, 39 (166): 10~14, 19.

［7］ Yang Fengzhao, Zhu Yangyong, SHI Bole. IncLOF: local anomalies of the incremental mining algorithm in dynamic environment ［J］. Journal of Computer Research and Development, 2004 (3): 477~484.

［8］ Li Shaobo, Meng Wei, Qu Jinglei. Dense-based anomaly data detection algorithm GSWCLOF ［J］. Journal of Computer Engineering and Applications, 2016, 52 (19): 7~11.

4 基于错误值修正的 VOCs 污染物排放数据三级融合算法

第 3 章中针对传感器发生故障和失效状态时产生的错误值分别进行了修正和补充，保证了获取数据的真实性和可靠性，但此时产生的数据仍然是海量且多源异构的，数据向上传输必然会耗费巨大的传感器能量，且传输次数较多会导致数据信息冗余，使用户读取信息时难度增大。为了使得到的传感器监测数据更加简洁精确，便于用户分析管理，必须在不丢失数据特征信息的前提下融合多传感器采集到的监测数据，缩小数据间的误差降低其不确定性，获取有效信息的同时节省传感器网络能量。本章利用第 3 章的错误值修正方法及缺失值补充模型首先修正关联区域内所要做融合研究的监测数据，利用已修正好的数据并根据数据特征背景的不同做关联区域内三级数据融合算法及其可靠性方法研究。第一级数据融合为市级下设区县中的某一单系统 VOCs 污染物排放监测部门数据融合，这些部门的监测数据来源于不同数量的 VOCs 污染物排放监测系统，其中单个 VOCs 污染物排放监测系统是由不同数量的传感器网络监测系统组成；第二级数据融合为市级下设区县中各个监测机构之间即关联系统的数据融合，由于这些环境监测部门都是对同一区域进行监测，因此该层级 VOCs 污染物排放监测数据特点为存在大量相似数据，融合时需对相似数据进行压缩，减小融合误差；第三级数据融合为市级下设各区县数据融合及关联区域内所含城市之间 VOCs 污染物排放监测数据融合。三级数据融合关系为层层递进，融合过程如图 4.1 所示。最终得到关联区域 VOCs 污染物排放监测数据融合值。

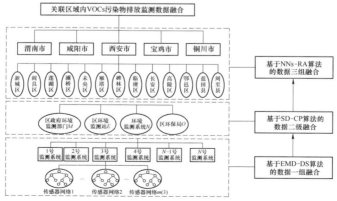

图 4.1 关联区域内 VOCs 污染物排放监测数据融合过程图

4.1 基于 EMD-DS 算法的单系统 VOCs 污染物排放数据一级融合

一级数据融合的大概思路为：首先抽取相同时间内的多种 VOCs 污染物排放监测数据，用这些数据训练高斯模型，得到不同传感器网络的基本概率分配值，然后运用 VOCs 污染物排放监测数据 D-S 证据理论进行信息融合，该算法简称 EMD-DS 算法。不同层次且多次对 VOCs 污染物排放监测系统监测的数据进行融合处理，逐步得到融合后的监测值，降低数据传输量的同时提高数据的有效性，并提高用户处理和提取多源信息的能力。

4.1.1 单系统 VOCs 污染物排放数据结构

所采集的 VOCs 污染物排放数据来源于不同位置的传感器网络所监测到的数据，其数据结构如下：

（气体种类，气体名称，（传感器网络 1，系统 1），…，（传感器网络 m（k），系统 m（k）））

由于每个位置监测传感器的采样频率及数据精度可能会有所不同，这就导致在同一个时间周期内从 VOCs 污染物排放监测系统中获得的是海量、多源异构的数据。假设在某一区域有 N 个 VOCs 污染物排放监测系统，第 k 个监测系统中有 m（k）个传感器网络，$k = 1 \sim N$，每一传感器网络中包含 $l_{m(k)}$ 种不同气体的传感器。假设每一传感器均可以动态实时地监测数据，得到实验预处理的数据如下：

$$F_k = \begin{bmatrix} f_{11}^k & f_{12}^k & \cdots & f_{1m(k)}^k \\ f_{21}^k & f_{22}^k & \cdots & f_{2m(k)}^k \\ \vdots & \vdots & \ddots & \vdots \\ f_{l_{m(k)}1}^k & f_{l_{m(k)}2}^k & \cdots & f_{l_{m(k)}m(k)}^k \end{bmatrix}, \quad k = 1 \sim N$$

式中，f_{ij}^k 为第 k 个监测系统中第 i 种气体在第 j 个传感器网络中的数值，$i = 1 \sim l_{m(k)}$，$j = 1 \sim m$（k），$k = 1 \sim N$。

4.1.2 单系统 VOCs 污染物排放数据融合算法场景描述

采用证据理论算法进行数据融合时，BPA 的生成及证据决策至关重要。就目前的研究趋势而言，BPA 的生成越来越注重研究问题本身，但对数据本身依赖性较强且仍具有一定主观性，无法从理论上去判断生成的 BPA 是否可靠。因此，提出二元组 BPA 生成方法，利用每种 VOCs 污染物排放监测气体在各传感器网络上的高斯模型相似度生成 BPA 的可靠度，将每个生成的 BPA 和其可靠度组合构成二元组，可靠度理论值的加入改善了 BPA 存在一定主观性及通用性不强的缺陷，从理论上增强了所生成 BPA 的可信度。对生成的证据进行决策时结合目前理论成熟的概率决策模型，减小了所提转换方法生成的概率与原生成的 BPA 的冲突程度。

考虑到 VOCs 污染物排放监测系统中传感器网络含有大量节点，且各节点采样频率各有不同的特点，本节在 D-S 证据理论的基础上对其进行改进，提出新的 BPA 生成方法和决策模型。计算各个气体类别在各传感器网络上高斯模型的相似度，将其转化为对 BPA 可靠性的度量，将所生成 BPA 部分与可靠性程度部分组合在一起生成二元组（BPA，$R_{m(k)}^s$），该 BPA 的生成直接保证了其可靠性，避免了传统 BPA 生成时专家按经验指定基本概率分配时的主观性强的问题，增强了所生成 BPA 的通用性。另外，由于 BPA 本身决策后的结果不严密，提出一种新的 BPA 转换概率进行数据决策，使转换后的概率与原 BPA 冲突程度尽可能小，借助目前研究已比较成熟的概率决策模型将生成的 BPA 转换为概率分布，利用了概率分布的严苛性增加了决策的严密性，相比于经典的基于似然函数的概率转化，本方法更有效利用系统的信息实现合理转换。首先对数据进行如下处理。

（1）对于不同传感器网络得到的异构数据或同一传感器网络得到的差别很大的数据归一化处理后可以更易于分析传感器得到的数据，如公式（4.1）所示：

$$f_{l_{m(k)}m(k)}^{k*} = \frac{f_{l_{m(k)}m(k)}^{k} - min}{max - min} \tag{4.1}$$

式中，$f_{l_{m(k)}m(k)}^{k*}$ 为处理后的监测数据；min 为传感器样本最小的数值；max 为传感器样本最大的数值；$f_{l_{m(k)}m(k)}^{k}$ 为当前的数据。处理后的数据如下：

$$F_k^* = \begin{bmatrix} f_{11}^{k*} & f_{12}^{k*} & \cdots & f_{1m(k)}^{k*} \\ f_{21}^{k*} & f_{22}^{k*} & \cdots & f_{2m(k)}^{k*} \\ \vdots & \vdots & \ddots & \vdots \\ f_{l_{m(k)}1}^{k*} & f_{l_{m(k)}2}^{k*} & \cdots & f_{l_{m(k)}m(k)}^{k*} \end{bmatrix}, \quad k = 1 \sim N$$

（2）通过研究学习发现，BPA 的生成本质上是各可能事件发生概率的确定[1~3]。借助 EMD-DS 算法解决数据融合问题，一是把多个传感器对气体的测量值转换为基本概率赋值；二是把多个传感器的基本概率赋值变为 EMD-DS 算法在同一识别框架下所需的证据；三是把最终得到的融合 BPA 值转换为气体传感器监测数据。

为了解决以上问题，不妨把第 $m(k)$ 个传感器网络中的每个传感器分别标识为 1，2，…，$l_{m(k)}$，气体监测值归一化为 f_{11}^*，f_{22}^*，…，$f_{l_{m(k)}m(k)}^{k*}$，然后建立高斯模型得到不同监测气体对各传感器网络的隶属函数：1 号传感器网络对监测气体的高斯模型为 $\mu_1^1(f_{11}^*)$，$\mu_2^1(f_{21}^*)$，…，$\mu_{l_1}^1(f_{l_11}^*)$；2 号传感器网络对监测气体的高斯模型为 $\mu_1^2(f_{12}^*)$，$\mu_2^2(f_{22}^*)$，…，$\mu_{l_2}^2(f_{l_22}^*)$；$m(k)$ 号传感器网络对监测气体

的高斯模型为 $\mu_1^{m(k)}(f_{1m(k)}^*)$，$\mu_2^{m(k)}(f_{2m(k)}^*)$，$\cdots$，$\mu_{l_{m(k)}}^{m(k)}(f_{l_{m(k)}m(k)}^*)$。获得每个传感器网络对各监测气体的高斯模型后，再将其转换成各传感器网络证据赋值。先计算各传感器网络相应的可信度系数，依次对应为：D_1^1，D_2^1，$\cdots$，$D_{l_1}^1$；D_1^2，D_2^2，$\cdots$，$D_{l_2}^2$；$\cdots$；$D_1^{m(k)}$，$D_2^{m(k)}$，$\cdots$，$D_{l_{m(k)}}^{m(k)}$，将每一传感器的可信度系数归一化为其权重系数，依次对应为：φ_1^1，φ_2^1，$\cdots$，$\varphi_{l_1}^1$；φ_1^2，φ_2^2，$\cdots$，$\varphi_{l_2}^2$；$\cdots$；$\varphi_1^{m(k)}$，$\varphi_2^{m(k)}$，$\cdots$，$\varphi_{l_{m(k)}}^{m(k)}$，利用计算得到的权重系数归一化各气体在各传感器网络上的隶属度，得到传感器网络的基本概率指派依次对应为：r_1^1，r_2^1，$\cdots$，$r_{l_1}^1$；r_1^2，r_2^2，$\cdots$，$r_{l_2}^2$；$\cdots$；$r_1^{m(k)}$，$r_2^{m(k)}$，$\cdots$，$r_{l_{m(k)}}^{m(k)}$。通过如此变通，就能够实现多传感器数据测量值融合变为同一识别框架 Θ 下的证据转换：$\Theta = \{r_1^1, r_1^2, \cdots, r_{l_{m(k)}}^{m(k)}\}$，至此可初步生成基本概率指派函数。同时考虑各个气体类别在各传感器网络上的高斯模型的相似度，计算各 BPA 的可靠度，生成二元组 BPA 后再将其决策并融合，最终决策 BPA 时将基本概率指派函数转换为概率分布决策，采用 Dempster 的组合规则就能够完成数据融合过程，最终根据传感器合成证据的基本概率分配求得融合值。图 4.2 为某一个 VOCs 污染物排放监测系统中 EMD-DS 算法数据融合流程。

4.1.3 单系统 EMD-DS 数据融合算法中 BPA 生成方法

传统 BPA 生成时大多数情况下依赖于专家按经验指定生成的基本概率分配，这种方法的主观性太强，所生成的基本概率指派不能很精确地反映研究问题本身，本章所提出的 BPA 生成方法摒弃了传统的专家指派方法，其生成主要依赖于监测数据本身的规律，保留了数据的真实性，通过数据之间的相互关系生成符合该序列数据规律的 BPA，使其生成更客观，更能反映研究问题本身，确定出更精确的 BPA，才会有更精确的融合结果。

D-S 证据理论中 BPA 的生成极其关键[4]，鉴于目前研究中所提 BPA 主观性较强的缺陷，本节提出在生成 BPA 时便将可靠性程度计算在内，从理论上保证了 BPA 的可靠性并增强了其通用性。假设 VOCs 污染物排放监测系统中某一个传感器网络监测得到的原始数据集共有 $l_{m(k)}$ 个气体类别，每种气体监测值为 f_{11}^*，f_{22}^*，$\cdots$，$f_{l_{m(k)}m(k)}^*$。其中，每个类别的气体包含 $m(k)$ 个传感器数值，每个数值看作一个信息源。

Step1：选取训练样本和测试样本。针对原始数据集，分别从同一周期内监测到的不同种类气体中随机抽取 h 个样本作为训练样本，以此构造各类别气体在各传感器网络上的隶属度分布函数，每种气体中剩余的样本作为测试样本，对其构建各传感器网络上的高斯模型。设 F 表示训练集中某一种类气体在某一传感器网络上的特征值的取值范围，则各传感器网络上的高斯型隶属度函数为：$\mu(f)$：

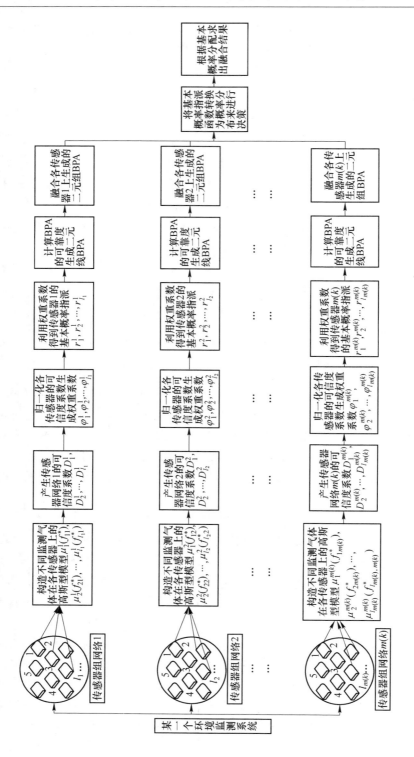

图4.2 EMD-DS算法数据融合流程图

$F \rightarrow [0, 1]$，$f \in F$。对于某一气体种类 $l_{m(k)}$ 和传感器网络 $m(k)$，分别计算所有属于气体 $l_{m(k)}$ 的训练样本在第 $m(k)$ 个传感器网络上的平均值 $\overline{f^*_{l_{m(k)}m(k)}}$ 和样本标准差 $\sigma_{l_{m(k)}m(k)}$。

$$\overline{f^*_{l_{m(k)}m(k)}} = \frac{1}{h}\sum_{p=1}^{h}f^{p\,*}_{ij}，\quad \sigma_{l_{m(k)}m(k)} = \sqrt{\frac{1}{h-1}\sum_{p=1}^{h}(f^{p\,*}_{ij} - \overline{f^*_{l_{m(k)}m(k)}})^2}$$

式中，$i = 1, 2, \cdots, l_{m(k)}$；$j = 1, 2, \cdots, m(k)$。$f^{p\,*}_{ij}$ 表示气体种类 i 的第 p 个训练样本在第 j 个传感器网络上的取值。根据得到的平均值 $\overline{f^*_{l_{m(k)}m(k)}}$ 和标准差 $\sigma_{l_{m(k)}m(k)}$，构造气体数据 $l_{m(k)}$ 在第 $m(k)$ 个传感器网络上的高斯模型，如公式（4.2）所示：

$$\mu^{m(k)}_{l_{m(k)}}(f^*_{l_{m(k)}m(k)}) = \exp\left[-\frac{(f^*_{l_{m(k)}m(k)} - \overline{f^*_{l_{m(k)}m(k)}})^2}{2\sigma^2_{l_{m(k)}m(k)}}\right] \tag{4.2}$$

式（4.2）得到的高斯模型可用来描述气体监测值在各传感器网络上的隶属度分布情况。

Step2：由于每个传感器采样频率精度值等会有所差异，因此需要得到某一传感器被其他所有传感器支持的程度即为传感器的可信度系数，再将其归一化为其权重系数，从而得到各识别目标的基本概率分配，完成证据的转换。

在气体监测值 f^*_{11}，f^*_{22}，$\cdots$，$f^*_{l_{m(k)}m(k)}$ 中，传感器网络 $m(k)$ 的可信度见公式（4.3）：

$$D^{m(k)}_{l_{m(k)}} = \frac{1}{m}\sum_{i=1}^{l_{m(k)}}\sum_{j=1}^{m(k)}\mu^j_i(f_{l_{m(k)}m(k)}) \tag{4.3}$$

产生一组可信度系数：$D = \{D^1_1, D^1_2, \cdots, D^1_{l_1}; D^2_1, D^2_2, \cdots, D^2_{l_2}; \cdots; D^{m(k)}_1, D^{m(k)}_2, \cdots, D^{m(k)}_{l_{m(k)}}\}$，其中 $D^{m(k)}_{l_{m(k)}}$ 表示不同传感器网络之间的差异程度。

由于在文献［5］中，已将所有传感器网络在数据采集过程中可能出现的误差剔除掉，使得到的数据无失效数据并且真实度较高，则归一化计算得到的可信度系数 $D^{m(k)}_{l_{m(k)}}$，生成权重系数见公式（4.4）：

$$\Phi = \{\varphi^1_1, \varphi^1_2, \cdots, \varphi^1_{l_1}; \varphi^2_1, \varphi^2_2, \cdots, \varphi^2_{l_2}; \cdots; \varphi^{m(k)}_1, \varphi^{m(k)}_2, \cdots, \varphi^{m(k)}_{l_{m(k)}}\}$$

$$\varphi^{m(k)}_{l_{m(k)}} = D^{m(k)}_{l_{m(k)}}\left/\sum_{i=1}^{l_{m(k)}}\sum_{j=1}^{m(k)}D^j_i\right.(i = 1, 2, \cdots, l_{m(k)}, j = 1, 2, \cdots, m(k))$$

$$\tag{4.4}$$

利用所得权重系数对各监测气体的隶属度进行修正，将传感器网络得到的监测值转为 EMD-DS 算法的证据，从而得到每个传感器网络的基本概率指派，见公式（4.5）：

$$r^{m(k)}_{l_{m(k)}}(f^*_{l_{m(k)}m(k)}) = \varphi_{m(k)}\mu^{m(k)}_{l_{m(k)}}\left/\sum_{i=1}^{l_{m(k)}}\sum_{j=1}^{m(k)}\varphi^j_i\mu^j_i\right.(i = 1, 2, \cdots, l_{m(k)}, j = 1, 2, \cdots, m(k))$$

$$\tag{4.5}$$

式（4.5）符合证据理论基本概率指派的性质：（1）$r_{l_{m(k)}}^{m(k)}(f_{l_{m(k)}m(k)}^{*}) \neq 0$；
（2）$\sum\limits_{f_{l_{m(k)}m(k)}^{*} \in 2^{\Theta}} r_{l_{m(k)}}^{m(k)}(f_{l_{m(k)}m(k)}^{*}) = 1$。

　　Step3：计算 BPA 的可靠度 R_j^s。在对 BPA 的可靠性进行度量时考虑各个气体类别在各传感器上的高斯模型的相似度。对任意传感器网络 $m(k)$，气体种类 1 和 2 的相似度见公式（4.6）：

$$inter_{12}^{m(k)} = inter(\mu_1^{m(k)}(x), \mu_2^{m(k)}(x)) = \frac{\int \mu_{12}^{m(k)}(x)\,\mathrm{d}x}{\int \mu_1^{m(k)}(x)\,\mathrm{d}x + \int \mu_2^{m(k)}(x)\,\mathrm{d}x - \int \mu_{12}^{m(k)}(x)\,\mathrm{d}x}$$

$$(4.6)$$

式中，$\mu_1^{m(k)}(x)$、$\mu_2^{m(k)}(x)$ 分别为气体 1 和气体 2 在第 $m(k)$ 个传感器上的高斯型隶属度函数；$\mu_{12}^{m(k)}(x)$ 为在第 $m(k)$ 个传感器上气体 1 和气体 2 相交部分的隶属度函数。对任意传感器 $m(k)$，气体 1 到气体 $l_{m(k)}$ 这 $l_{m(k)}$ 个类别中两两类别间的相似性矩阵 $\boldsymbol{INTER}_{m(k)}$ 见公式（4.7）：

$$\boldsymbol{INTER}_{m(k)} = \begin{bmatrix} 1 & inter_{12}^{m(k)} & \cdots & inter_{1l_{m(k)}}^{m(k)} \\ inter_{21}^{m(k)} & 1 & \cdots & inter_{2l_{m(k)}}^{m(k)} \\ \vdots & \vdots & \ddots & \vdots \\ inter_{l_{m(k)}1}^{m(k)} & inter_{l_{m(k)}2}^{m(k)} & \cdots & 1 \end{bmatrix} \qquad (4.7)$$

式中，$inter_{gk}^{m(k)}(g, k = 1, 2, \cdots, l_{m(k)})$ 表示气体 g 和气体 k 在第 $m(k)$ 个传感器上的相似度。基于第 $m(k)$ 个传感器的高斯模型，该传感器上生成的 BPA 的可靠性见公式（4.8）：

$$R_{m(k)}^s = \sum_{i < l_{m(k)}} (1 - inter_{gk}^{m(k)}) \qquad (4.8)$$

式中，$R_{m(k)}^s$ 表示从第 $m(k)$ 个传感器上生成的 BPA 的静态可靠性指标。类别间的相似度越大，生成的 BPA 的可靠性就越低。

　　Step4：生成二元组 BPA。得到二元组 BPA 的基本概率指派函数 BPA 部分和可靠性程度 $R_{m(k)}^s$ 部分，可构成二元组（BPA，$R_{m(k)}^s$）。融合各传感器上生成的二元组 BPA。基于折扣系数法将二元组 BPA 转化为经典的 BPA，进行式（4.9）运算：

$$\begin{cases} r^{R_{m(k)}^s}(f_{l_{m(k)}m(k)}^{*}) = R_{m(k)}^s \times r_{l_{m(k)}}^{m(k)}(f_{l_{m(k)}m(k)}^{*}) \\ r^{R_{m(k)}^s}(\Theta) = R_{m(k)}^s \times r_{l_{m(k)}}^{m(k)}(\Theta) + (1 - R_{m(k)}^s)' \end{cases} \qquad (4.9)$$

式中，$R_{m(k)}^s$ 为第 $m(k)$ 个传感器上生成的 BPA 的可靠性，也是证据折扣中的折扣系数。折扣后的 BPA 即为 $r^{R_{m(k)}^s}$，$\forall f_{l_{m(k)}m(k)}^{*} \subseteq 2^{\Theta}$，$f_{l_{m(k)}m(k)}^{*} \neq \Theta$。

4.1.4　单系统 EMD-DS 数据融合算法证据决策方法

　　证据理论的融合结果是一组 BPA，如何根据最终得到的 BPA 进行决策将直接影响融合系统的性能。为解决此问题，可将基本概率指派 $r_{l_{m(k)}}^{m(k)}(f_{l_{m(k)}m(k)}^*)$ 转换为概率分布来进行决策，如公式（4.10）所示：

$$P_{r^{R_{m(k)}^s}}(f_{l_{m(k)}m(k)}^*) = \sum_{f_{l_{m(k)}m(k)}^* \subseteq 2^\Theta} \frac{r(f_{l_{m(k)}m(k)}^*)}{|f_{l_{m(k)}m(k)}^*|} = r^{R_{m(k)}^s}(f_{l_{m(k)}m(k)}^*) + \sum_{f_{l_{m(k)}m(k)}^* \in 2^\Theta} \frac{r(f_{l_{m(k)}m(k)}^*)}{|f_{l_{m(k)}m(k)}^*|}$$

$$(4.10)$$

则 $P_{r^{R_{m(k)}^s}}(f_{l_{m(k)}m(k)}^*)$ 是与 $r_{l_{m(k)}}^{m(k)}(f_{l_{m(k)}m(k)}^*)$ 的证据关联系数最大的概率转换方式，且满足当基本概率指派退化为概率时，其转换结果保持不变。对基本概率指派，转换后应保证 $Bel(f_{l_{m(k)}m(k)}^*) \leq P(f_{l_{m(k)}m(k)}^*) \leq Pl(f_{l_{m(k)}m(k)}^*)$。至此可得到最终的决策结果。由于融合后各个监测数据是以概率的形式存在，因此必须将其与 EMD-DS 算法融合后的结果进行加权求和，最终得出该监测系统的融合数据。对于传统 D-S 证据理论中"一票否决"的现象，由于在文献［5］中已经对错误数据进行剔除并修正，其中就包括对零值的剔除和替换，因此这一缺陷可不考虑。最终合成证据的基本概率分配 $P_{r^{R_{m(k)}^s}}(f_{l_{m(k)}m(k)}^*)$ 即为数据的融合权重，则融合结果见公式（4.11）：

$$f_{l_{m(k)}m(k)} = \sum_{i=1}^{l_{m(k)}} \sum_{j=1}^{m(k)} f_i^* P_{r^{R_j^s}}(f_{ij}^*) \tag{4.11}$$

综上所述，假设某一 VOCs 污染物排放监测系统中存在 $m(k)$ 个传感器网络，每个传感器网络存在 $l_{m(k)}$ 个不同种类气体的传感器监测点，每个传感器监测点在选定监测周期内对每种气体至少采样 β 个监测值，则对于每一种气体，$m(k)$ 个传感器网络至少采样 $m(k) \times \beta$ 个监测值。将 $l_{m(k)}$ 个传感器监测点的 β 个时段中 $m(k)$ 个传感器网络的数据进行融合，数据融合的步骤如下：

Step1：收集 $l_{m(k)}$ 个监测设备采集的历史数据，记为 $\{F_1\text{-}data, F_2\text{-}data, \cdots, F_{l_{m(k)}}\text{-}data\}$，将其作为建立高斯型隶属度函数的训练样本。

Step2：将测试样本建立高斯模型进行训练。取指定的监测周期内（$T_1 \sim T_\beta$ 时间段）某一个传感器网络中所有传感器监测点采集的数据进行测试，得到 $l_{m(k)}$ 个 β 时间段的 $m(k) \times \beta$ 个基本概率指派。

Step3：第一次运用 EMD-DS 算法将 $l_{m(k)}$ 个 β 时间段的 $m(k) \times \beta$ 个基本概率指派融合得到 $m(k)$ 个基本概率指派，这一步骤的作用为将同一周期内的不同种类气体传感器监测点得到的数据进行融合。

Step4：对这 $m(k)$ 个基本概率指派的可靠性进行度量，同时考虑各个气体类别在各传感器上的高斯模型的相似度，计算各基本概率指派的可靠度，生成二元基本概率指派后将基本概率指派函数转换为概率分布来进行决策。

Step5：根据传感器合成证据的基本概率分配即数据的融合权重求出传感器监测值的融合值。

Step6：第二次运用 EMD-DS 算法将此系统内 $m(k)$ 个传感器网络进行基本概率指派融合，得到 VOCs 污染物排放监测系统在选定监测周期内融合后的基本概率指派。

Step7：第三次运用 EMD-DS 算法将不同 VOCs 污染物排放监测系统的同种污

染物气体数据融合在一起，最后得到的基本概率指派结合监测数据得到融合后的监测值。基于 EMD-DS 算法的同一 VOCs 污染物排放监测数据融合算法的整体框架如图 4.3 所示。

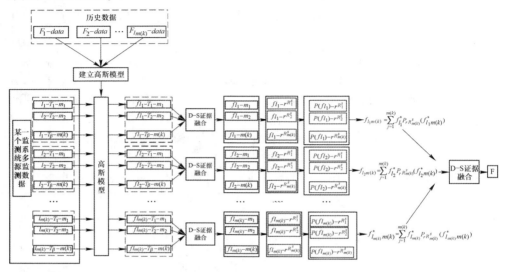

图 4.3　EMD-DS 算法整体框架图

4.1.5　单系统 EMD-DS 数据融合算法结果可靠性验证

　　本章在生成 BPA 时已将可靠性考虑在内，因此本节验证多传感器数据融合值较单一传感器监测值更可靠，前文假设一个 VOCs 污染物排放监测系统中有 $m(k)$ 个传感器网络，每个传感器网络中有 $l_{m(k)}$ 种传感器监测节点用于监测 VOCs 污染物排放气体数据，本节的目的是验证多个相同的传感器监测节点监测同一种 VOCs 污染物排放气体数据融合值的可靠性优于单一传感器对该 VOCs 污染物排放气体的监测值。假设第 $m(k)$ 个传感器网络是由 $l_{m(k)}$ 个传感器组成，单一传感器的数据监测值 f_i，$i = 1，2，\cdots，l_{m(k)}$，根据上文分析，多传感器数据融合结果表示为：

$$f_{l_{m(k)}m(k)} = \sum_{i=1}^{l_{m(k)}} \sum_{j=1}^{m(k)} f_i^* P_{r R_j^s}(f_{ij}^*)$$

　　基于上式分析，选取测量方差和偏差信息确定多传感器数据融合的可靠性。取其中一个传感器网络进行分析，则单传感器数据监测模型为：$l = Lf + w$，式中，l 为 $l_{m(k)} \times 1$ 维监测矢量；L 为 $l_{m(k)} \times t_{l_{m(k)}}$ 维监测矩阵；f 为 $t_{l_{m(k)}} \times 1$ 维监测气体矢量；w 为 $l_{m(k)} \times 1$ 维同分布高斯噪声且与 f 不相关，即 $E(w^{\mathrm{T}}f) = 0$ 且 $w \sim N(0，\sigma^2)$，设 $\lambda_1，\lambda_2，\cdots，\lambda_n$ 是对称矩阵 $L^{\mathrm{T}}L$ 的特征根，且满足 $\lambda_1 \geqslant \lambda_2 \geqslant \cdots \geqslant \lambda_n > 0$，$\Lambda = \mathrm{diag}(\lambda_i)$。$f$ 的最小二乘估计为 $\hat{f}_{ls}$，f 的有偏估计值为：

$$\hat{f}_G = (\boldsymbol{L}^\mathrm{T}\boldsymbol{L} + \boldsymbol{K})^{-1}\boldsymbol{L}^\mathrm{T}\boldsymbol{l}$$

式中，$k \geqslant 0$ 为偏参数；$\boldsymbol{K}$ 为对角矩阵，$\boldsymbol{K} = \mathrm{diag}(k_i)$，$i = 1，2，\cdots，l_{m(k)}$。

$\hat{f}_G$ 的偏差和方差见公式（4.12）和公式（4.13）：

$$Bias(\hat{f}_G) = \boldsymbol{K}(\Lambda + \boldsymbol{K})^{-1}\boldsymbol{f} \tag{4.12}$$

$$Var(\hat{f}_G) = \sigma^2(\Lambda + K)^{-1}\Lambda(\Lambda + K)^{-\mathrm{T}} = \mathrm{diag}\left[\sigma^2 \frac{\lambda_i}{(\lambda_i + k_i)^2}\right]，i = 1，2，\cdots l_{m(k)} \tag{4.13}$$

令 $\boldsymbol{f}$ 的第 i 个数据的最小二乘估计为 $\hat{f}_{ls}^i$，有偏估计值为 $\hat{f}_G^i$，概率密度函数为 $f_{GRE}(f_i)$，见公式（4.14）：

$$f_{GRE}(f_i) = \frac{\lambda_i + k_i}{\sqrt{2\pi\lambda_i\sigma^2}}\exp\left[-\frac{(\lambda_i + k_i)^2}{2\lambda_i\sigma^2}\left(f_i - \frac{\lambda_i}{\lambda_i + k_i}\hat{f}_{ls}^i\right)^2\right] \tag{4.14}$$

$\hat{f}_G^i$ 的对称区间为 $F = \left[\hat{f}_{ls}^i - C\dfrac{\sigma^2}{\lambda_i}，\hat{f}_{ls}^i + C\dfrac{\sigma^2}{\lambda_i}\right]$，其中，$C>0$ 是区间指标，那么单传感器监测值 f_i 的可靠性定量见公式（4.15）：

$$R_{GRE}(f_i) = \int_F f_{GRE}(f_i)\mathrm{d}f_i，i = 1，2，\cdots，l_{m(k)} \tag{4.15}$$

设已经获得了多传感器网络中某一种 VOCs 污染物排放气体监测值分别为 $\hat{f}_{11}，\hat{f}_{12}，\cdots，\hat{f}_{1m(k)}$，相应的均方误差为 $MSE_{11}，MSE_{12}，\cdots，MSE_{1m(k)}$，数据的融合权重为 $P_{r^{R_j^s}}(\hat{f}_{11}^*)，P_{r^{R_j^s}}(\hat{f}_{12}^*)，\cdots，P_{r^{R_j^s}}(\hat{f}_{1m(k)}^*)$。多传感器数据融合测量估计值表示为：

$$\hat{f}_{G_{ij}} = \sum_{i=1}^{l_{m(k)}}\sum_{j=1}^{m(k)}\hat{f}_i^* P_{r^{R_j^s}}(\hat{f}_{ij}^*)$$

取其中 $\hat{f}_{11}$ 和 $\hat{f}_{12}$ 两个传感器监测数据为例，设其融合权重为 $1-\beta_p$ 和 β_p，则其有偏估计数据融合值见公式（4.16）：

$$\hat{f}_{G_{ij}} = (1 - \beta_p)\hat{f}_{11} + \beta_p\hat{f}_{12} \tag{4.16}$$

计算双传感器数据融合的偏差见公式（4.17）：

$$Bias(\hat{f}_{G_{ij}}) = \hat{f}_{G_{ij}} - f_{ij} = (1 - \beta_p)\hat{f}_{11} + \beta_p\hat{f}_{12} - f = (1 - \beta_p)B_1 + \beta_p B_2 \tag{4.17}$$

其中，B_1 和 B_2 分别为两个传感器的估计偏差，下面进一步分析两个传感器数据融合估计值的方差。令 $M_1 = MSE_{11}$，$M_2 = MSE_{12}$，$b = (E\hat{f}_{11} - f)(E\hat{f}_{12} - f)$，两个传感器有偏估计融合结果的均方误差见公式（4.18）：

$$\begin{aligned}
MSE_G &= (1-\beta_p)^2 MSE_{11} + \beta_p^2 MSE_{12} + 2(1-\beta_p)\beta_p E\left[(\hat{f}_{11}-f)(\hat{f}_{12}-f)\right] \\
&= \left(\frac{M_2-b}{M_1+M_2-2b}\right)^2 M_1 + \left(\frac{M_1-b}{M_1+M_2-2b}\right)^2 M_2 + 2\left(\frac{M_2-b}{M_1+M_2-2b}\right)\left(\frac{M_1-b}{M_1+M_2-2b}\right)b
\end{aligned}$$

$$= \frac{1}{(M_1 + M_2 - 2b)^2} \ (M_2^2 M_1 + M_1^2 M_2 - 2b M_1 M_2 - b^2 M_1 - b^2 M_2 + 2b^3)$$

$$= \frac{1}{(M_1 + M_2 - 2b)^2} \ [M_1 M_2 (M_1 + M_2 - 2b) \ - b^2 (M_1 + M_2 - 2b)]$$

$$= \frac{M_1 M_2 - b^2}{M_1 + M_2 - 2b} \tag{4.18}$$

假设传感器 1 和传感器 2 的有偏测量的方差和偏差平方分别为 Var_1^B 和 Var_2^B、B_1^2 和 B_2^2，那么式（4.18）展开后见公式（4.19）：

$$MSE_G = \frac{M_1 M_2 - b^2}{M_1 + M_2 - 2b} = \frac{Var_1^B Var_2^B + B_1^2 Var_2^B + B_2^2 Var_1^B}{Var_1^B + Var_2^B} \tag{4.19}$$

假设 VOCs 污染物排放监测系统中同一个传感器网络中的两个传感器相同，即 $Var_1^B = Var_2^B = Var$，$B_1^2 = B_2^2 = B^2$，且 $b = B_1^2 = B_2^2$。则式（4.19）进一步化简为式（4.20）：

$$MSE_G = \frac{Var}{2} + B^2 \tag{4.20}$$

经式（4.20）推理可得，多传感器网络数据融合估计值的均方误差见公式（4.21）：

$$MSE_G = \frac{Var}{m(k)} + B^2 \tag{4.21}$$

同理，式（4.17）可以化简为公式（4.22）：

$$Bias(\hat{f}_{G_{ij}}) = (1 - \beta_p) B_1 + \beta_p B_2 = B \tag{4.22}$$

由式（4.20）和式（4.22）可得有偏估计融合的方差见公式（4.23）：

$$Var_G = MSE_G - B^2 = \frac{Var}{2} \tag{4.23}$$

由式（4.23）推理得，多传感器数据融合估计值的方差见公式（4.24）：

$$Var_G = \frac{Var}{m(k)} \tag{4.24}$$

从式（4.22）和式（4.23）可以看出传感器融合值较单一传感器监测值的偏差不变，方差减小，因此多传感器数据融合在一定程度上会使监测数据更可靠。由式（4.15）结合多传感器数据融合值式（4.16）及融合方差式（4.23），可得两个传感器数据融合估计值的可靠性见公式（4.25）和公式（4.26）：

$$f_{GRE}(\hat{f}_{ij}) = \frac{\lambda_i + k_i}{\sqrt{2\pi \lambda_i \sigma^2}} \exp\left[-\frac{(\lambda_i + k_i)^2}{2\lambda_i \sigma^2} \left(f_{ij} - \frac{\lambda_i}{\lambda_i + k_i} \hat{f}_{ls}^{ij} \right)^2 \right] \tag{4.25}$$

$$R_{GRE}(\hat{f}_{ij}) = \int_F f_{GRE}(\hat{f}_{ij})\mathrm{d}\hat{f}_{ij}, \quad i = 1, 2, \cdots, l_{m(k)}, \quad j = 1, 2, \cdots, m(k)$$

$$(4.26)$$

再分析双传感器融合值和单传感器监测值的均方误差。令融合值的均方误差与传感器 1 的监测值的均方误差之差为 Δ_1，与传感器 2 的监测值的均方误差之差为 Δ_2，见公式（4.27）和公式（4.28）：

$$\Delta_1 = MSE_G - MSE_{11} = \frac{M_1M_2 - b^2}{M_1 + M_2 - 2b} - M_1 = \frac{-(b - M_1)^2}{Var_1^B + Var_2^B + (B_1 - B_2)^2}$$

$$(4.27)$$

$$\Delta_2 = MSE_G - MSE_{12} = \frac{M_1M_2 - b^2}{M_1 + M_2 - 2b} - M_2 = \frac{-(b - M_2)^2}{Var_1^B + Var_2^B + (B_1 - B_2)^2}$$

$$(4.28)$$

分析式（4.27）及式（4.28），$\Delta_1 \leqslant 0$ 且 $\Delta_2 \leqslant 0$，因此融合值的均方误差均小于传感器 1 和传感器 2 的均方误差，即任意数量多传感器数据融合值的精度均优于单传感器监测值。

4.2 基于 SD-CP 算法的关联系统 VOCs 污染物排放数据二级融合

4.1 节中的单系统 VOCs 污染物数据融合算法仅完成了关联区域 VOCs 污染物排放监测数据融合算法的第一步，该融合减小了数据传输时传感器网络能量的消耗，简化了分析，融合结果也更一目了然，但仅针对单系统的数据融合算法不具备普遍性，单系统之间的数据融合结果也会相互影响，为探讨关联系统及关联区域之间更准确的融合值，需要对所研究关联区域数据融合进行进一步的层级分析。关联系统 VOCs 污染物排放数据二级融合基于 4.1 节中的融合结果，继而将其结果与研究地区其他监测机构 VOCs 污染物排放数据得到的融合值再次进行融合，由于同一地区的大气监测机构所监测数据信息有大量重叠和覆盖，考虑到数据之间的相似性会影响数据传输效率并增大误差，因此需要将相似数据进行压缩，在度量数据相似性后为进一步压缩数据，则考虑变量之间的相关性，用多变量回归方法压缩数据，从不同维度降低数据传输效率，减少相似数据和相关数据后对其进行融合，得出本区域地区关联系统 VOCs 污染物排放监测数据融合值。

4.2.1 关联系统 VOCs 污染物排放数据结构

假设用集合 N_{ema} 表示不同监测机构的数据，n_i 表示第 i 个大气环境监测机构的监测节点，$i = 1, 2, \cdots, N$，每个监测机构可监测 K 种气体，每个周期 F 被细分为 t 个时隙，单个时隙 f_j 内，$j = 1, 2, \cdots, t$，监测到的大气环境数据序列为

$S_i^j = \{s_i^j(1)，s_i^j(2)，\cdots，s_i^j(K)\}$，其中 $s_i^j(K)$ 表示第 K 个变量的数据。

则在每个周期内，有采样数据矩阵如下：

$$M_i = \begin{cases} s_i^1(1) & s_i^1(2) & \cdots & s_i^1(K) \\ s_i^2(1) & s_i^2(2) & \cdots & s_i^2(K) \\ \vdots & \vdots & & \vdots \\ s_i^t(1) & s_i^t(2) & \cdots & s_i^t(K) \end{cases}$$

矩阵 M_i 表示节点 n_i 采集到的 t 个时隙的测量值组成的数据矩阵，矩阵中的列表示同一监测节点的 t 个时隙的测量值，矩阵中的行表示同一时隙的监测机构传感器采集的不同种类监测气体。

4.2.2　关联系统 VOCs 污染物排放数据融合场景设计

从 2.3 节中所建立的数据采集及共享系统中调取所需监测数据。融合目标：将同一城市的关联系统中所有 VOCs 污染物排放监测站及其他第三方监测机构的数据融合起来。假设在本城市地区存在 N 个区县 VOCs 污染物排放监测站 E_1、E_2、$\cdots$、E_N；N 个区县政府 VOCs 污染物排放数据监测部门 M_1、M_2、$\cdots$、M_N；N 个区县环保局监测单位 O_1、O_2、$\cdots$、O_N 和 N 个 VOCs 污染物排放监测系统，即 P_1、P_2、$\cdots$、P_i、$\cdots$、P_N；所监测到的数据相互独立，监测数据结构为：

（气体种类，气体名称，大气环境监测站 E_1、E_2、$\cdots$、E_N，政府大气环境监测部门 M_1、M_2、$\cdots$、M_N，区域环保局监测单位 O_1、O_2、$\cdots$、O_N，大气环境监测系统 P_1、P_2、$\cdots$、P_i、$\cdots$、P_N）

图 4.4 为关联区域内某一城市 VOCs 污染物排放监测数据融合原理图，上一节中先将某一个区县的环境监测站、区县政府、区县环保局的监测数据做一级融合处理，本节将 N 个大气环境监测站监测数据融合值 E、N 个环保局监测数据融合值 O、N 个 VOCs 污染物排放监测系统监测数据融合值 P 及 N 个区县政府监测数据融合值 M 分别融合，逐级融合为该城市关联系统大气环境监测数据融合结果。

VOCs 污染物排放监测机构直接监测到的数据通常不完整、存在误差和噪声干扰，由于数据集来源不同导致精度各不相同，因此数据质量普遍较低，数据预处理就是为了将原始监测数据转化为我们所需要的数据格式，使其更容易分析且减小计算复杂度。数据预处理步骤如下。

Step1：对采集到的原始监测数据使用第 3 章提到的方法检测错误值，对错误值进行修正或缺失值补充；

Step2：对修正好的监测值按公式（4.29）进行归一化处理：

$$y = (x - x_{min})/(x_{max} - x_{min}) \tag{4.29}$$

式中，x 为监测数据原始值；$x_{\min}$，$x_{\max}$ 分别为监测数据中的最大值和最小值；y 值映射在 [0~1] 内。

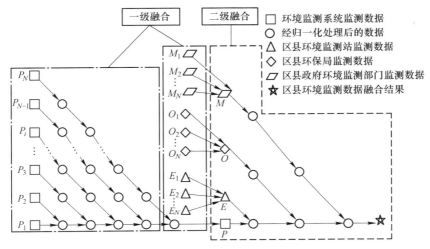

图 4.4　关联区域某一城市 VOCs 环境监测数据融合原理图

4.2.3　关联系统 SD-CP 数据融合算法原理

　　对于不同数据类型及数据种类的数据融合，现有研究中的方法大多是利用各种算法计算这些数据采集点的可信度，即融合数据权值，然后将融合权值与监测值相乘相加即可得到融合结果。计算监测点可信度这一步骤至关重要，但是由于本章研究的是同一地区的不同 VOCs 污染物排放监测机构数据融合，其中会含有大量相似数据的产生，因此对其所有数据优化后直接计算可信度会使得大量相似数据的权值较大，掩盖或影响了低频数据的权值，而这些低频数据中可能含有重要信息，因此本章提出先将相似数据进行压缩整合。压缩整合的方法为首先用明科夫斯基距离计算相似度，在计算变量之间的相关度充分压缩相似数据，若存在一些监测数据不与任何监测数据相似，则重新考察当时的监测环境及设备情况，判断其是否为错误值。经相似数据压缩后的监测数据出现的频率相当，避免了对低频数据的忽视，使融合结果更加精确。

　　某一城市内大气环境监测系统数据融合后与原数据相似度和相关度的设定直接关系到该城市关联系统间数据融合的质量，数值的设定既要满足数据误差质量的要求，也要保证融合效率。同一城市不同大气环境监测机构的数据会有数据相似性和变量相关性，需要相似数据合并以及变量回归，因此需先压缩再融合。每个时隙的设置一般会比大气环境监测气体发生变化的频率短，因此同一监测时隙内多个邻近监测点监测到的气体数据可能具有一定的相似性，相似数据的大量传输会造成传输节点压力过大，因此首先需要度量数据间的相似性，将相似数据进行压缩。

4.2.3.1 相似数据压缩

本节使用明可夫斯基距离度量数据之间的相似度，若计算所得距离越近，则相似度越高。两个不同的大气环境监测机构中同一种气体监测数据之间的相似度见公式 (4.30)：

$$d(\boldsymbol{S}_i^x, \boldsymbol{S}_i^y) = \left(\sum_{k=1}^{K} \left| \frac{s_i^x(k) - s_i^y(k)}{\max_k - \min_k} \right|^{\sigma} \right)^{\frac{1}{\sigma}} \tag{4.30}$$

式中，$\max_k$ 和 $\min_k$ 表示监测气体数据 K 的最大值和最小值。x 和 y 表示不同的大气环境监测机构。根据数据精度要求设置门限值 d_{Li}，当且仅当 $d(\boldsymbol{S}_i^x, \boldsymbol{S}_i^y) \leqslant d_{Li}$ 时，两个大气环境监测机构监测的数据具有高相似度，需要对其进行压缩。

4.2.3.2 变量相关回归

假设在大气环境监测数据矩阵 $\boldsymbol{M}_i$ 中，其中两个数据变量分别为 $\boldsymbol{C}_i^x$ 和 $\boldsymbol{C}_i^y$，其中 $\boldsymbol{C}_i^x = [s_i^1(x), s_i^2(x), \cdots, s_i^t(x)]^{\mathrm{T}}$，$\boldsymbol{C}_i^y = [s_i^1(y), s_i^2(y), \cdots, s_i^t(y)]^{\mathrm{T}}$，那么他们的皮尔逊相关系数见公式 (4.31)：

$$r(\boldsymbol{C}_i^x, \boldsymbol{C}_i^y) = \frac{COV(\boldsymbol{C}_i^x, \boldsymbol{C}_i^y)}{\sqrt{Var[\boldsymbol{C}_i^x]Var[\boldsymbol{C}_i^y]}} \tag{4.31}$$

式中，COV 为 $\boldsymbol{C}_i^x$ 和 $\boldsymbol{C}_i^y$ 之间的协方差；$Var[\boldsymbol{C}_i^x]$ 为 $\boldsymbol{C}_i^x$ 的方差；$Var[\boldsymbol{C}_i^y]$ 为 $\boldsymbol{C}_i^y$ 的方差。通过数据之间的相关系数发现高度相关的变量组，设置变量相关门限值 r_{Li}，当且仅当 $|r(\boldsymbol{C}_i^x, \boldsymbol{C}_i^y)| \geqslant r_{Li}$ 时，判定两个大气环境数据变量相关，见公式 (4.32)：

$$h_\alpha(\boldsymbol{C}_i^x) = \alpha_0 + \alpha_1(\boldsymbol{C}_t^y)^1 + \alpha_2(\boldsymbol{C}_t^y)^2 + \cdots + \alpha_q(\boldsymbol{C}_t^y)^q \tag{4.32}$$

式中，α 为多项式系数；q 为拟合阶次，设置变量维度门限值 c_{Li}。

4.2.4 关联系统 SD-CP 数据融合算法流程

4.2.4.1 相似数据压缩和多变量回归

监测数据矩阵 $\boldsymbol{M}_i$ 首先对不同监测机构采集的数据进行相似性判断，接着进行变量多项式回归，各大气环境监测部门数据融合原理见图 4.5。

将大气环境监测机构中的某一出现频率较高的数据记为 $\boldsymbol{S}_i^{pr}$，将其出现频率记为 f_{pr}，计算向量间距离，若满足 $d(\boldsymbol{S}_i^j, \boldsymbol{S}_i^{pr}) \leqslant d_{Li}$，则增加数据频率，若变量之间距离大于相似度门限值，则记录 $\boldsymbol{S}_i^j$ 为新数据向量，并将其存入数据矩阵 $\boldsymbol{M}_i$ 中，继续遍历矩阵中的其他数据，直到采集周期结束，再考虑变量之间的相关性，数据间两两相关的系数矩阵表示为 $\boldsymbol{COR}_i$，将相关的变量对存入集合 C_{rel} 中。进行变量回归时首先按公式 $R_i^{fre} = \underset{\boldsymbol{C}_i^k \in M_i}{\mathrm{argmax}} |\boldsymbol{C}_i^k f_{md}|$ 找到出现频率最高的变量 R_i^{fre}。

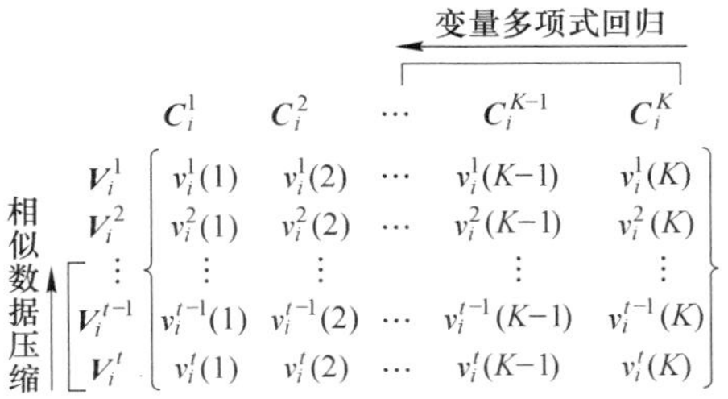

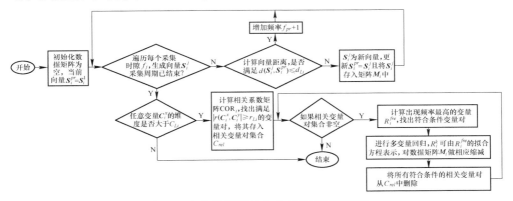

图 4.5　各大气环境监测部门数据融合原理图

接着，把与它相关的变量用回归方程表示，数据矩阵 M_i 逐渐缩减。相似数据压缩和多变量回归流程图见图 4.6。

图 4.6　相似数据压缩和多变量回归流程图

4.2.4.2　关联系统大气环境监测机构数据融合流程

假设来自大气环境监测系统的数据矩阵 M_{ni} 和来自某一监测机构数据矩阵 M_i 所包含部分数据集合为 DT_{ni} 和 DT_i，用杰卡德距离公式（4.33）判断 DT_{ni} 和 DT_i 之间的相似度。

$$S(DT_{ni}, DT_i) = \frac{|DT_{ni} \cap DT_i|}{|DT_{ni} \cup DT_i|} \tag{4.33}$$

假设采集到的大气环境监测系统数据和不同大气环境监测机构的数据矩阵集合为 DS，逐步接收大气环境监测机构的数据 M_i，将大气环境监测机构的数据与大气环境监测系统的数据进行比较，如果两个数据矩阵中杰卡德距离为 1，并且明可夫斯基距离小于相似度门限值，则将该数据频率加 1，直到所有的数据接收完成。若杰卡德距离不为 1 或者明可夫斯基距离大于相似度门限值，则将新的变量存入数据矩阵中，重新寻找其他的大气环境监测数据与之比较。所有大气环境监测机构数据融合过程如图 4.7 所示。所有的压缩过程完成以后，就消除了数据之间的冗余性，得到关联系统大气环境监测数据融合值。

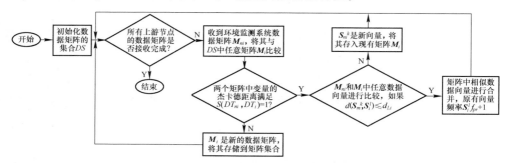

图4.7 关联系统大气环境监测机构数据融合流程

4.2.5 关联系统 SD-CP 数据融合算法结果可靠性验证

本节通过计算融合结果的可靠度来验证其可靠性。区域大气环境监测系统由 N 个大气环境监测系统组成，即 P_1，P_2，…，P_i，…，P_N，上文中将大气环境监测系统数据融合时采用的方法是先将 P_1 和 P_2 两个监测系统监测数据序列融合在一起，然后用融合值 P_2^* 去融合 P_3 的大气环境监测系统监测数据序列得到融合值 P_3^*，直到将 N 个大气环境监测系统数据全部融合完，得到了 P_{N-1}^* 个融合值。要验证最终融合结果的可靠性，可将每一次的融合值作为证据，计算每次融合值的可靠度，再将这些可靠度融合起来，即得到区域大气环境监测系统最终融合结果的可靠度。

区域大气环境数据融合时包含了不同监测机构的数据，如大气环境监测站的监测数据 E_1、E_2、…、E_N，政府的大气环境数据监测部门监测数据 M_1、M_2、…、M_N，区域环保局监测单位的监测数据 O_1、O_2、…、O_N，以及大气环境监测系统的监测数据 P_1、P_2、…、P_N，文中首先将 E_1、E_2、…、E_N 融合得到大气环境监测站数据融合值 E_N^*，再将 O_1、O_2、…、O_N 融合后得到区域环保局监测单位数据融合值 O_N^*，以此类推得到 P_N^*、M_N^*，计算融合值的可靠度 R_O^*、R_E^*、R_M^*、R_P^* 并将 R_O^*、R_E^*、R_M^*、R_P^* 作为证据，通过证据理论融合得到该算法所求融合结果的可靠度评估。可靠度计算流程图见图4.8。

假设有 N 个大气环境监测系统监测数据，逐级融合的融合值有 $N-1$ 个数据，表示为证据 R_i^*（$i = 2$，3，…，N），辨识框架由 T 个可靠性评估等级 H_t（$t = 1$，…，T）组成，即 $\Theta = \{H_1, …, H_T\}$，证据可以表示为如下置信分布形式见公式（4.34）：

$$R_i^* = \{(H_t, p_{t,i}^*), t = 1, …, T; (\Theta, p_{\Theta,i}^*)\} \qquad (4.34)$$

式中，$p_{t,i}^*$ 为某一评估等级下的置信度；H_t 为评估等级；$p_{\Theta,i}^*$ 为第 i 个融合值在 Θ 下的置信度，并且满足 $0 < p_{t,i}^* < 1$，$\sum\limits_{t=1}^{T} p_{t,i}^* \leq 1$。证据的权重为 w_i^*（$i = 2$，…，

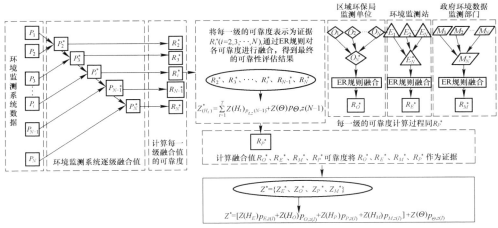

图 4.8 可靠度计算流程图

N），证据的可靠性为 m_i^*（$i = 2$，$\cdots$，N），证据混合加权分布见公式（4.35）：

$$R_i = \{ (H_t, r_{t,i}), t = 1, \cdots, T; (p(\Theta), r_{p(\Theta), i}) \} \qquad (4.35)$$

式中，$r_{t,i}$ 表示第 i 个融合值在评估等级下的混合概率。

$$
\begin{cases}
r_{t,i} = \begin{cases} 0, & H_t = \varnothing \\ c_{k,i} m_{t,i}, & H_t \subseteq \Theta, H_t \neq \varnothing \\ c_{k,i}(1 - m_i), & H_t = p(\Theta) \end{cases} \\[4mm]
c_{k,i} = \dfrac{1}{1 + w_i - m_i} \\[4mm]
r_{t,i} = w_i p_{t,i}
\end{cases}
\qquad (4.36)
$$

式中，$c_{k,i}$ 为归一化系数；$r_{t,i}$ 为第 i 个融合值在等级 H_t 下的基本概率质量。通过 ER 规则对 $N-1$ 条融合值可靠度进行融合，得到最终的可靠性评估结果，见公式（4.37）。

$$
\begin{cases}
r_{t, R_{(i)}^*} = \left[(1 - m_i) r_{t, R^*(i-1)} + r_{p(\Theta), R^*(i-1)} r_{t,i} \right] \\[2mm]
r_{p(\Theta), R_{(i)}^*} = (1 - m_i) r_{p(\Theta), R^*(i-1)} \\[2mm]
r_{R_{(i)}^*} = \begin{cases} 0, & H_t = \varnothing \\ \dfrac{r_{t, R_{(i)}^*}}{\sum_{H \subseteq \Theta} r_{H, R_{(i)}^*} + r_{p(\Theta), R_{(i)}^*}}, & H_t \neq \varnothing \end{cases} \\[6mm]
p_{R_{(i)}^*} = \begin{cases} 0, & H_t = \varnothing \\ \dfrac{r_{t, R_{(i)}^*}}{\sum_{H \subseteq \Theta} r_{H, R_{(i)}^*}}, & H_t \subseteq \Theta, H_t \neq \varnothing \end{cases}
\end{cases}
\qquad (4.37)
$$

式中，$i = 2$，3，$\cdots$，$N-1$；$p_{R^*_{(i)}}$ 为前 i 个指标融合后对可靠性评估等级 H_t 的置信度。通过以上迭代算法，得到综合评估结果，见公式（4.38）：

$$R^*_{(N-1)} = \left\{ \left[H_t, R^*_{(N-1)} \right], t = 1, \cdots, T, \left[\Theta, p_{\Theta, R^*_{(N-1)}} \right] \right\} \quad (4.38)$$

假设评估等级 H_t 的效用为 $Z^*_{(H_t)}$，采用基于效用的方法计算该可靠性评估方法的期望效用，见公式（4.39）：

$$Z^*_{(H_t)} = \sum_{t=1}^{T} Z(H_t) p_{t, z(N-1)} + Z(\Theta) p_{\Theta, z(N-1)} \quad (4.39)$$

式中，$Z^*_{(H_t)}$ 为该算法所求数据融合的可靠度。同理，上式可用于计算不同大气环境监测机构的融合值可靠度融合后的最终融合结果可靠度。

4.3　基于 NNs-RA 算法的关联区域 VOCs 污染物排放数据三级融合

4.2 节中对某一城市的某一个区县中不同 VOCs 污染物排放监测数据进行了融合，但该城市仍包含其他区县，且关联区域中含有很多城市，对这些区县间数据进行融合时，由于其监测区域不同，因此相互之间的影响较小，可将其归为第三级融合。所有城市下设区县中可能含有不同数量的监测机构及不同数量的监测气体种类，因此需要将上一节中融合数据值输入到神经网络中进行优化，在神经网络训练样本时，验证样本的误差在经过几次迭代后不再下降，将融合样本数据误差训练到最小值时再对其计算可信度，得出融合结果。本节所取用数据来自2.3 节中设计的关联区域 VOCs 污染物监测系统数据采集与共享平台，且融合值会输入该平台进行统一分析管理，保证了监测机构采集数据时不重不漏，最终得到所研究关联区域的数据融合值。

4.3.1　关联区域 VOCs 污染物排放数据结构

所收集数据的可靠性当然是最敏感的点之一，数据融合可以通过使用一个或多个其他的传感器来补偿不精确的传感器的缺陷。因此，形式化每一条信息的可靠性，考虑不同信息片段各自缺陷的异质性非常重要，同时，这些信息片段必须在相同的总的理论框架内共同处理。

假设用集合 N_{ems} 表示 VOCs 污染物排放监测系统数据的集合。n_i 表示第 i 个具有监测数据功能的节点，其中 $n_i \in N_{ems}$，$i = 1$，2，$\cdots$，N，单个监测节点可同时监测 K 种大气环境污染气体，监测周期 F 被细分为 t 个时隙。在每个时隙 f_j 内，$j = \{1, 2, \cdots, t\}$，节点 n_i 监测到的大气环境数据向量为 $V_i^j = \{v_i^j(1), v_i^j(2), \cdots, v_i^j(K)\}$。其中 $v_i^j(K)$ 表示第 K 种大气环境监测气体。则大气环境监测数据矩阵 M_{ni} 表示为：

$$M_{ni} = \begin{bmatrix} \boldsymbol{V}_i^1 \\ \boldsymbol{V}_i^2 \\ \vdots \\ \boldsymbol{V}_i^t \end{bmatrix} = \begin{bmatrix} v_i^1(1) & v_i^1(2) & \cdots & v_i^1(K) \\ v_i^2(1) & v_i^2(2) & \cdots & v_i^2(K) \\ \vdots & \vdots & & \vdots \\ v_i^t(1) & v_i^t(1) & \cdots & v_i^t(K) \end{bmatrix}$$

4.3.2 关联区域 VOCs 污染物排放数据优化处理

神经网络在数据融合处理中应用极为广泛，本节将神经网络视为一种优化处理数据的工具应用到第三级数据融合模型中。首先依据融合的要求及数据特点构建合适的神经网络模型，充分考虑神经元的特点和一些学习规则；其次在各层级之间建立相关关系，计算每一层级之间的权值，高效完成网络的训练；最后在神经网络训练样本时，验证样本的误差在经过几次迭代后不再下降，将融合样本数据误差训练到最小值。

假设神经网络中输入层节点为 T，隐含层节点为 U，输出层节点为 M，权值有 $T \times U \times M$ 个，本节选用带有 STM32F407ZET6 芯片的开发板[6]，可满足该神经网络的要求。不同区县 VOCs 污染物排放监测气体排放浓度范围不一，量纲和量级也均不同，同时处理时难度较大，出现频率小的数据易被高频率数据掩盖，造成过大的数据误差。首先将数据归一化处理后映射到 [0~1]，见公式（4.40）：

$$V_i' = (V_i - V_{\min})/(V_{\max} - V_{\min}) \tag{4.40}$$

式中，V_i 为监测数据的原始值；$V_{\max}$ 和 $V_{\min}$ 分别为监测数据的最大值和最小值；V_i' 为映射处理后的数据。

神经网络训练样本集为 $\boldsymbol{V}' = [\boldsymbol{V}_1', \boldsymbol{V}_2', \cdots, \boldsymbol{V}_N']$，训练样本集中的每一个样本 $\boldsymbol{V}_i' = [\boldsymbol{V}_i^1, \boldsymbol{V}_i^2, \cdots \boldsymbol{V}_i^t]$ 均为 T 维矢量，$i = 1, 2, \cdots, N$。网络预测输出为 $\boldsymbol{O}_i = [O_i^1, O_i^2, \cdots, O_i^M]^T$，期望输出为 $\boldsymbol{Y}_i = [Y_i^1, Y_i^2, \cdots, Y_i^M]^T$，$U$ 表示隐含层，对应域值为 θ_u；M 表示输出层，对应域值为 θ_m；W_{tu} 表示 T 和 U 的权值；W_{um} 表示 U 和 M 的权值；μ 表示神经元输入，ν 表示输出；n 为训练迭代次数。初始化权值和域值后进行神经网络训练。

μ_u^U 和 ν_u^U 分别表示隐含层第 u 个神经元的输入和输出，见公式（4.41）：

$$\begin{cases} \mu_u^U = \sum_u^U (W_{tu} V_i'^t - \theta_u) \\ \nu_u^U = f(\mu_u^U) = \dfrac{1}{1 + \exp\{-\mu_u^U\}} \end{cases} \tag{4.41}$$

μ_m^M 和 O_i^m 分别表示输出层第 i 个神经元的输入和输出，见公式（4.42）：

$$\begin{cases} \mu_m^M = \sum_u^U (W_{um} \nu_u^U - \theta_m) \\ O_i^m = \nu_m^M = f(\mu_m^M) = \dfrac{1}{1 + \exp\{-\mu_m^M\}} \end{cases} \tag{4.42}$$

输出层第 m 个神经元输出误差 e_{im}，见公式（4.43）：

$$e_{im}(n) = Y_{im}(n) - O_{im}(n) \tag{4.43}$$

系统总误差 E，见公式（4.44）：

$$E(n) = \frac{1}{2} \sum_{m=1}^M (e_{im}(n))^2 \tag{4.44}$$

4.3.3　关联区域 NNs-RA 数据融合算法原理及流程

4.1 节和 4.2 节中已将区县中大气环境监测机构单系统的数据以及不同大气环境监测机构关联系统之间的数据进行融合，本节在前述内容的基础上，继续融合区县间数据及关联区域内不同城市之间的数据，但在数据融合中，仅通过单次的不同地区大气环境监测机构可信度进行融合，其结果可能并不准确，本节加入对其一致性测度的可信度评价，通过对 4.2 节中融合数据的一致性测度结果首先进行可信度加权，改善一致性测度方法的不足，得到更加准确的可信度估计结果。

选定一个研究目标区县 i，其采样数据为 v_i，选取另外一个区县 j，其采样数据为 v_j，将 i 和 j 的采样数据 v_i 与 v_j 之间差值的绝对值定义为绝对距离 dis_{ij}，计算公式为：

$$dis_{ij} = |v_i - v_j|$$

在研究的时隙范围 t 内，不同区县及不同城市间 i 和 j 的采样数据 v_i 和 v_j 的融合程度 c_{ij} 为：

$$c_{ij} = \exp\{-\frac{1}{2} \cdot dis_{ij}\}$$

在研究的时隙范围 t 内，不同区县及不同城市间 i 和 j 的采样数据 v_i 和 v_j 的融合度矩阵为：

$$C = \begin{bmatrix} 1 & c_{12} & \cdots & c_{1n} \\ c_{21} & 1 & \cdots & c_{2n} \\ \vdots & \vdots & & \vdots \\ c_{n1} & c_{n2} & \cdots & 1 \end{bmatrix}$$

区或县 i 的融合值与同级别其他区县中（$N-1$）个区县融合值的相关性度量见公式（4.45）：

$$S_i(k) = \sum_{j=1,\, j \neq i}^{N} c_{ij}(k) / (N-1) \tag{4.45}$$

式（4.45）中，$0 \leqslant S_i(k) \leqslant 1$，相关性结果越高，表明两地的融合结果值越接近，该测度可以有效避免某一地区融合结果值严重偏离真实值导致出现误差的情况发生。

但在实际观察时间范围内，相关性度量值并不可靠，可能出现某一时刻相关性高，但在下一时刻相关性又很低的情况发生，因此，仍需要衡量各地区之间相关性测度结果的可靠性，设不同区县及不同城市间 i 和 j 的历史相关性度量结果为 $\{ S_i(k-T_S+1), S_i(k-T_S+2), \cdots, S_i(k) \}$，将最近产生的相关性度量结果加入该集合中，使用集合方差描述相关性度量结果是否稳定，若新加入的度量结果与历史产生的度量结果始终保持稳定，则上文计算所得相关性结果可靠，可靠性测度公式见（4.46）。

$$\hat{S}_i(k) = med\{ (S_i(k-T_S+1), S_i(k-T_S+2), \cdots, S_i(k) \}$$
$$v_i(k) = \frac{1}{T_S} \sum_{t=1}^{T_S} (S(t) - \hat{S}_i(k))^2 \tag{4.46}$$

区县 i 的相关性测度结果的可信度评价见公式（4.47）：

$$c_i(k) = \exp\left(-\frac{v_i(k)}{\hat{S}_i(k)^2} \right)$$
$$S_{c_i(k)} = c_i(k) \times S_i(k) \tag{4.47}$$

该可信度评价结果范围在 0~1，即相关性测度结果越小，方差越大，则可信度评价结果也越低，反之亦然。可信度评价结果越高，表明区县 i 的相关性度量结果的可信度越高。经可信度评价加权后，可以避免某些地区融合值在融合结果中具有较大权值的情况。

在研究的时隙范围 t 内，区县 i 的相关融合度 $u_i(t)$ 计算公式为：

$$u_i(t) = \sum_{j=1}^{m} \frac{c_{ij}(t)}{m}$$

在研究的时隙范围 t 内，区县 i 的分布均衡度 $\tau_i(t)$ 计算公式为：

$$\tau_i(t) = \left[\sum_{j=1}^{m} \frac{(u_i(t) - c_{ij}(t))^2}{m} \right]^{-1}$$

在研究的时隙范围 t 内，区县 i 的可信度系数 $w_i(t)$ 计算公式为：

$$w_i(t) = u_i(t) \times \tau_i(t)$$

归一化处理后得：

$$\omega_i(t) = \frac{w_i(t)}{\sum\limits_{i=1}^{m} w_i(t)}$$

所以在 t 时刻，最终的融合结果表达式用可信度表示公式（4.48）：

$$v = \sum_{i=1}^{m} \omega_i(t) v_i(t) = \sum_{i=1}^{m} \frac{w_i(t) v_i(t)}{\sum\limits_{i=1}^{m} w_i(t)} \tag{4.48}$$

4.3.4　关联区域 NNs-RA 数据融合算法步骤

传统的对不同监测区域数据的融合方法大都是利用不同的算法计算各采集点的融合权重、支持度矩阵等方法，将融合权重或支持度矩阵与监测值依据加权算法进行融合，本章在对不同城市及其所包含的区县数据进行融合时，沿用了传统的计算可信度的方法，但是由于不同地区的监测机构数量不同且 VOCs 污染物排放种类略有差异，因此首先将所有数据输入神经网络优化，降低融合样本数量的误差值，避免了对低频数据的忽视，使融合结果更加精确。因此 NNs-RA 融合方法的融合过程步骤如下。

Step1：对关联区域 VOCs 污染物监测系统数据采集与共享平台采集的数据进行预处理，包括数据的错误值检测、缺失值补充及数据归一化等。

Step2：利用神经网络对不同区县中大气环境监测机构采集数据进行优化处理。在网络中利用训练样本进行训练的过程中，验证样本的误差在经过几次迭代后不再下降，将不同区县大气环境监测机构采集数据误差训练到最小值。

Step3：计算单个区县相对于其他区县的可信度，通过此可信度与每种大气环境气体监测值相乘求出城市级 VOCs 污染物监测系统的各种污染物气体的融合值。

Step4：计算单一城市 VOCs 污染物排放相对于其他城市 VOCs 污染物排放的可信度，通过该可信度融合得到关联区域大气环境监测数据融合结果。

4.4　案例研究

本章以 3.4 节介绍的研究区域为例旨在证实本章所述算法的真实有效性，可将该套错误值检测与修正算法流程以及三级数据融合算法用于更大的研究区域范围中，根据采集数据特点的不同选取不同的数据融合方法，逐步逐级获取更大范围的数据融合结果，为 VOCs 污染物排放质量评价分析提供一定技术支持。

4.4.1　单系统 VOCs 污染物排放数据融合算法案例分析

取西安市碑林区大气环境监测站机构监测数据为例，其中碑林区的大气环境监测站机构设立了 15 个大气环境监测系统站点（区政府站点、兴庆子站等），取友谊东路街道子站监测站为例，该监测站中含有 4 个传感器网络且监测了 4 种气体数据（种类包括 NO$_2$、SO$_2$、CO、VOCs），3.4 节中仅对第 1 个传感器网络中的 VOCs 数据进行错误修正，本节在融合监测数据之前，均使用第 3 章的方法对 4 个传感器网络中的 4 种气体污染物数据分别进行错误修正。使用 4.2 节的融合算法进行分析时，首先将不同监测时隙内的监测数据融合，再将该站点的 4 个传感器网络监测数据融合，最后将该机构所设立的 15 个监测站点数据融合，与大气环境监测站同等级别的环保局监测数据、区政府大气环境监测部门监测数据下设的站点数据融合时均采用同样的方法进行验证。先采集同一周期内一定数量的监测节点的历史数据进行训练，得到每种气体在传感器网络上的高斯模型后对所提算法进行训练。碑林区各监测机构传感器网络分布如图 4.9 所示。

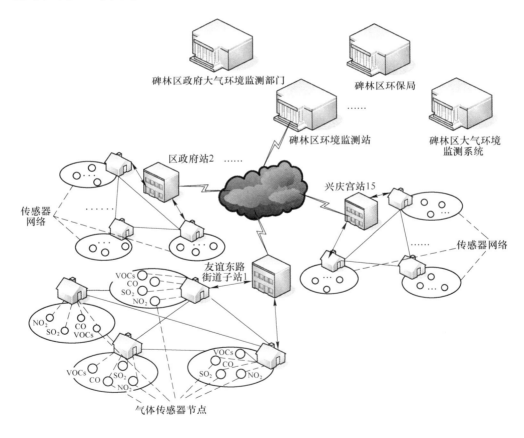

图 4.9 碑林区各监测机构传感器网络分布图

4.4.1.1　单系统 VOCs 污染物排放采集数据预处理

由于每一种气体在研究时隙内均选取了 2700 条数据，因此融合时需要借助 MATLAB 软件来完成，本节选取经 3.4 节修正方法修正后的友谊东路街道子站大气环境监测系统中不同种类监测气体在数据采集周期的 6 个时隙内数据为例进行分析，监测数据见 $\boldsymbol{F}_1$。

$$\boldsymbol{F}_1 = \begin{bmatrix} f^1_{11} & f^1_{12} & f^1_{13} & f^1_{14} \\ f^1_{21} & f^1_{22} & f^1_{23} & f^1_{24} \\ f^1_{31} & f^1_{32} & f^1_{33} & f^1_{34} \\ f^1_{41} & f^1_{42} & f^1_{43} & f^1_{44} \end{bmatrix}$$

$$f^1_{11} = \begin{bmatrix} 19.56 \\ 6.30 \\ 11.04 \\ 9.66 \\ 7.50 \\ 12.33 \end{bmatrix}, f^1_{12} = \begin{bmatrix} 14.91 \\ 19.79 \\ 18.38 \\ 21.60 \\ 15.37 \\ 11.29 \end{bmatrix}, f^1_{13} = \begin{bmatrix} 17.40 \\ 14.33 \\ 15.28 \\ 7.98 \\ 12.44 \\ 10.37 \end{bmatrix}, f^1_{14} = \begin{bmatrix} 17.94 \\ 13.80 \\ 15.78 \\ 15.05 \\ 19.49 \\ 16.47 \end{bmatrix}$$

$$f^1_{21} = \begin{bmatrix} 23.61 \\ 15.21 \\ 10.34 \\ 11.05 \\ 9.68 \\ 14.02 \end{bmatrix}, f^1_{22} = \begin{bmatrix} 21.43 \\ 15.39 \\ 8.83 \\ 9.71 \\ 16.31 \\ 17.13 \end{bmatrix}, f^1_{23} = \begin{bmatrix} 15.69 \\ 16.67 \\ 20.30 \\ 19.62 \\ 14.79 \\ 15.33 \end{bmatrix}, f^1_{24} = \begin{bmatrix} 13.20 \\ 18.93 \\ 14.07 \\ 12.54 \\ 17.43 \\ 12.08 \end{bmatrix}$$

$$f^1_{31} = \begin{bmatrix} 23.65 \\ 26.98 \\ 30.24 \\ 36.14 \\ 48.50 \\ 21.69 \end{bmatrix}, f^1_{32} = \begin{bmatrix} 36.07 \\ 39.44 \\ 24.65 \\ 46.56 \\ 45.12 \\ 38.40 \end{bmatrix}, f^1_{33} = \begin{bmatrix} 36.44 \\ 45.57 \\ 42.16 \\ 35.93 \\ 35.80 \\ 24.04 \end{bmatrix}, f^1_{34} = \begin{bmatrix} 49.14 \\ 36.07 \\ 31.38 \\ 26.31 \\ 24.13 \\ 36.01 \end{bmatrix}$$

$$f^1_{41} = \begin{bmatrix} 16.34 \\ 17.61 \\ 23.80 \\ 19.37 \\ 18.64 \\ 12.38 \end{bmatrix}, f^1_{42} = \begin{bmatrix} 12.64 \\ 10.52 \\ 15.39 \\ 13.45 \\ 10.31 \\ 18.38 \end{bmatrix}, f^1_{43} = \begin{bmatrix} 14.30 \\ 15.27 \\ 12.49 \\ 13.92 \\ 20.31 \\ 13.94 \end{bmatrix}, f^1_{44} = \begin{bmatrix} 14.27 \\ 16.08 \\ 18.31 \\ 19.02 \\ 21.14 \\ 20.13 \end{bmatrix}$$

由公式（4.1）计算得归一化后的数据如下：

$$\boldsymbol{F}_1^* = \begin{bmatrix} f_{11}^{1*} & f_{12}^{1*} & f_{13}^{1*} & f_{14}^{1*} \\ f_{21}^{1*} & f_{22}^{1*} & f_{23}^{1*} & f_{24}^{1*} \\ f_{31}^{1*} & f_{32}^{1*} & f_{33}^{1*} & f_{34}^{1*} \\ f_{41}^{1*} & f_{42}^{1*} & f_{43}^{1*} & f_{44}^{1*} \end{bmatrix}$$

$$f_{11}^{1*} = \begin{bmatrix} 0.31 \\ 0.00 \\ 0.11 \\ 0.08 \\ 0.03 \\ 0.14 \end{bmatrix}, \quad f_{12}^{1*} = \begin{bmatrix} 0.20 \\ 0.31 \\ 0.28 \\ 0.36 \\ 0.21 \\ 0.12 \end{bmatrix}, \quad f_{13}^{1*} = \begin{bmatrix} 0.26 \\ 0.19 \\ 0.21 \\ 0.04 \\ 0.14 \\ 0.10 \end{bmatrix}, \quad f_{14}^{1*} = \begin{bmatrix} 0.27 \\ 0.18 \\ 0.22 \\ 0.20 \\ 0.31 \\ 0.24 \end{bmatrix}$$

$$f_{21}^{1*} = \begin{bmatrix} 0.40 \\ 0.21 \\ 0.09 \\ 0.11 \\ 0.08 \\ 0.18 \end{bmatrix}, \quad f_{22}^{1*} = \begin{bmatrix} 0.35 \\ 0.21 \\ 0.06 \\ 0.08 \\ 0.23 \\ 0.25 \end{bmatrix}, \quad f_{23}^{1*} = \begin{bmatrix} 0.22 \\ 0.24 \\ 0.33 \\ 0.31 \\ 0.20 \\ 0.21 \end{bmatrix}, \quad f_{24}^{1*} = \begin{bmatrix} 0.16 \\ 0.29 \\ 0.18 \\ 0.15 \\ 0.26 \\ 0.13 \end{bmatrix}$$

$$f_{31}^{1*} = \begin{bmatrix} 0.40 \\ 0.48 \\ 0.56 \\ 0.70 \\ 0.99 \\ 0.36 \end{bmatrix}, \quad f_{32}^{1*} = \begin{bmatrix} 0.69 \\ 0.77 \\ 0.43 \\ 0.94 \\ 0.91 \\ 0.75 \end{bmatrix}, \quad f_{33}^{1*} = \begin{bmatrix} 0.70 \\ 0.92 \\ 0.84 \\ 0.69 \\ 0.69 \\ 0.41 \end{bmatrix}, \quad f_{34}^{1*} = \begin{bmatrix} 1.00 \\ 0.69 \\ 0.59 \\ 0.47 \\ 0.42 \\ 0.69 \end{bmatrix}$$

$$f_{41}^{1*} = \begin{bmatrix} 0.23 \\ 0.26 \\ 0.41 \\ 0.31 \\ 0.29 \\ 0.14 \end{bmatrix}, \quad f_{42}^{1*} = \begin{bmatrix} 0.15 \\ 0.10 \\ 0.21 \\ 0.17 \\ 0.09 \\ 0.28 \end{bmatrix}, \quad f_{43}^{1*} = \begin{bmatrix} 0.19 \\ 0.21 \\ 0.14 \\ 0.18 \\ 0.33 \\ 0.18 \end{bmatrix}, \quad f_{44}^{1*} = \begin{bmatrix} 0.19 \\ 0.23 \\ 0.28 \\ 0.30 \\ 0.35 \\ 0.32 \end{bmatrix}$$

根据公式（4.2），生成的高斯模型如图4.10~图4.13所示。

由公式（4.3）计算其可信度系数为：

$$\boldsymbol{D} = \begin{bmatrix} 1.0016 & 1.0003 & 1.0009 & 1.0003 \\ 1.0009 & 1.0007 & 1.0002 & 1.0006 \\ 1.0031 & 1.0059 & 1.0049 & 1.0039 \\ 1.0002 & 1.0008 & 1.0005 & 1.0001 \end{bmatrix}$$

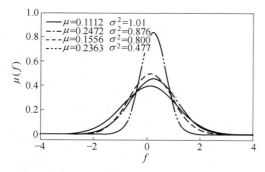

图 4.10　传感器网络 1 高斯分布图

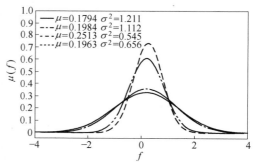

图 4.11　传感器网络 2 高斯分布图

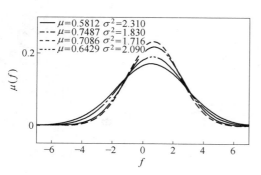

图 4.12　传感器网络 3 高斯分布图

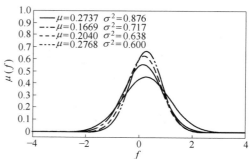

图 4.13　传感器网络 4 高斯分布图

由公式（4.4）生成各传感器网络的权重系数：

$$
\boldsymbol{\Phi} = \begin{bmatrix} 0.0625 & 0.0624 & 0.0625 & 0.0624 \\ 0.0625 & 0.0624 & 0.0624 & 0.0624 \\ 0.0626 & 0.0628 & 0.0627 & 0.0626 \\ 0.0624 & 0.0625 & 0.0624 & 0.0624 \end{bmatrix}
$$

根据公式（4.5），利用权重系数对隶属度矩阵归一化加权修正后如下：

$$
r_1^1(f_{11}^1) = \begin{bmatrix} 0.1159 \\ 0.0012 \\ 0.0414 \\ 0.0294 \\ 0.0105 \\ 0.0527 \end{bmatrix}, \quad r_1^2(f_{12}^1) = \begin{bmatrix} 0.0339 \\ 0.0531 \\ 0.0475 \\ 0.0602 \\ 0.0357 \\ 0.0196 \end{bmatrix}, \quad r_1^3(f_{13}^1) = \begin{bmatrix} 0.0694 \\ 0.0502 \\ 0.0561 \\ 0.0105 \\ 0.0384 \\ 0.0254 \end{bmatrix}, \quad r_1^4(f_{14}^1) = \begin{bmatrix} 0.0479 \\ 0.0309 \\ 0.0390 \\ 0.0360 \\ 0.0543 \\ 0.0419 \end{bmatrix}
$$

$$r_2^1(f_{21}^1) = \begin{bmatrix} 0.0939 \\ 0.0483 \\ 0.0219 \\ 0.0258 \\ 0.0183 \\ 0.0419 \end{bmatrix}, \quad r_2^2(f_{22}^1) = \begin{bmatrix} 0.0742 \\ 0.0446 \\ 0.0124 \\ 0.0167 \\ 0.0491 \\ 0.0531 \end{bmatrix}, \quad r_2^3(f_{23}^1) = \begin{bmatrix} 0.0363 \\ 0.0401 \\ 0.0542 \\ 0.0515 \\ 0.0329 \\ 0.0349 \end{bmatrix}, \quad r_2^4(f_{24}^1) = \begin{bmatrix} 0.0342 \\ 0.0626 \\ 0.0385 \\ 0.0309 \\ 0.0552 \\ 0.0286 \end{bmatrix}$$

$$r_3^1(f_{31}^1) = \begin{bmatrix} 0.0290 \\ 0.0346 \\ 0.0401 \\ 0.0499 \\ 0.0706 \\ 0.0258 \end{bmatrix}, \quad r_3^2(f_{32}^1) = \begin{bmatrix} 0.0387 \\ 0.0431 \\ 0.0238 \\ 0.0523 \\ 0.0504 \\ 0.0417 \end{bmatrix}, \quad r_3^3(f_{33}^1) = \begin{bmatrix} 0.0414 \\ 0.0539 \\ 0.0492 \\ 0.0407 \\ 0.0405 \\ 0.0243 \end{bmatrix}, \quad r_3^4(f_{34}^1) = \begin{bmatrix} 0.0648 \\ 0.0450 \\ 0.0379 \\ 0.0303 \\ 0.0270 \\ 0.0449 \end{bmatrix}$$

$$r_4^1(f_{41}^1) = \begin{bmatrix} 0.0357 \\ 0.0402 \\ 0.0622 \\ 0.0465 \\ 0.0439 \\ 0.0216 \end{bmatrix}, \quad r_4^2(f_{42}^1) = \begin{bmatrix} 0.0370 \\ 0.0246 \\ 0.0530 \\ 0.0417 \\ 0.0234 \\ 0.0704 \end{bmatrix}, \quad r_4^3(f_{43}^1) = \begin{bmatrix} 0.0381 \\ 0.0428 \\ 0.0295 \\ 0.0363 \\ 0.0668 \\ 0.0364 \end{bmatrix}, \quad r_4^4(f_{44}^1) = \begin{bmatrix} 0.0280 \\ 0.0344 \\ 0.0422 \\ 0.0447 \\ 0.0521 \\ 0.0486 \end{bmatrix}$$

经验证，上述得到的基本概率赋值函数符合其性质。由公式（4.6）和公式（4.7）计算所得 BPA 的可靠度，相似性矩阵如下：

$$\mathbf{INTER}_1 = \begin{bmatrix} 1 & 0.7811 & -0.5342 & -0.2679 \\ 0.7811 & 1 & -0.6374 & -0.4578 \\ -0.5342 & -0.6374 & 1 & 0.4302 \\ -0.2679 & -0.4578 & 0.4302 & 1 \end{bmatrix},$$

$$\mathbf{INTER}_2 = \begin{bmatrix} 1 & -0.6669 & 0.1044 & -0.4657 \\ -0.6669 & 1 & 0.1920 & -0.1631 \\ 0.1044 & 0.1920 & 1 & -0.4065 \\ -0.4657 & -0.1631 & -0.4065 & 1 \end{bmatrix},$$

$$\mathbf{INTER}_3 = \begin{bmatrix} 1 & -0.1547 & 0.4822 & -0.0683 \\ -0.1547 & 1 & 0.4263 & -0.6356 \\ 0.4822 & 0.4263 & 1 & -0.0164 \\ -0.0683 & -0.6356 & -0.0164 & 1 \end{bmatrix},$$

$$INTER_4 = \begin{bmatrix} 1 & -0.0609 & -0.0043 & 0.2861 \\ -0.0609 & 1 & -0.2216 & -0.0538 \\ -0.0043 & -0.2216 & 1 & -0.8320 \\ 0.2861 & -0.0538 & -0.8320 & 1 \end{bmatrix}$$

　　总的来看，各个气体之间的相似度并不高。因此生成的 BPA 的可靠性效果良好。由公式（4.8）可知传感器网络 1 上生成的 BPA 的可靠性为 2.6280；传感器网络 2 上生成的 BPA 的可靠性为 1.1886；传感器网络 3 上生成的 BPA 的可靠性为 4.0669；传感器网络 4 上生成的 BPA 的可靠性为 2.2269。

　　融合各传感器上生成的二元组 BPA，基于折扣系数法和公式（4.9）转换为经典的 BPA 后如下：

$$r_{R_j^s} = \begin{bmatrix} 0.2221 & 0.3003 & 0.2089 & 0.2687 \\ 0.2542 & 0.2572 & 0.2682 & 0.2204 \\ 0.2279 & 0.2723 & 0.2575 & 0.2423 \\ 0.2977 & 0.1930 & 0.2211 & 0.2883 \end{bmatrix}$$

　　至此生成了基本概率指派。将其转换为与 R 证据关联系数最大的概率，见公式（4.10）即为：

$$p_{r_{R_j^s}}(f_{l_{m(1)m(1)}}^*) = \begin{bmatrix} 0.2020 & 0.2731 & 0.1899 & 0.2443 \\ 0.2475 & 0.2504 & 0.2612 & 0.2146 \\ 0.6578 & 0.7860 & 0.7432 & 0.6995 \\ 0.2970 & 0.1925 & 0.2206 & 0.2876 \end{bmatrix}$$

　　根据公式（4.11）融合不同种类气体在 6 个时隙内的监测数据结果：

$$f = \begin{bmatrix} 14.9529 & 17.9980 & 14.4355 & 16.7656 \\ 16.9036 & 17.0267 & 17.4881 & 15.4917 \\ 34.4789 & 39.9703 & 38.1403 & 36.2656 \\ 19.0244 & 14.5481 & 15.7505 & 18.6219 \end{bmatrix}$$

　　融合不同传感器网络不同种类气体监测数据结果：

$$F = \begin{bmatrix} 16.2464 \\ 16.7809 \\ 37.3499 \\ 17.3208 \end{bmatrix}$$

　　F 即为 15 个监测站点中的 1 号监测站点友谊东路街道子站大气环境监测站点 4 种污染物气体在 6 个时隙内的融合值，经过监测周期内 EMD-DS 融合算法后，再运用 EMD-DS 算法融合分布在不同位置的大气环境机构站点子站数据，得到最终的融合结果。由于数据逐级向上融合，因此用软件将 2700 个数据融合时，选取 3 个时隙监测数据作为一个单元融合为一个监测值，这样做的目的是避免时隙数过大导致误差的出现，则前两次运用 EMD-DS 算法将每一个大气环境监测站点数据融合后的数据量为 900 条，该区 15 个大气环境监测站点数据融合过程均同上；第三次运用 EMD-DS 算法将该区 15 个大气环境监测站点的融合值进行融合，同样为避免时隙过大导致误差过大，选取 2 个时隙监测数据作为一个单元融合为一个监测值，最终一个单系统的所有大气环境监测站融合数据量为 450 条。融合结果见图 4.14~图 4.17，比较观察各融合结果。

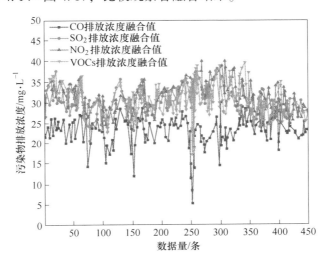

图 4.14　1~5 号大气环境监测系统站点数据融合结果

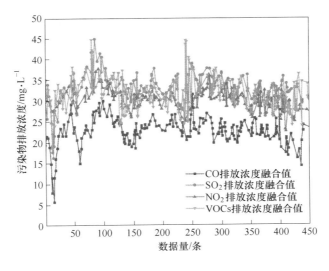

图 4.15　6~10 号大气环境监测系统站点数据融合结果

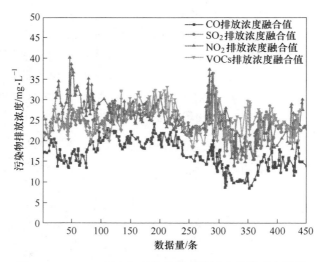

图 4.16 11~15 号大气环境监测系统站点数据融合结果

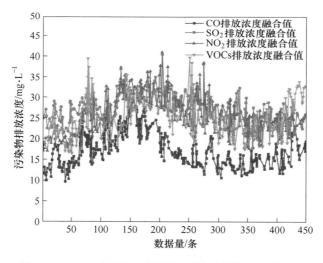

图 4.17 1~15 号大气环境监测系统站点数据融合结果

4.4.1.2 单系统 EMD-DS 数据融合算法测试结果分析

目前 VOCs 污染物排放监测站点数据融合的常用方法是计算各种污染物监测数据的算术平均值，VOCs 污染物排放监测网络监测到的污染物浓度和站点环境信息会向大气环境监测主管部门环境管理平台在设定时隙内发送一次某一种类污染物监测数据的算术平均值，这一过程所用的数据信息全部来自传感器采集数据，将采集数据进行简单的错误值处理操作后进行算术平均值计算，可以消除部分错误数据，降低了数据传输所耗费的能量，但由于监测节点较多，数据量巨大，因此融合过程中计算量仍然很大，且能量损耗较多，实时性差[7~10]。后来多数研究人员改进了融合方法，采用加权算术平均值进行数据融合，但权值的分配对融合效果影响巨大，因此在多传感器数据融合时需要重新推导权的最优分配原则[11]。该方法如果增加了新的数据便要重新分配最优权值，计算量依然很大[12]。

　　为了避免传统的融合方法的缺陷，采用 EMD-DS 算法对监测数据进行融合，图 4.18 为三种算法的融合结果对比。由于数据融合结果值并不是监测设备实际监测得来的值，而是由不同方法计算所得，因此只能综合比较三种方法的融合精度。可以看出，EMD-DS 算法融合结果震荡较小，减小了误差，提高了融合的可靠性，解决了计算量大、耗时长、权值无法精确分配的问题和缺点。

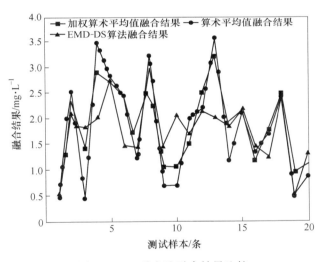

图 4.18　三种方法融合结果比较

4.4.1.3　单系统 EMD-DS 数据融合算法有效性评价

　　通过实验验证 EMD-DS 算法是否有效，比较改进型支持度函数（IDTW-SF）[13]、改进粒子群的 BP 神经网络（BSO-BP）[14]、基于高斯过程算法（GPR_1）[15]、改进的自适应权重粒子群优化算法与 DS 综合算法（AWIPSO-DS）[16]、基于博弈论数据融合算法（DFABGT）[17]、自适应加权估计理论[18]以及本章提出的 EMD-DS 算法，同时针对本章提出的概率转换方法，比较其与文献［19］、文献［20］、基于区间信息的概率转换[21]和可调参数的概率转换[22]。实验测试环境：Inter CORE i5 8G 内存，操作系统为 Window10，编程语言为 MATLAB2016b，实验数据为前文所收集到的 96 条已知监测数据，将训练完的模型用于测试给出的

11520 条测试数据（总共 10 个监测周期，每个监测周期取 24 个时间段内的监测数据），选取 4 个不同气体类型监测设备在监测周期内连续 24 个时间段内的监测数据，共有 6 个传感器网络进行监测。不同算法模型的计算结果见图 4.19 ~ 图 4.22。

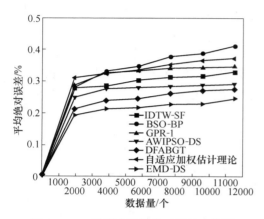

图 4.19　7 种算法平均绝对误差比较图

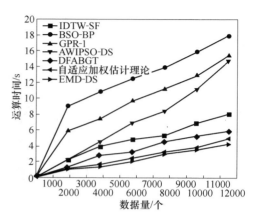

图 4.20　7 种算法运算时间比较图

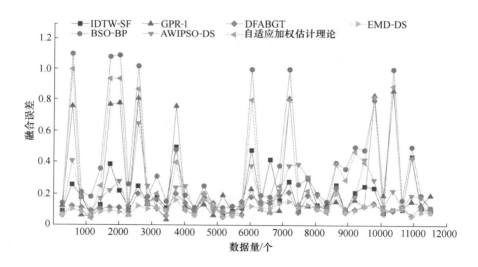

图 4.21　7 种算法融合误差比较图

结果分析如下：

（1）运算时间。对比图 4.20 中 7 种融合算法的求解时间可以发现，自适应加权估计理论求解时间相对较短，这是由于自适应加权估计理论相对于 IDTW-SF、BSO-BP、GPR_1 等算法原理步骤简单，计算量小，因此求解速度很快但平

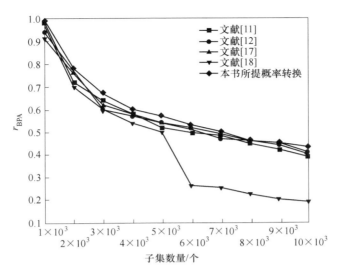

图 4.22　5 种概率转换方法比较图

均绝对误差较高，但对于本章所提 EMD-DS 算法，运算时间和自适应加权估计理论相差无几，然而平均绝对误差却远远小于自适应加权估计理论。

（2）融合误差。对比图 4.21 中 7 种算法的融合误差可以发现，BSO-BP 融合错误率最高，然后依次为自适应加权估计理论、GPR_1、AWIPSO-DS、IDTW-SF、DFABGT，观察图可以发现，在训练数据集中不同传感器、不同时间段数据混合在一起，可能会影响神经网络的训练效果，本章多次运用 EMD-DS 算法进行不同层次数据融合，由图可以看出，减小了 90.99%的融合错误率。

（3）综合性能。在 7 种算法中，综合性能最佳的是 EMD-DS，其求解时间与自适应加权估计理论相差无几，但平均绝对误差和融合误差明显优于其他算法。因此，若监测传感器网络彼此之间的相似度较低，独立性较强时，运用 EMD-DS 对数据进行融合是一种有效的方法，由于在融合前已将数据缺失项进行补充并重新拟合错误值，因此融合的证据不会缺失，准确性较高，数据融合时正确率会有所提高。

（4）概率转换冲突程度。观察图 4.22 可知，本章所提概率转换与原 BPA 的冲突程度尽可能小，当基数较低时，各个概率转换方式的转换结果相差不大，随着基数数量的增多，关联系数最大的为本章所提决策方法。而文献［23］的转换思路过于乐观，结果极度依赖于单子集信度，产生了较明显的不足现象。

（5）可靠性二元组 BPA 生成。为了充分验证所提算法是否有效，随机重复进行 100 次实验，得到 BPA 可靠率达到 96.67%，这样的结果说明本章提出的基于可靠性的二元组 BPA 生成方法有效。

4.4.1.4　单系统 EMD-DS 数据融合算法的可靠度评估

取友谊东路街道子站监测站两个传感器网络为例进行研究，传感器网络 1 和传感器网络 2 的 VOCs 气体原始测量数据如图 4.23 所示，原始监测数据存在上下范围内的波动，这是由于传感器监测数据会受到很多自身或者外在因素的影响。图 4.23 中黑色线表示两个传感器监测数据的融合值，明显看出其波动范围减小，因此数据融合对于数据的稳定性有一定提高作用。由公式（4.12）～公式（4.28）计算得到图 4.24 表示单传感器监测值与双传感器融合值的可靠度对比，当确保单传感器监测值可靠性已较高时，多传感器数据融合值使其可靠性大幅提高，且保持稳定，因此在 VOCs 污染物排放监测站中，传感器数量有限的情况下可通过数据融合的方法来提高监测数据的可靠性。

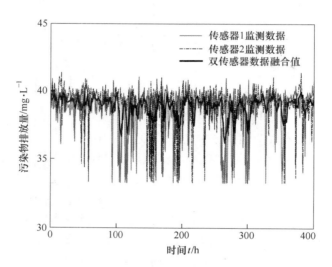

图 4.23　双传感器监测数据及数值融合值对比

本章所提 EMD-DS 融合算法在计算 BPA 时，已加入对 BPA 可靠度的计算，经验证融合结果总体性能优于其他算法的融合结果。本节从理论上验证多传感器数据融合值的可靠度优于单传感器监测值，通过计算单一传感器监测值的有偏估计值以及多传感器融合同一 VOCs 污染物排放气体数据的有偏估计数据融合值，分析其方差和偏差信息，以此判定多传感器数据融合值的可靠度优于单一传感器监测值。相比单传感器监测值，多传感器数据融合值使数据的稳定性有了很大提高，增强了数据的抗干扰能力，取 4.4.1.1 节中部分 VOCs 污染物排放监测数据为例，验证了多传感器数据融合方法的有效性和可靠性。

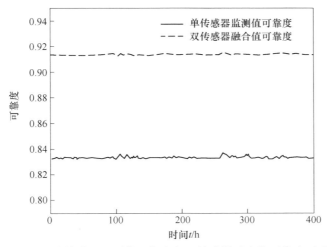

图 4.24　单传感器监测值可靠度与双传感器融合值可靠度对比

4.4.2　关联系统 VOCs 污染物排放数据融合算法案例分析

4.4.2.1　关联系统 SD-CP 数据融合算法性能分析

本节在 4.4.1 节融合基础上，继续融合某一个城市各区县中多个不同大气环境监测机构组成的关联系统融合得到的数据值，上一节中单系统融合最终的数据量为 450 条数据，本节进一步将其融合为 150 条监测数据，采集碑林区中区政府大气环境监测部门、区环境监测系统数据、区大气环境监测站监测数据、区环保局监测数据、区企业单位监测站、区事业单位监测站 6 个不同大气环境监测机构组成的关联系统的融合数据再次进行融合处理，首先通过公式（4.29）对监测数据进行归一化处理。

采集时隙设为 60s，以 VOCs 污染物中的 VOCs 污染物为例，分析编号为 3、4、5 和 6 的监测机构的采集数据，由公式（4.30）计算得出相关系数矩阵，如表 4.1 所示，假如变量相关门限值为 0.95，｛机构 3VOCs，机构 4VOCs｝、｛机构 3VOCs，机构 6VOCs｝ 为相关变量时，机构 4VOCs 和机构 6VOCs 可被以机构 3VOCs 为自变量的拟合方程表示。

表 4.1　相关系数矩阵

变量	机构 3VOCs	机构 4VOCs	机构 5VOCs	机构 6VOCs
机构 3VOCs	1	−0.96	0.67	0.99
机构 4VOCs	−0.96	1	−0.79	−0.93
机构 5VOCs	0.67	−0.79	1	0.64
机构 6VOCs	0.99	−0.93	0.64	1

要验证所提算法是否有效，选取融合数据百分比作为效果评价指标，融合方法效率高，则融合数据百分比会降低，传输的数据量也会减少。同一时隙内的监测数据可能存在一定能够的相似性，不同时隙的融合数据百分比随相似度门限值的变化曲线见图 4.25。

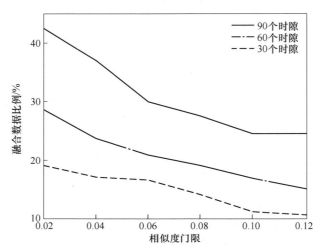

图 4.25　相似数据压缩时相似度门限与融合数据结果图

随着相似度门限值的增加，数据相似的判定标准降低，融合数据的比率呈下降趋势，对于不同时隙，压缩效果均显著，当时隙 $t = 60$ 且相似度门限为 0.12 时，融合数据占原数据的 15% 左右，将相似数据压缩后，对剩余的数据进行变量相关性回归，由公式（4.31）～公式（4.33）计算结果如图 4.26 所示。

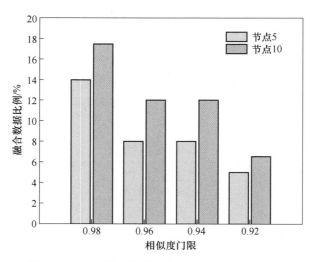

图 4.26　多变量回归时相似度门限与融合数据结果

在图 4.26 中检测两个传感器节点，当相似度门限值减小时，融合数据百分比增大，表示变量之间大多数都可以被多项式回归方程表示。对于节点 10，当门限值为 0.92 时，经数据压缩后的融合数据约占原数据的 6.2%，对于节点 5，在相似度门限从 0.98 向 0.92 变化过程中，融合数据百分比提高了约 3 倍。

4.4.2.2　关联系统 SD-CP 数据融合算法结果评价

6 个不同大气环境监测机构的 VOCs、SO_2、NO_2 和 CO 监测数据的融合结果如图 4.27 所示。其中，图 4.27（a）、图 4.27（c）、图 4.27（e）和图 4.27（g）分别为 VOCs、SO_2、NO_2 和 CO 大气 VOCs 污染物排放气体实验数据的融合结果；横坐标表示数据量，间隔时间为 60s，纵坐标表示每一时刻的排放浓度值；图 4.27（b）为图 4.27（a）中编号为 75~90 时间段内数据的融合结果；图 4.27（d）为放大图 4.27（c）中第 105~120 个时隙内数据的融合结果；图 4.27（f）为放大图 4.27（e）中编号为 30~45 时间段内数据的融合结果；图 4.27（h）为放大图 4.27（g）中编号为 65~80 时间段内数据的融合结果；本章所提数据融合算法融合后的值较单个监测机构的监测值震荡更小、更稳定。

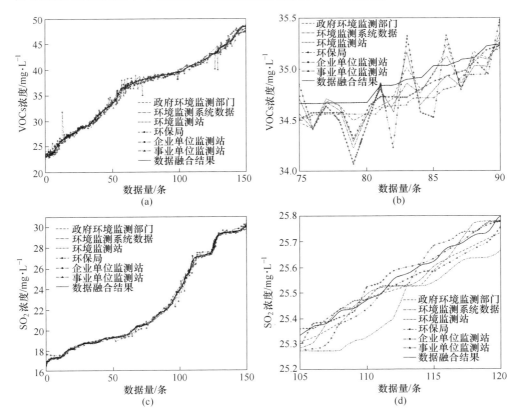

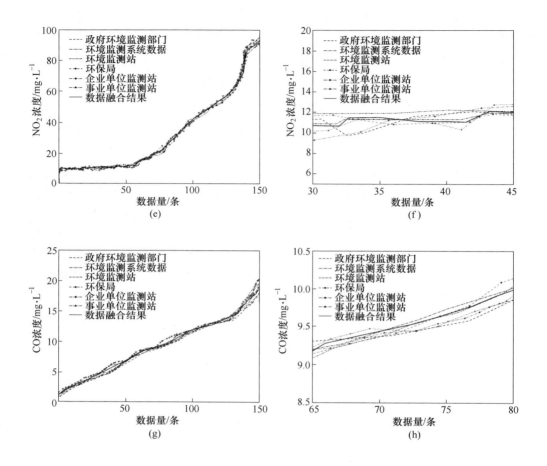

图 4.27　数据融合结果

（a）VOCs 全部数据融合结果；（b）VOCs 部分数据融合结果；（c）SO₂ 全部数据融合结果；

（d）SO₂ 部分数据融合结果；（e）NO₂ 全部数据融合结果；（f）NO₂ 部分数据融合结果；

（g）CO 全部数据融合结果；（h）CO 部分数据融合结果

4.4.2.3　关联系统 SD-CP 数据融合算法有效性验证

本章采用四种统计学评价指标对四种数据融合算法进行评价。VOCs、SO₂、NO₂ 和 CO 监测数据的融合结果性能对比分别列于表 4.2~表 4.5。由表 4.2 可见，对于 VOCs 监测数据，本章的融合算法相较于其他三种算法，四种评价指标都较小，即说明该算法的稳健性最好，其他算法的稳健性稍差一些。对于 SO₂ 监测数据，本章算法的离散系数均较小。NO₂ 和 CO 数据亦是如此，因此本章融合算法的稳健性优于其他算法。

表 4.2 不同算法对 VOCs 的融合结果性能对比

算法	全部数据				序列 75~90 的数据			
	均值	方差	极差	离散系数	均值	方差	极差	离散系数
本章	37.6005	3.7426	13.5231	0.39812	24.6842	0.082116	0.27456	0.0002314
均值	38.0172	3.7792	13.9874	0.41007	24.7630	0.152037	0.46230	0.0007085
小波分析	38.8430	3.7854	13.9025	0.40386	24.7416	0.103369	0.36249	0.0004371
卡尔曼滤波	37.6314	3.7631	13.8638	0.39972	24.7023	0.089379	0.31713	0.0002593

表 4.3 不同算法对 SO$_2$ 的融合结果性能对比

算法	全部数据				序列 105~120 的数据			
	均值	方差	极差	离散系数	均值	方差	极差	离散系数
本章	24.8942	1.6031	5.4932	0.12763	25.7691	0.067420	0.18694	0.0002471
均值	24.9331	1.6429	5.5409	0.13084	25.8083	0.069834	0.21730	0.0002763
小波分析	24.9196	1.6184	5.5181	0.12971	25.7904	0.068103	0.20149	0.0002516
卡尔曼滤波	24.9075	1.6093	5.5019	0.12817	25.7733	0.067563	0.19703	0.0002498

表 4.4 不同算法对 NO$_2$ 的融合结果性能对比

算法	全部数据				序列 30~45 的数据			
	均值	方差	极差	离散系数	均值	方差	极差	离散系数
本章	50.1026	2.4991	3.4517	0.5220	22.0661	0.77657	2.1489	0.006026
均值	50.1873	2.5310	3.7962	0.5802	23.7995	1.32120	3.7304	0.017492
小波分析	50.1624	2.5267	3.6634	0.5696	23.6112	0.86141	2.6339	0.007434
卡尔曼滤波	49.9869	2.4996	3.4782	0.5998	22.5154	0.84849	2.2050	0.007162

表 4.5 不同算法对 CO 的融合结果性能对比

算法	全部数据				序列 65~80 的数据			
	均值	方差	极差	离散系数	均值	方差	极差	离散系数
本章	15.8476	0.8791	2.9616	0.3470	15.3341	0.34106	3.0019	0.003647
均值	16.0741	0.9923	3.5212	0.5106	16.0021	0.93680	3.9321	0.015230
小波分析	15.9426	0.9016	3.3106	0.4831	15.8347	0.77314	3.5143	0.011066
卡尔曼滤波	14.8769	0.8924	3.0036	0.3516	15.4403	0.41936	3.3376	0.005349

本章在分析大气环境监测机构数据融合方法时,对于不同大气环境监测机构的数据,抓住其具有大量相似数据的特点,利用相似数据压缩和变量相关性回归融合不同监测机构数据。由表 4.2~表 4.5 可知,本章所提数据融合算法融合后的结果相对稳定且结果精确有效,离散系数均优于其他算法。

4.4.2.4　关联系统 SD-CP 数据融合算法的可靠度评估

不同大气环境监测机构从不同的方位监测同一种 VOCs 污染物，由于所处的方位不同以及自身传感器网络质量差异，因此实际测定的 VOCs 污染物排放数据必定会有误差。这就需要通过融合不同大气环境监测机构数据来正确判定被测大气环境污染数据，获得比单个监测机构更加可靠的结果，即使某一监测机构的可靠性受到严重影响，经数据融合算法融合后的监测数据会保证对于整个监测区域来说使其影响最小化。分析各 VOCs 污染物排放监测系统及监测机构的置信分布，确定不同大气环境监测机构的权重分别为：$w_1 = 0.27$，$w_2 = 0.18$，$w_3 = 0.31$，$w_4 = 0.24$。可靠度分别为：$m_1 = 0.82$，$m_2 = 0.79$，$m_3 = 0.61$，$m_4 = 0.70$。辨识框架为 $\Theta = \{(H_1，1)，(H_2，0.5)，(H_3，0)\}$。由公式（4.34）～公式（4.38）计算可知，融合结果可靠度置信分布见图 4.28。

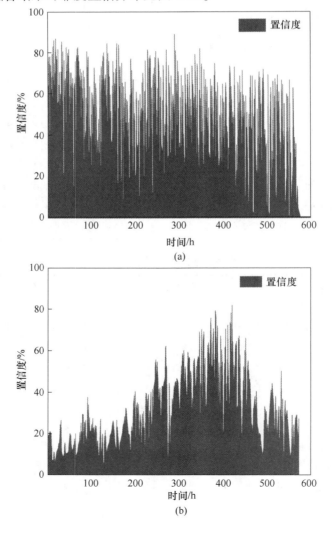

(a)

(b)

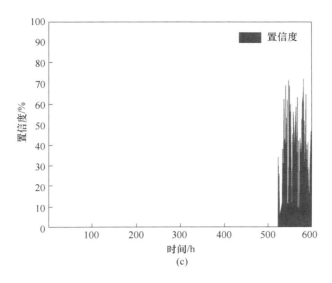

图 4.28　融合结果可靠性评估
（a）融合结果高可靠度置信分布；（b）融合结果中高可靠度置信分布；
（c）融合结果低高可靠度置信分布

　　分析图 4.28，融合结果可靠性评估大多数集中在"高"可靠性，第 523h 后融合结果"低"可靠度的置信度开始增加，即融合结果可靠度降低。设 $z^*_{(H_1)} = 1$，$z^*_{(H_2)} = 0.5$，$z^*_{(H_3)} = 0$，由公式（4.39）计算得知，采用可靠性期望效用的方法评估可靠度见图 4.29。

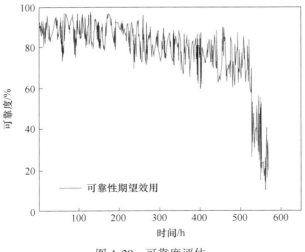

图 4.29　可靠度评估

分析图 4.29 可知，融合结果的期望效用主要分布在 0.5~1 之间，整体处于中高等水平，在第 523h 处可靠度锐减，与图 4.28 吻合，期望效用的波动范围也较低，验证了融合结果具有较高的可靠性，因此融合不同监测机构的数据对单个机构监测数据具有良好的调节作用。

监测数据采集及分析处理过程中，经常会存在多个监测机构对同一排放点的 VOCs 污染物进行监测，这样测得的结果完整、有据可循。面对复杂的污染物监测任务，多源监测机构展现了其强大的监测能力，但不同的机构规模大小不一、方位以及自身传感器精度各不相同，或者有一些人为因素的影响导致在实际监测过程中测定的 VOCs 污染物排放数据定会有所偏差，这就会影响用户对实际 VOCs 污染物排放监测值的判断。为了保证用户得到一个可靠的、准确的 VOCs 污染物排放监测值，就需要将多种不同监测机构的监测数据依据其方位、精度等因素进行融合。由于同一时间段内不同监测机构监测到的数据一定存在相似数据，因此考虑将相似数据压缩，以及用变量相关性进一步压缩，得到可靠的区域 VOCs 污染物排放监测数据。验证其融合结果的可靠性及评估其可靠度时，由于融合结果均是通过不同算法得到，无法获取融合值的真值，因此可通过大量历史数据对每一步的融合值可靠度进行计算，并将这些可靠度融合，获取最终融合结果的可靠度。经验证，该融合结果可靠性较高，可以为 VOCs 污染物排放监测数据的可靠性提供一定理论指导。

4.4.3 关联区域 VOCs 污染物排放数据融合算法案例分析

本节在 4.4.2 节融合基础上继续进行关联区域内城市之间及城市下设各区县间的数据融合。上一节融合后的数据量为 150 条，本节以西安市 13 个区县为例进行融合分析，考虑到时隙太大会导致误差出现，因此城市级融合时先将其融合为 50 条数据，关联区域融合时将其融合为 10 条数据，首先由公式（4.40）对数据进行归一化处理。

4.4.3.1 关联区域 NNs 神经网络优化分析

将网络学习率设为 0.5，误差极限设为 0，训练步数设为 16000，选取 150 组大气环境监测数据作为训练样本，其中 VOCs、SO_2、NO_2 和 CO 数据各 50 组，选取 20 组监测数据作为测试样本，每种气体数据各 10 组。由公式（4.41）~公式（4.44）计算可得神经网络训练误差曲线见图 4.30，神经网络训练部分样本期望输出与实际输出对比表如表 4.6 所示。

4.4.3.2 关联区域 NNs-RA 数据融合算法结果评价

由 4.3.3 节中公式（4.45）~公式（4.48）计算可得，西安市 13 个区县数据融合时用到的可信度分别为：新城区 0.0511，阎良区 0.0783，莲湖区 0.0486，

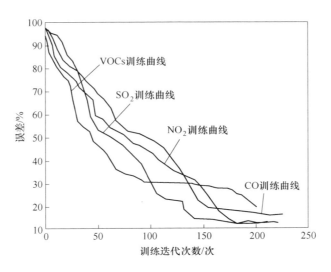

图 4.30 神经网络训练误差曲线

表 4.6 神经网络训练部分样本期望输出与实际输出对比表

序号	期望输出				实际输出			
	VOCs	SO₂	NO₂	CO	VOCs	SO₂	NO₂	CO
1	24.54	25.411	21.948	12.369	24.68012	25.419127	21.89205	12.36897
2	24.56	25.418	21.975	12.675	24.68167	25.425991	21.91381	12.67503
3	24.57	25.426	22.006	12.931	24.68012	25.429914	21.93817	12.93716
4	24.58	25.435	22.028	13.064	24.68633	25.431548	21.96927	13.05997
5	24.58	25.440	22.054	13.525	24.68633	25.431874	21.99881	13.52664
6	24.58	25.452	22.086	13.684	24.68944	25.434488	22.02317	13.68392
7	24.58	25.458	22.113	13.935	24.69099	25.436122	22.0413	13.93876
8	24.58	25.465	22.136	14.006	24.74233	25.441679	22.05737	14.00599

灞桥区 0.0694，未央区 0.0773，雁塔区 0.0937，碑林区 0.0494，临潼区
0.0876，长安区 0.0912，高陵区 0.0869，鄠邑区 0.0974，蓝田县 0.0835，周至
县 0.0856。西安市 13 个区县数据融合结果见图 4.31，宝鸡市 12 个区县数据融合
结果见图 4.32，咸阳市 14 个区县数据融合结果见图 4.33，渭南市 11 个区县数
据融合结果见图 4.34，铜川市 4 个区县加经济开发区数据融合结果见图 4.35。
由 4.3.3 节中公式（4.45）~公式（4.48）计算可得：西安市数据融合时用到的

可信度为 0.2622，咸阳市数据融合时用到的可信度为 0.2011，宝鸡市数据融合时用到的可信度为 0.1902，渭南市数据融合时用到的可信度为 0.1970，铜川市数据融合时用到的可信度为 0.1495，关联区域内这 5 个城市数据融合结果见图 4.36。

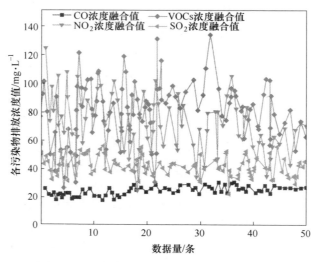

图 4.31　西安市大气污染物排放数据融合结果

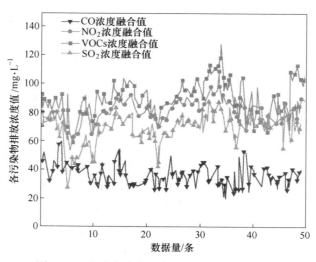

图 4.32　宝鸡市大气污染物排放数据融合结果

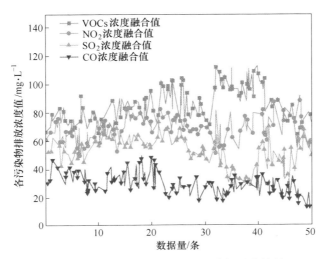

图 4.33　咸阳市大气污染物排放数据融合结果

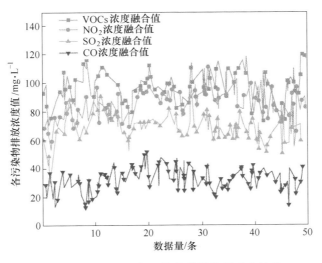

图 4.34　渭南市大气污染物排放数据融合结果

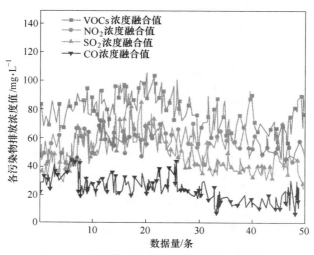

图 4.35   铜川市大气污染物排放数据融合结果

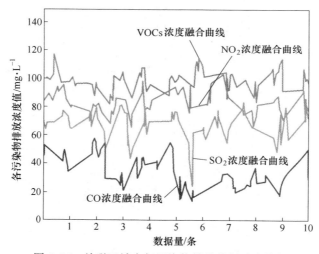

图 4.36   关联区域大气污染物排放数据融合结果

  分析融合结果可知，在所研究时间范围内，西安市的空气污染最为严重，这是由于西安是西北地区的大城市，人口分布密集，工业发展迅速。VOCs 污染物的高浓度值一般出现在冬季，冬季因取暖使得煤燃烧量增加，硫化物、氮氧化物的排量也随之增加，同时冬季的逆温层也不利于 VOCs 污染物的扩散。关联区域内的以工业为主发展的城市近年来污染物浓度有下降趋势，而以商业为主的城市 VOCs 污染物排放量有上升趋势，其中西安的污染最为严重，研究区域内高污染行业居多，间接造成了雾霾等大气污染现象的发生，但能源利用率和废气处理率仍需提高。

4.5　本章小结

数据融合中正确的解释每一条最接近于特性信息的潜在贡献至关重要，并据此在理论框架内对其建模。本章提出多源 VOCs 污染物排放监测数据三级融合模型，可获得关联区域内大气环境参数的较为准确的监测值。

一级融合过程中的数据输入来自各传感器网络的输出，这些数据非常多样化，存在于其数据类型、数据性质、数据不充足性及数据不一致性等方面。针对 VOCs 污染物排放监测系统中多个传感器网络监测到的海量数据融合问题，提出了 EMD-DS 算法，首先对不同种类气体在各传感器网络上的隶属度进行分析，依次得到可信度系数、权重系数和基本概率指派，分析其可靠性后提出新的决策方法并转换为融合后的监测值，文中三次使用 EMD-DS 算法进行不同层次的数据融合，在多时段、多节点、多系统的数据融合上使融合结果更加精确。对于 BPA 的决策问题，提出另一种概率转换方法，保留了转换之前的大部分信息，降低转换前后的冲突程度，EMD-DS 算法可在适合算法背景的融合问题上给予一定的支持。

二级融合过程中的数据来源于城市下设区县中所有大气环境监测系统的数据、大气环境监测站及政府大气环境监测部门的数据。针对多个不同大气环境监测部门的监测数据，由于采样点的互相干扰或采样时间重叠可能会导致监测到的数据存在极大的相似性，需要判断数据之间的相似度并压缩重复采集的数据。为进一步实现数据压缩，可以使用变量相关性进行分析，将低频数据变量用出现频率较高的数据利用多项式回归表示。该算法在传输数据量及数据融合结果上均具有较高的性能，减小了融合的数据量，但由于在融合流程中增加或删除一个规则时，需要重新计算所有相似度，运算量大，耗时长，影响大气环境监测数据的实时传输，因此还需要进行融合原理改进及优化。

三级融合过程中的数据来源于关联区域内不同城市之间及城市下设各区县之间的数据融合，由于其具有不同数量的大气环境监测机构及不同种类的监测气体，因此提出了利用神经网络优化加可信度理论融合法。在数据融合之前降低了数据误差，使融合结果更可靠，需要将数据输入神经网络中进行优化，保证监测数据的相关性和一致性，对优化后的区县市监测数据计算其可信度得出关联区域 VOCs 污染物排放融合结果。

参 考 文 献

[1] Yang Fengzhao, Zhu Yangyong, Shi Bole. IncLOF: local anomalies of the incremental mining algorithm in dynamic environment [J]. Journal of Computer Research and Development, 2004

（3）：477~484.

[2] Li Shaobo, Meng Wei, Qu Jinglei. Dense-based anomaly data detection algorithm GSWCLOF [J]. Journal of Computer Engineering and Applications, 2016, 52 (19): 7~11.

[3] Yang Chengyong, Liu Jiayi. D-S evidence theory data fusion algorithm based on Internet of Things node weighting [J]. Journal of Guilin University of Technology, 2019, 39 (3): 731~736.

[4] Cheng Xiaotao, Ji Lixin, Yin Ying, et al. Network representation fusion method based on D-S evidence theory [J]. Acta Electronica Sinica, 2020, 48 (5): 854~860.

[5] 陆秋琴，魏巍，黄光球. 环境监测系统中异常数据的识别和修复方法 [J]. 安全与环境学报，2021，21 (3): 1300~1310.

[6] 曾思通，童晓薇，沈培辉. 无线多传感器信息融合的火灾检测系统设计 [J]. 湖北理工学院学报，2019，35 (6): 23~27, 32.

[7] Yang Chengyong, Liu Jiayi. D-S evidence theory data fusion algorithm based on Internet of Things node weighting [J]. Journal of Guilin University of Technology, 2019, 39 (3): 731~736.

[8] Cheng Xiaotao, Ji Lixin, Yin Ying, et al. Network representation fusion method based on D-S evidence theory [J]. Acta Electronica Sinica, 2020, 48 (5): 854~860.

[9] 陆秋琴，魏巍，黄光球. 环境监测系统中异常数据的识别和修复方法 [J]. 安全与环境学报，2021，21 (3): 1300~1310.

[10] 郑渼，薛惠锋，李养养，等. 数据融合技术在环境监测网络中的应用与思考 [J]. 中国环境监测，2018，34 (5): 144~155.

[11] 凌林本，李滋刚，陈超英，等. 多传感器数据融合时权的最优分配原则 [J]. 中国惯性技术学报，2000 (2): 33~36.

[12] 陈芸芝，汪小钦，吴波，等. 基于自适应加权平均的水色遥感数据融合 [J]. 遥感技术与应用，2012，27 (3): 333~338.

[13] Kuang Liang, Shi Pei, Ji Yunfeng, et al. Improved support function for WSN water quality monitoring data fusion method [J]. Transactions of the Chinese Society of Agricultural Engineering, 2020, 36 (16): 192~200.

[14] Wang Hong, Xu Youning, Tan Chong, et al. BP neural network WSN data fusion algorithm based on improved particle swarm optimization [J]. Journal of Graduate University of Chinese Academy of Sciences, 2020, 37 (5): 673~680.

[15] Tan Weiwei, Zeng Chao, Shen Huanfeng, et al. Study on fusion of Daily Scale IMERG Precipitation Data and station data based on Gaussian Process Algorithm-A case study of Hubei Province [J]. Journal of Huazhong Normal University (Natural Sciences), 2020, 54 (3): 439~446.

[16] Lv Pengliang, Cheng Guoshun. Fusion method based on improved PSO and D-S and its application in intelligent diagnosis [J]. Computer Integrated Manufacturing Systems, 2015, 21 (8): 2116~2123.

[17] Song Lei, Ren Xiuli. A WSN data fusion algorithm with low energy consumption and high accuracy [J]. Computer Engineering, 2020, 46 (6): 172~177.

［18］ Jing Ruxue, Gao Yuzhuo. Research on data fusion Algorithm based on multi-sensor ［J］. Modern Electronics Technique, 2020, 43（10）: 10~13.

［19］ 郭庆源. 基于物联网的大气环境监测系统的设计与实现 ［D］. 成都: 电子科技大学, 2019.

［20］ 中华人民共和国国家质量监督检验检疫总局, 中国国家标准化管理委员会. GB 12358—2006. 作业场所环境气体检测报警仪通用技术要求 ［S］. 北京: 中国标准出版社, 2006.

［21］ Jiang Wen, Zhang An, Deng Yong. A probabilistic transformation method based on interval information for basic probabilistic assignment and its application ［J］. Journal of Northwestern Polytechnical University, 2011, 29（1）: 44~48.

［22］ Dezert J, Smarandache F. A new probabilistic transformation of belief mass assignment ［C］// Cologne: 2008 11th International Conference on information fusion, 2008: 1~8.

［23］ 程越巍, 罗建, 戴善溪, 等. 基于 Zig Bee 网络的分布式无线温湿度测量系统 ［J］. 电子测量技术, 2009, 32（12）: 144~146.

5 基于云网格体系的关联区域 VOCs 相关性及贡献率分析

根据第 1 章区域网格划分和基于第 2~4 章介绍的数据收集和处理系统，可以准确获得不同层级中不同子区域的 VOCs 浓度数据。针对单个区域的 VOCs 治理模式已不能解决复合型污染问题，本章以关联区域内不同层级中各子区域（各云网格体系）为研究对象，首先进行空间自相关分析，研究子区域间的相关程度和聚集效应的分布特点；在各子区域存在相互影响的情况下，运用 VOCs-VAR 模型计算关联区域间 VOCs 的相互贡献率。一般来说对自身污染贡献最多的是本地源，通过主成分分析确定对自身污染有影响其他子区域个数，从而为污染贡献值的计算提供依据。

5.1 关联区域 VOCs 空间自相关分析

5.1.1 VOCs 空间自相关分析场景描述

VOCs 污染物在空气中传播并不以行政划分为界限，子区域间污染存在交叉性和复合性，因此将这些相互影响的子区域组成一个关联区域，在关联区域间实行联防联控，科学确定联防联控的区域范围和治理优先等级成为联防联控有效性的关键[1]；从整体角度分析个体间的规律，从而实现 VOCs 污染防治、减少治理成本和总量和等目标。以云网格体系为基础，每一层级包含有不同数量的子区域，以同一层级子区域为研究对象，形成了在同一层级中相互影响的子区域组成的关联区域。假设有一个关联区域 A，由 A_1，A_2，$\cdots$，A_n 等子区域组成，n 是子区域总数，在这些子区域中有大量 VOCs 排放源，排放到空气中的 VOCs 由于自身特性和受到气象、地形、建筑物等条件的作用会发生扩散和迁移，形成区域性污染。

在 A 中，受空间相互作用和空间扩散的影响，各子区域 VOCs 污染不再独立，而是相关的。自相关分析的计算值反映空间聚集效应，以 A_1 为例，子区域 A_2，A_3，$\cdots$，A_n 中的 VOCs 污染向子区域 A_1 扩散，当 A_1 自相关的结果为正值时，表示自身的总浓度 X_1 与邻近子区域 A_2，A_3，$\cdots$，A_n 各自的总浓度 X_2，X_3，$\cdots$，X_n 是趋同集聚，高浓度和高浓度、低浓度和低浓度之间在空间上产生聚集；当 A_1 自相关的结果为负值时，其总浓度 X_1 与邻近子区域 A_2，A_3，$\cdots$，A_n 各自的总

浓度 X_2，X_3，…，X_n是趋异聚集，即高浓度和低浓度、低浓度和高浓度的聚集。A_1的浓度变化部分 ΔX_1 由其他子区域对 A_1 作用的总输入量 E_1，以及 A_1 对其他子区域的总输出量 F_1 组成，即 $\Delta X_1 = E_1 - F_1$，如图 5.1 所示。

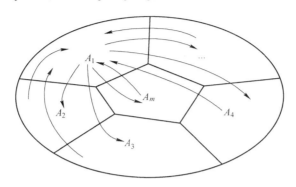

图 5.1　VOCs 空间自相关分析场景

5.1.2　VOCs 空间溢出效应分析

　　大气污染具有空间溢出效应，在外界因素和自身因素的影响下，污染从某个地区开始"外溢"，增加了污染管理的难度[2]。大气污染的空间溢出效应使得"各自为战"治污努力可能因为污染的溢出效应而徒劳无功[3]。污染的空间溢出效应与空间扩散密不可分，但又存在一定差异，对于污染聚集的地区，除了受到重工业发展的影响，地理位置、人口因素、日常生产中排放的废弃物也是导致污染的因素，除此之外污染还会通过气流"传染"给邻近地区，空间溢出效应显著。从经济条件看，VOCs 污染的产生与工业化的进程有关，工业生产初期资金匮乏、技术落后、生产效率低下，当先进的城市关注污染问题时，大型企业被转移到经济相对落后的地区，不同地区间的差异性导致污染加剧；从自然条件看，VOCs 的空间溢出效应表示子区域污染会受到周围其他子区域的影响，即它的浓度除了自身排放之外，还有部分由周围子区域通过扩散等方式传送，因此将溢出效应分析运用于联防联控过程中研究子区域之间相互影响的规律，以及科学制定污染区域防治措施有重要的意义。污染物浓度变化过程用式（5.1）表示。

$$X_k = B_k + (E_k - F_k) \tag{5.1}$$

式中，X_k 表示子区域 A_k 的 VOCs 总浓度，$1 \leqslant k \leqslant n$；$B_k$ 为子区域 A_k 自身产生的浓度；E_k 为其他所有子区域对子区域 A_k 作用下的总污染输入量；F_k 为子区域 A_k 对其他所有子区域污染贡献的总输出量。

5.1.3　VOCs 空间自相关分析

　　空间自相关分析是一种空间统计方法，该方法同时根据元素所处的空间位置和元素的某个属性值来进行判断与分析[4]。空间相关性是事物在空间上的相互依赖、相互制约、相互影响和相互作用，是事物本身所固有的空间属性。"地理学第一定律"认为任何事物都存在空间相关，距离越近的事物空间相关性越强，距离越远相关性越弱[5]。空间自相关的变量在相同区域内的数据信息间存在相互影响[6]。空间自相关分为全局和局部自相关，全局空间自相关用于整个研究区域的空间模式，而局部空间自相关则能发现区域内部的相关程度与差异特征，全局自相关和局部自相关一般采用 Moran 指数和 LISA 指数来描述[7]。应用空间自相关研究邻近子区域间 VOCs 污染相互影响的聚集效应和关联特征时，在各子区域内依次划分基础网格和编号，按照层次化的网格体系分别收集子区域的VOCs 污染数据，得到各子区域 VOCs 总浓度值。

5.1.3.1　全局自相关分析

由于 VOCs 污染物的扩散性和流动性等作用，引入全局自相关分析方法可以研究各子区域的 VOCs 浓度在整个关联区域内的空间相关程度。全局自相关通常使用全局 Moran 指数表示，它的应用非常广泛[8]。Moran 指数大于 0 时各子区域在关联区域内表现为聚集分布，Moran 指数小于 0 时，子区域在区域内呈离散分布。计算过程用式（5.2）、式（5.3）表示。

$$I = \frac{\sum_{i=1}^{n} \sum_{j=1}^{n} w_{ij}(X_i - \overline{X})(X_j - \overline{X})}{S^2 \sum_{i=1}^{n} \sum_{j=1}^{n} w_{ij}} \tag{5.2}$$

$$S^2 = \frac{1}{n} \sum_{i=1}^{n} (X_i - \overline{X})^2 \tag{5.3}$$

式中，I 为全局 Moran 指数；$\overline{X}$ 为子区域 VOCs 浓度均值；X_i、X_j 分别为子区域 A_i、A_j 的 VOCs 浓度值；w_{ij} 为子区域 A_i、A_j 间的空间权重值。

5.1.3.2　局部自相关分析

全局自相关分析仅对观测子区域的空间相关程度进行描述，判断 VOCs 扩散与迁移现象在空间上是否具有聚类特征，但不能准确地指出它在哪些区域聚类，而局部空间自相关分析可有效地分析不同空间子区域与邻近子区域空间差异程度及其显著水平[9]。局部 Moran 指数通过研究子区域间的特征，绘制 Moran 散点图和 LISA 集聚图分析 VOCs 浓度的空间聚集差异。散点图将各子区域 VOCs 污染的空间关联性划分为四个象限，用于分辨各子区域与邻近子区域污染的关系，第一象限 HH 表示高浓度的子区域周围存在其他高浓度的子区域，第二象限 LH 表示低浓度子区域周围存在高浓度子区域，第三象限和第四象限分别表示为 LL 和HL，表示低浓度子区域周围存在在其他低浓度子区域、高浓度子区域周围存在低浓度的子区域。局部 Moran 指数计算公式如式（5.4）所示。

$$I_i = \frac{(X_i - \overline{X})}{S^2} \sum_{i \neq j}^{n} w_{ij}(X_j - \overline{X}) \tag{5.4}$$

式中，I_i 为子区域 A_i 的局部 Moran 指数。

5.1.4 空间权重矩阵

空间权重的邻接关系是通过显示观测对象的空间相关性来定义的[10]。空间权重矩阵的分类主要有邻接矩阵、地理距离关系以及综合因素关系这三种[11]。邻接关系用二进制的邻接矩阵表示，如 Bishop、Rock、Queen 邻接是共顶点或共邻边构建的，用 0-1 关系来表示；在使用地理距离矩阵进行空间权重设定时，认为地理上的距离越近，区域间的空间关联作用就越强[12]，而经济距离权重矩阵在构建过程中考虑了区域间经济发展水平的高低；综合因素下的权重矩阵以区域间相对面和共享边界的长度为考虑特征。空间权重对自相关分析的准确性有很大的影响，本章采用的距离矩阵如式（5.5）所示。

$$W = [w_{ij}]_{n \times n}$$
$$w_{ij} = \begin{cases} 1/r_{ij}, & i \neq j \\ 0, & i = j \end{cases} \tag{5.5}$$

式中，W 为空间权重矩阵；r_{ij} 为子区域 A_i 和 A_j 之间的距离。

5.2 关联区域相互影响的 VOCs-VAR 模型

5.2.1 VOCs-VAR 模型的构建

由空间自相关分析得知关联区域内各子区域 VOCs 浓度存在相关性，以及相关程度的集聚特征，为了精确探究子区域间具体的 VOCs 相互影响效应大小，通过向量自回归模型（VAR）分析（在本章中简称为 VOCs-VAR 模型）。VAR 模型是 AR 模型的扩展，模型中所有变量中的一些滞后变量是通过当前变量回归的，可以估计联合内生变量间的动态关系在不要任何先验约束情况下的跨区域环境污染间的相互影响[13]。VOCs-VAR 模型建模时采用多方程联立的形式，将污染带来的累积效应和滞后效果考虑其中，表达式为式（5.6）：

$$Y_t = \sum_{i=1}^{p} C_i Y_{t-i} + \varepsilon_t \tag{5.6}$$

式中，Y_t 为列向量，是 n 维内生变量，$Y_t = (Y_{1,t}, Y_{2,t}, \cdots, Y_{n,t})^T$，$Y_{1,t}$，$Y_{2,t}$，$\cdots$，$Y_{n,t}$ 为时期 t 各子区域 VOCs 浓度 $X_{1,t}$，$X_{2,t}$，$\cdots$，$X_{n,t}$ 组成的 p 阶自回归模型；ε_t 为由随机误差 $\varepsilon_{1,t}$，$\varepsilon_{2,t}$，$\cdots$，$\varepsilon_{n,t}$ 项构成的 n 维列向量，$\varepsilon_t = (\varepsilon_{1,t}, \varepsilon_{2,t}, \cdots, \varepsilon_{n,t})^T$；$C_i$ 为 $n \times n$ 的系数矩阵；p 为滞后阶数。

5.2.2　VOCs-VAR 模型检验

5.2.2.1　VOCs-VAR 的滞后阶数

VAR 模型在构建时，滞后阶数 p 的值与误差项呈反比。在 VAR 模型中适当增加滞后阶数，能够消除误差项中存在的自关联，但 p 值过大会使得模型的自由度变小，从而影响模型参数估计量的有效性[14]。通常比较 AIC 和 SC 的值，两者都是最小值时相应的 p 表示滞后阶数，但最小值对应为不同 p 时应用 LR 统计量来选择滞后阶数。

$$LR = -2\left(\lg L_{(p)} - \lg L_{(p+1)}\right) \sim \chi_\alpha^2(f) \tag{5.7}$$

式中，$\lg L_{(p)}$ 为滞后阶数为 p 时的极大似然值；$\lg L_{(p+1)}$ 为滞后阶数为 $p+1$ 时的极大似然值；f 为自由度，当该模型的伴随概率值小于 α 时，建立 VOCs-VAR（p）模型是有意义的。

5.2.2.2　VOCs-VAR 的平稳性检验

在 VAR 模型中，当数列的统计值与时间没有关系时表现为平稳性。为了防止序列不平稳导致的伪回归，在对变量进行单根检验的过程中，当检验的结果不平稳时运用一阶差分，然后运用 AR 特征多项式进行稳定性检验。可以通过特征方程进行判定，如式（5.8）所示。

$$|C_i - \lambda I| = 0 \tag{5.8}$$

式中，λ 为特征值；I 为 $n×n$ 阶单位矩阵。

5.2.2.3　区域间因果关系分析

Granger 因果关系检验是研究一个时间序列的历史或当期信息是否对另一时间序列的当期或未来值有预测功效[15]。验证子区域间是否存在 VOCs 污染相互影响效应，$Y_{1,t}$ 与 $Y_{2,t}$ 在时期 t 的 Granger 因果检验式见式（5.9）：

$$Y_{2,t} = \sum_{i=1}^{p} C_{2i} Y_{2,t-i} + \sum_{i=1}^{p} C_{1i} Y_{1,t-i} + \varepsilon_{1t} \tag{5.9}$$

式中，$C_{1i} = (c_{11}, c_{12}, \cdots, c_{1n})$，$C_{2i}$ 为待估常系数。检验 $Y_{1,t}$ 对 $Y_{2,t}$ 存在 Granger 非因果性的零假设是：

$$H_0: C_{11} = C_{12} = \cdots = C_{1p} = 0$$

通过构建 F 统计量来完成该检验，当 F 比临界值小时，接受 H_0，即 $Y_{1,t}$ 与 $Y_{2,t}$ 没有 Granger 因果关系；当 F 比临界值大时，拒绝 H_0，$Y_{1,t}$ 对 $Y_{2,t}$ 存在 Granger 因果关系。

5.2.3　VOCs 污染误差扰动分析

脉冲响应函数是指当给随机误差项一个标准差大小的冲击后，VEC 模型中内生变量对当期值和未来值的影响，它可以很直观地分析出变量间内在动态相互作用和影响[16]。当其中一个误差项产生变动时，不但对它本身会受到误差项的影响，而且通过 VOCs-VAR 模型影响其他的内生变量的变化状态，即对整个模型系统都会产生影响。VOCs 污染误差扰动分析的基本思想是研究误差扰动项的变化，通过扰动项引起其他变量动态变化的过程。

$$C_{ij}^{(q)} = \frac{\partial Y_{i,t+q}}{\partial \varepsilon_{j,t}} \qquad (5.10)$$

式中，由变量 $Y_{j,t}$ 的 VOCs 污染扰动引起 $Y_{i,t}$ 的存在累积效果的函数为 $\sum_{q=0}^{\infty} C_{ij}^{(q)}$，表示 t 时期第 j 个变量 $Y_{j,t}$ 的扰动误差项 $\varepsilon_{j,t}$ 增加一个单位，其他时期的扰动误差项为常数时，对 $t+q$ 时期第 i 个变量 $Y_{i,t+q}$ 造成的影响。

5.2.4 VOCs 污染方差归因

方差分解能够进一步对各内生变量对预测变量方差的贡献量进行评测，用定量的形式测度出变量之间的波动影响联系[17]。所得到的各个时期变化的累计值，反映其他内生变量随机项在该变量中相对重要程度，即 VOCs 污染产生的贡献度分析，方差分解公式见式（5.11）：

$$E\left[\left(C_{ij}^{(0)} \varepsilon_{j,t} + C_{ij}^{(1)} \varepsilon_{j,t-1} + C_{ij}^{(2)} \varepsilon_{j,t-2} + \cdots \right)^2 \right] = \sum_{q=0}^{\infty} \left(C_{ij}^{(q)} \right)^2 \sigma_{jj} \qquad (5.11)$$

式中，σ_{jj} 为 Y_j 的标准差，括号里表示第 j 个误差扰动项 ε_j 从过去到现在对 Y_i 累积影响值。通过计算第 j 个变量对第 i 个变量的影响程度，即第 j 个变量 $Y_{j,t}$ 在受到方差作用下对 $Y_{i,t}$ 方差相对贡献率，q 值取有限的 s 项得到式（5.12）：

$$RVC_{j \to i}(s) = \frac{\sum_{q=0}^{s-1} \left(C_{ij}^{(q)} \right)^2 \sigma_{jj}}{\sum_{j=1}^{n} \left[\sum_{q=0}^{s-1} \left(C_{ij}^{q} \right)^2 \sigma_{jj} \right]} \qquad (5.12)$$

式中，$RVC_{j \to i}(s)$ 数值大小表示 $X_{j,t}$ 对 $X_{i,t}$ 的影响程度，即占百分比的大小，方差分解能够计算出子区域对其他子区域 VOCs 浓度的分担率。

5.3 子区域间 VOCs 相互贡献率分析

5.3.1 子区域间 VOCs 相互贡献率

子区域间 VOCs 存在相互影响的原因是大气扩散形式下的复合型、区域性的污染所导致，每个子区域污染源很多，其中污染贡献最大的是本地源，但其他子区域对该子区域的污染影响也是不可忽略的，甚至接近本地源，因此在多个邻近子区域的影响下，存在显著的空间溢出效应。通过 5.2 节构建 VOCs-VAR 模型，分析污染发生时误差扰动项的变化，运用方差分解计算出关联区域内各子区域之间 VOCs 污染的累积贡献率，如表 5.1 所示。

表 5.1　各子区域间污染浓度贡献率

区域	贡献率%				
	A_1	A_2	A_3	⋯	A_n
A_1 源	Con_{11}	Con_{12}	Con_{13}	⋯	Con_{1n}
A_2 源	Con_{21}	Con_{22}	Con_{23}	⋯	Con_{2n}
A_3 源	Con_{31}	Con_{32}	Con_{33}	⋯	Con_{3n}
⋯	⋯	⋯	⋯	⋯	⋯
A_n 源	Con_{n1}	Con_{n2}	Con_{n3}		Con_{nn}
合计	100				

表 5.1 中，Con_{ij} 表示 VOCs 污染排放子区域 A_i 对受体子区域 A_j 的污染浓度贡献率，其中 Con 表示累积贡献率，A_i、A_j 的范围为子区域个数即 $1 \leqslant i \leqslant n$，$1 \leqslant j \leqslant n$。对于子区域 A_i 来说，所有排放子区域对其污染浓度分担率与自身浓度影响总和为 100%。

5.3.2　受体子区域最佳影响个数

在关联区域中，受到其他子区域污染的地区称为受体子区域，将污染输送给其他子区域的地区叫排放子区域，对于一个子区域来说，它既是受体子区域，又是排放子区域，即既受到污染，也将污染传输了出去。以子区域 A_i 为例，它受到其他子区域的污染，但影响程度不同，相对来说越邻近的子区域或者有相似工业或经济关联性的子区域对其影响越大，相距较远的子区域则影响较小，污染浓度的贡献率也比较低，因此只需在所有对 A_i 有影响的排放子区域中选择几个最重要的，为下文污染预测中贡献值的计算提供依旧。此处采用主成分分析法，对表 5.1 中的数据进行处理，确定对 A_i 污染贡献的受体子区域的个数。

主成分分析法实际上是一种降维方法，在现实的一些研究中，为了用较少的变量去解释原始资料中的大部分变异，将资料中许多相关性很高的变量转化成彼此相互独立或不相关的变量，通常选出比原始变量个数少、能解释大部分资料中变异的几个新变量，即所谓的主成分，并用以解释资料的综合性指标[18]。问题的分析中，根据主成分分析法可以选出对受体子区域有影响最佳子区域个数 m（$m<n$），具体步骤如下。

（1）原始数据标准化。对表 5.1 中各子区域间浓度分担数据整理，为了消除量纲和数量级进行数据的标准化处理，处理后的数据见式（5.13）：

$$o_i = \frac{O_i - \overline{O}_i}{S_i} \tag{5.13}$$

式中，O_i 为其他子区域对子区域 A_i 的浓度贡献率；$\overline{O}_i$ 和 S_i 分别为浓度贡献率的均值和样本标准差，$1 < i < n$；o_i 为标准化后的数据。

（2）计算相关系数矩阵。通过计算得出相关系数矩阵 $\boldsymbol{H} = [h_{ij}]_{n \times n}$。

$$h_{ij} = \frac{\sum_{k=1}^{n} (o_{ki} - \overline{o}_i)(o_{kj} - \overline{o}_j)}{\sqrt{\sum_{k=1}^{n} (o_{ki} - \overline{o}_i)^2 \sum_{k=1}^{n} (o_{kj} - \overline{o}_j)^2}} \tag{5.14}$$

式中，h_{ij} 为相关系数，$h_{ij} = h_{ji}$。

（3）计算特征值和主成分的累积贡献率。当特征方程 $|\boldsymbol{\lambda I} - \boldsymbol{H}|$ 为 0 时，将计算获得的特征值进行排序，即 $\lambda_1 \geqslant \lambda_2 \geqslant \cdots \geqslant \lambda_n \geqslant 0$。累积贡献率分别如式（5.15）和式（5.16）所示。

$$\frac{\lambda_i}{\sum_{k=1}^{n} \lambda_k} \tag{5.15}$$

$$\frac{\sum_{k=1}^{i} \lambda_k}{\sum_{k=1}^{n} \lambda_k} \tag{5.16}$$

选取一定累积贡献率下的特征值 λ_1，λ_2，$\cdots$，λ_m 对应的 m 个主成分，这样可以确定每一个对受体子区域有影响其他子区域的个数 m 的值，依次列出与每个受体子区域影响程度最大的排放子区域。

5.4 案例研究

5.4.1 研究区域概况

本章研究区域为陕西省，陕西省属于中国内陆地区，与河南省、湖北省、内蒙古自治区等相接壤，所处经纬度范围为东经 105.49°~111.27°，北纬 31.70°~39.58°之间，全省面积为 205600km²。

陕西省呈现出南北地区较高、中间地区较低的地势，并且在西-东的方向上出现倾斜的特征。全省的地貌分为三种：陕北高原是组成黄土高原的重要部分之一，其地势表现为西北高、东南低，是以黄土为基础由土壤和河流侵蚀留下的；关中平原也称渭河平原，其北部是陕北黄土高原，其南部是陕南盆地和秦巴山脉；秦巴山区指位于汉水上游的秦岭大巴山以及与它相接的地方，包括四川、陕西、重庆、河南等省市。

陕西省南北气候各有特点，总的特点是春季的时候天气比较干燥，有沙尘天气；夏季天气炎热，降雨也较多；秋季天气较凉，气温变化很快；冬季寒冷且气温有时会位于零下，降雪也相对较少；全年无霜期 200 多天，年平均气温在 11.8~13.6℃之间，近年冬季和夏季平均气温有缓慢上升的趋势；年降雨量340~1240mm，雨量集中在 7~9 月。

5.4.2　数据来源分析

VOCs 浓度数据来源于研究区域内的监测体系，监测体系会上报实时 VOCs 数据及组成成分数据；气象数据来源于中国气象数据网。通过 $PM_{2.5}$ 历史数据监测网站获得研究区域 $PM_{2.5}$ 浓度数据，通过与 VOCs 关系换算得出 VOCs 浓度值，用于数据汇总与预测结果的验证。时间跨度为 2020 年 1 月至 2020 年 12 月。

5.4.3　研究区域网格划分与数据收集

5.4.3.1　研究区域网格划分

将研究区域划分为四个层级，一级云网格为陕西省，二级云网格为一级云网格所包含的各地级市，三级云网格为二级云网格所包含的各区县，一级、二级、三级云网格的划分按照行政区域划分进行，四级云网格即基础网格是以县区级区域为基础通过点网格算法划分，形成层次化的云网格体系。以基础网格为依据收集数据，再依次向上汇总得到上层云网格数据。运用点网格算法划分基础网格时，首先获取区域中坐标点集合，初始化种子网格；然后在种子网格的基础上继续获取未被进行中点检索的边的中点，扩充形成原始网格，依次类推关中地区所有的网格划分完毕，并对基础网格编号。

5.4.3.2　研究区域网格数据收集

网格数据的收集从基础网格开始，将每个基础网格数据依次上传到所属的区县级云网格中心，再将每个区县级云网格中心的数据上传到所属的市级云网格中心，汇总所有市级云网格中心的数据，得到陕西省的 VOCs 污染浓度值。数据按照四级云网格体系不断收集和汇总，对于不同层级间的 VOCs 污染网格数据收集汇总过程如图 1.3、表 5.2、表 5.3 所示。

A　基础网格数据收集

以陕西省的基础网格为研究对象，依次收集每个网格的 VOCs 浓度数据。含监测点的基础网格，VOCs 浓度数据通过监测点获得；没有监测点的基础网格，由已知网格的数据进行预估。VOCs 组成主要成分包括甲苯、乙烯等 12 种物质，由于基础网格较多，只列举出部分网格，具体浓度值如表 5.2 所示。

表 5.2　基础网格 VOCs 污染物浓度值　　　　　　（µg/m³）

污染物	四级云网格						
	001	003	007	010	015	…	021
苯	1.78	1.59	1.39	0.49	2.72	…	1.18
甲苯	2.97	3.19	2.65	1.08	4.54	…	2.45
丙烯	4.86	3.51	2.57	6.02	1.96	…	2.92
乙烯	5.41	4.36	1.89	2.19	1.06	…	3.79
丙烷	2.05	3.31	1.96	1.05	1.67	…	2.64
环己烷	2.63	1.65	3.09	0.61	2.75	…	1.07
环戊烷	9.04	9.34	2.19	9.54	8.35	…	7.82
对二甲苯	2.8	1.63	7.64	1.34	2.11	…	0.95
乙炔	0.98	0.86	1.27	0.97	1.68	…	0.98
异丁烷	7.13	4.89	1.05	5.08	3.09	…	1.67
异戊烷	2.46	2.49	3.99	0.87	1.86	…	3.49
苯乙烯	0.28	0.79	1.21	1.55	2.06	…	2.08

B　网格数据的层级汇总

依次收集每个基础网格的 VOCs 浓度数据，汇总到所属的上级区县云网格中心中，再将各区县浓度数据汇总得到各地级市的 VOCs 浓度数据，最后得到陕西省的 VOCs 浓度数据。数据收集与汇总过程以西安市为例来说明，如表 5.3 所示。

表 5.3　西安市 VOCs 污染物浓度值　　　　　　（µg/m³）

污染物	西安市						
	未央区	灞桥区	长安区	雁塔区	临潼区	…	高陵区
苯	12.76	15.53	66.94	7.33	44.10	…	14.18
甲苯	18.45	22.45	81.25	10.61	53.75	…	17.28
丙烯	25.13	30.58	105.53	14.44	76.84	…	24.70
乙烯	30.27	36.84	112.58	17.39	94.62	…	30.42
丙烷	13.49	16.42	71.34	7.75	46.63	…	13.99
环己烷	16.28	19.81	88.16	9.35	50.26	…	16.16
环戊烷	37.61	45.77	116.78	21.61	109.98	…	32.36
对二甲苯	19.48	23.71	78.64	11.19	57.33	…	18.42
乙炔	10.67	12.99	54.34	6.13	31.89	…	10.25

污染物	西安市						
	未央区	灞桥区	长安区	雁塔区	临潼区	…	高陵区
异丁烷	29.66	36.09	109.65	17.05	92.49	…	26.73
异戊烷	17.64	21.46	76.39	10.13	52.94	…	17.02
苯乙烯	6.38	7.76	28.47	3.67	19.03	…	6.12

C　基础网格数据预估

网格数据收集时按照各层级间联系依次汇总，在基础网格中对于未设置监测点的未知网格，需要利用其周围已知网络信息进行评估。以矩阵 S 和 Y 依次储存坐标点的坐标值和 VOCs 污染浓度值，根据已知网格的浓度值、已知网格与未知网格坐标点在地理空间上的位置，得到未知网格的浓度预估值表面，如图 5.2 所示。

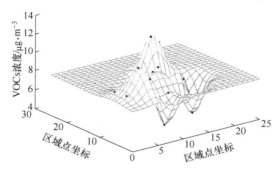

图 5.2　预测值表面和原始散点数据

图 5.2 中黑色点表示原始散点数据，横纵轴表示区域点坐标，竖轴表示 VOCs 浓度值。通过预测值表面和拟合误差值求出未知网格数据，其中拟合误差值如图 5.3 所示。

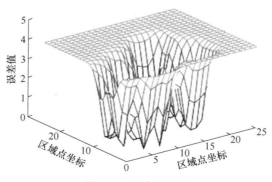

图 5.3　拟合误差值

在 λ_i 符合式（1.8）的条件下，代入式（1.7）计算出未设监测点基础网格的 VOCs 浓度预估值。部分基础网格预估点 VOCs 浓度值如表 5.4 所示。

表 5.4 基础网格预估点 VOCs 污染物浓度值 （$\mu g/m^3$）

污染物	四级云网格						
	006	011	015	017	021	…	024
苯	0.98	0.58	1.12	1.08	0.73	…	0.91
甲苯	1.22	0.45	1.15	1.17	0.89	…	1.13
丙烯	2.15	2.17	2.53	2.18	1.67	…	3.17
乙烯	3.03	2.99	2.94	3.25	2.23	…	2.76
丙烷	2.73	1.87	2.05	3.17	1.07	…	2.53
环己烷	3.46	1.09	1.91	2.97	3.01	…	1.07
环戊烷	9.45	10.41	8.23	6.97	7.82	…	6.99
对二甲苯	0.76	1.28	0.94	1.89	0.95	…	1.22
乙炔	0.96	1.15	1.73	2.04	1.67	…	1.34
异丁烷	1.89	2.92	3.04	3.29	1.01	…	1.72
异戊烷	2.24	0.76	1.57	1.83	2.63	…	1.55
苯乙烯	1.21	0.83	1.32	1.42	0.89	…	1.11

5.4.4 研究区域自相关性和相互贡献率计算

5.4.4.1 研究区域自相关性计算

A 全局自相关计算

由于陕西省划分为不同层级云网格体系，每一层级都由不同的下级云网格体系组成，所以子区域间的影响不仅体现在各城市（二级云网格）间，各区县（三级云网格）间以及各基础网格单元（四级云网格）间都存在影响，当划分至基础层级时，网格数众多且距离紧密，相互影响的效应计算复杂，每个网格中污染物数据差别不大，因此对陕西省的各区县（三级云网格）做全局自相关计算，以 11.2.2 节中收集的三级云数据为基础，首先运用式（5.5）建立在空间权重下的矩阵，将其带入式（5.2）得到全局 Moran 指数，以上过程可通过 Geoda 实现，并进行显著性检验，计算结果如表 5.5 所示。

表 5.5   陕西省各区县 VOCs 浓度的全局 Moran 指数

污染物	Moran 指数	z	p
VOCs	0.685	10.472	0.001

由表 5.5 可知全局 Moran 指数的结果为 0.658，是一个正数，表明 VOCs 污染物的浓度在陕西省各个区县间有正的空间相关性，各区县（三级云网格）间污染物的排放存在相互影响；Moran 指数中 z 值表示 VOCs 污染趋于空间聚集，p 表示计算结果通过了 1% 的显著性检验。（其中 z 为 Moran 指数的 z 检验值，p 为 999 次蒙特卡洛模拟下的伴随概率）。

B   局部自相关计算

通过全局自相关计算可知以陕西省各区县为研究对象时，VOCs 浓度在空间上是具有相关性的，再由式（5.4）可以计算出各区县的局部 Moran 指数，通过在 Geoda 中输入各区县的 shp 数据，绘制局部 Moran 指数散点图反映陕西省 VOCs 浓度在地理空间上的集聚特征，如图 5.4 所示。

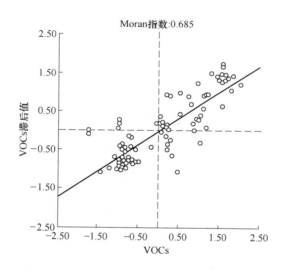

图 5.4   陕西省各区县 VOCs 浓度 Moran 散点图

在图 5.4 中，每个点代表一个区县。由图 5.4 可知在陕西省各区县数据绘制的散点图中，所有点基本都位于一、三象限，即高浓度与高浓度、低浓度与低浓度聚集的区域，只有少数点位于第二、第四象限，说明自身污染水平的高低与周围子区域（即各区县）相关，并且 VOCs 污染浓度呈现出空间溢出效应。

5.4.4.2 研究区域相互贡献率计算

A VOCs-VAR 模型检验

在空间相关性分析中，研究区域中的各区县间污染呈现出相关性，为了计算具体相互影响贡献率的大小，在 Eviews 中以陕西省各区县（三级云网格）为变量，分别输入各自的 VOCs 污染浓度数据建立 VOCs-VAR(p) 模型，检验模型的滞后阶数以及模型的平稳性。首先以各区县为研究对象，确定滞后阶数，通过比较 AIC 和 SC 的最小值都指向 $p=5$，所以不用对 LR 指标进行计算，该模型的滞后阶数为 5，根据式（5.7）得到模型定阶如表 5.6 所示。

表 5.6 滞后阶数检验

p	AIC	SC	LR
1	29.28112	30.66885	71.68794
2	29.06228	31.60705	36.62281
3	28.57987	32.28048	31.43875
4	28.47307	33.33013	17.19697
5	19.05096*	25.06446*	55.17508*

平稳性检验时首先对各区县变量做单根检验，并调整检验结果。剔除趋势项和截距项大于 0.05 的数值，DW 的值应位于 1.8~2.2 之间，当 ADF 的值大于 5% 时，对检验变量依次做一阶差分，直到满足平稳性的要求，单根检验结果如表 5.7 所示；当滞后级数为 5 时，由式（5.8）得到的 VAR 模型逆根图如图 5.5 所示。

表 5.7 变量单根检验结果表

变量	差分阶数	DW 值	ADF 值	5%临界值	1%临界值	结论
未央区	1	2.18	−3.51	−1.95	−2.64	I (1)***
灞桥区	1	1.97	−3.08	−1.95	−2.64	I (1)***
长安区	1	1.91	−3.92	−1.95	−2.64	I (1)***
泾阳县	1	2.04	−3.61	−1.95	−2.64	I (1)***
…	…	…	…	…	…	…
秦都区	1	2.04	−3.74	−1.95	−2.64	I (1)***

由表 5.7 结论可知，以陕西省各区县 VOCs 浓度数据作为检验变量，一阶差分后在 1% 显著性水平下，各变量 ADF 平稳性检验是通过的。

在图 5.5 的 AR 逆根图中，所有单位根倒数的模都没有超过 1，且未超出单位圆的范围，所以该 VOCs-VAR 模型符合平稳性的要求。

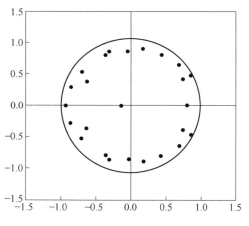

图 5.5　模型 AR 逆根图

B　VOCs 污染误差扰动分析

由于陕西省各区县之间 VOCs 污染存在误差扰动的影响，进一步分析当给其中一个区县标准误差的冲击时，对其他区县产生的影响，即自身的 VOCs 污染对其他区县影响的变化趋势，选择 1~12 个滞后期和部分区县进行污染的误差扰动分析，即在脉冲响应函数下的污染物误差项的变化过程。由式（5.10）得到图 5.6。

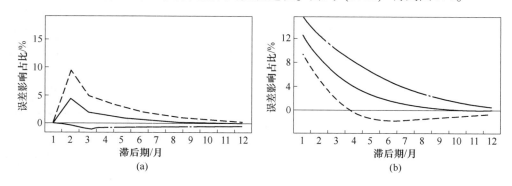

图 5.6　区县间 VOCs 误差扰动分析

（a）长安区对灞桥区的脉冲响应；（b）高陵区对临潼区的脉冲响应

图 5.6 中横坐标表示所选择的滞后区间，纵坐标表示滞后区间误差扰动影响的占比率（%），图中实线和其上下两条线分别表示扰动误差和扰动误差的正负两倍标准差（阈值）。在图 5.7（a）中表示灞桥区在受到 VOCs 污染标准误差冲击影响下，长安区的 VOCs 浓度在短期内会增加，最大值是在 1~2 时期，随后浓度开始降低。整体达到稳定时是在第 8 期之后，表示灞桥区 VOCs 浓度在当期会对长安区产生影响，加剧了长安区的污染程度，随后下降，并在一定时间内逐渐

缓和，说明当污染对其他地区产生影响时，受影响区域可以采取一定的防治手段，但短时间内这种污染并不能完全消除，还要持续存在一段时间。在图 5.6 (b) 中临潼区在受到标准误差冲击影响下，高陵区的 VOCs 浓度随期数的增加而降低，前 7 期比较大，后逐渐在第 8 期后达到稳定状态，表示临潼区 VOCs 浓度在当期会对高陵区产生影响，随着滞后区间的增加变化程度逐渐减小，说明临潼区对高陵区的 VOCs 浓度在一定时间内存在正向影响。

C　VOCs 污染相互贡献率

每个区县间 VOCs 污染除了自身贡献，还受到其他区县影响，为了进一步分析各区县间相互影响的程度，在 1~12 的滞后期下，基于式（5.11）计算出对受体子区域的累积污染，由式（5.12）进行各区县间 VOCs 污染方差分解计算，得到不同区县间相互累积贡献率，以部分区县为受体子区域分析得到表 5.8。

表 5.8　各区县对受体子区域污染浓度分担率

区域	贡献率/%						
	未央区	灞桥区	长安区	泾阳县	秦都区	…	临渭区
未央区污染源	74.13	8.67	3.98	2.97	2.36	…	2.82
灞桥区污染源	5.72	67.82	5.72	2.67	1.78	…	4.81
长安区污染源	3.39	5.76	75.62	1.01	2.15	…	1.37
泾阳县污染源	1.07	2.09	1.99	80.93	3.67	…	0.48
秦都区污染源	0.52	1.66	2.69	2.42	74.12	…	1.23
⋮	⋮	⋮	⋮	⋮	⋮	⋮	⋮
临渭区污染源	0.65	1.89	0.94	0.36	0.29	…	71.52
合计	100						

由表 5.8 可知，以未央区为例，它在 VOCs 浓度方差分解在逐渐趋于稳定的情况下，VOCs 污染本地源占 74.13%，然后是灞桥区和长安区对它浓度的分担率比较高，分别是 5.72% 和 3.39%，最低的是临渭区污染源，对其浓度贡献率是 0.65%；同理可得对灞桥区污染影响最大的是本地源，然后是未央区和长安区的浓度贡献较大。可以得出各区县间 VOCs 污染以本地源为主，虽然区县间由于地理环境、生态经济等条件各不相同，影响污染传播效应，但作为排放源子区域的区县对作为受体子区域区县的影响是不可忽略的，表中未央区 25.87% 的浓度来自其他子区域的贡献，灞桥区 32.18% 的浓度来自其他子区域的贡献，长安区为 24.38%，泾阳县为 19.07%，秦都区为 25.88%、临渭区为 28.48%。

D　各区县最佳影响个数确定

以陕西省各区县分别作为受体区域时，依据表 5.8 计算除了各区县间 VOCs

浓度的相互贡献率，对每个区县污染影响的排放区域个数的确定根据 3.3 节中的方法，得到表 5.9，其中区县为受体区域时只列举了部分地区。

表 5.9　陕西省区县的 VOCs 最佳影响个数

影响个数	受 体 区 域				
	未央区	灞桥区	长安区	…	秦都区
	4	5	4	…	5

5.5　本章小结

本章主要介绍了关联区域空间自相关分析计算的方法，在各子区域间存在相互影响的情况下，计算子区域间 VOCs 浓度的相互贡献率。对于一个子区域来说，其他子区域对其的影响程度不同，因此筛选了对每个子区域存在影响的其他子区域的个数，为浓度预测中贡献值的计算提供基础。

参 考 文 献

［1］薛俭，陈强强. 京津冀大气污染联防联控区域细分与等级评价［J］. 环境污染与防治，2020，42（10）：1305～1314.

［2］刘满凤，陈华脉，徐野. 环境规制对工业污染空间溢出的效应研究——来自全国 285 个城市的经验证据［J］. 经济地理，2021，41（2）：194～202.

［3］刘杰，李苑，白小瑜，等. 环境规制、空间溢出与城市大气污染——以关中地区为例［J］. 灾害学，2020，35（4）：1～7.

［4］李家旭，赵银军. 基于 GIS 的广西少数民族人口分布的空间统计分析［J］. 广西师范学院学报（自然科学版），2019，36（1）：114～120.

［5］李庆. 空间相关性对各省市生态文明建设的影响分析［J］. 中国人口·资源与环境，2019，29（9）：91～98.

［6］Hyeongmo Koo，David W S Wong，Chun Yongwan. Measuring Global Spatial Autocorrelation with Data Reliability Information［J］. The Professional Geographer，2019，71（3）：551～565.

［7］张丽琴，渠丽萍，吕春艳，等. 基于空间格局视角的武汉市土地生态系统服务价值研究［J］. 长江流域资源与环境，2018，27（9）：1988～1997.

［8］李斌，吴书胜. 城市化进程中贸易开放的碳减排效应［J］. 商业经济与管理，2016（3）：22～34.

［9］张晶晶. 山东省中小学教师人力资源局部空间自相关分析［J］. 就业与保障，2021（2）：159～160.

［10］He Hong，Tan Yonghong. Unsupervised classification of multivariate time series using VPCA and fuzzy clustering with spatial weighted matrix distance［J］. IEEE Transactions on Cybernetics，2020，50（3）：1096～1105.

［11］Clifford Lam, Pedro C. L. Souza. Estimation and selection of spatial weight matrix in a spatial lag model ［J］. Journal of Business & Economic Statistics, 2020, 38 (3): 693~710.

［12］张梦迪, 高宏伟. 铁路发展影响下的居民收入空间溢出效应 ［J］. 技术经济与管理研究, 2021 (2): 95~100.

［13］Cheng Kai, Lu Zhenzhou. Adaptive bayesian support vector regression model for structural reliability analysis ［J］. Reliability Engineering & System Safety, 2021 (206): 327~339.

［14］唐悦能. 湖北省城乡收入差异与经济增长关连的实证剖析 ［J］. 统计与管理, 2016 (10): 74~76.

［15］颜琰. 基于线性和非线性 Granger 因果检验的能源市场间联动关系研究 ［J］. 中国经贸导刊 (中), 2020 (11): 49~51.

［16］尚杰, 石锐, 张滨. 农业面源污染与农业经济增长关系的演化特征与动态解析 ［J］. 农村经济, 2019 (9): 132~139.

［17］王玙璠. 基于 VAR 模型的贵州旅游业与经济增长动态发展实证研究 ［J］. 生产力研究, 2021 (1): 7~11, 80.

［18］李根旺. 基于主成分分析的福建省水资源承载力时空变化研究 ［J］. 亚热带水土保持, 2019, 31 (1): 32~37, 48.

6　基于随机森林算法的 VOCs 浓度预测方法

随机森林算法的预测以关联区域内最低层级中的基础网格为基础，在选取模型特征时，根据第 1~4 章提供的网格数据作为 VOCs 预测模型的污染物特征，以第 5 章中关联区域 VOCs 相互贡献率作为污染贡献指标，同时还考虑了气象指标；通过预测模型特征确定原始样本数据集，子样本集是由原始样本集中随机抽取的，对子样本集进行决策树的模型的构建，组合多棵决策树得到 VOCs 浓度预测值，最后对模型的整体性能进行评价。

6.1　基于随机森林的 VOCs 污染预测

6.1.1　VOCs 污染预测原理与方法

VOCs 污染物预测按不同的原理与方法可进行分类[1]。潜势预测是对未来污染状态的一种预测，通过自然因子进行判断，从当前发生的污染事件开始，汇总发生污染时的气象条件和指标，将污染的临界值作为预报的标准。数值预测模式通过解析污染物在空气中变化的规律，即物理、化学、生物等过程的演变，计算在环境介质中污染物浓度的分布特点，常用的有 CAMQ 模式、WRF 模式、CAL-PUFF 模式等，此类方法具有坚实的理论基础和相对透明的模型，随着对 VOCs 污染物理化过程的研究深入，预测的准确性也得到提高。其中，统计模型基于现有数据中 VOCs 污染物浓度与各相关因素间的定量化关系进行预测，具有计算速度快、预测结果准确、计算环境要求低等优势，在实际业务应用中有着较大的潜力[2]。统计预测中经常使用灰色模型、时间序列模型、支持向量机、随机森林等模型，本章运用随机森林进行预测。

随机森林与其他算法相比其优势主要体现为：随机森林在测试集上表现良好，由于两个随机性的引入，使得随机森林不容易陷入过拟合（样本随机，特征随机），训练速度快，可以运用在大规模数据集上[3]。在发生分类不平衡时，随机森林可以通过相应的方法稳定误差，并且通过袋外数据（OBB），子样本集的数量不会因此减少。

6.1.2　随机森林算法的定义和性质

随机森林算法应用于与分类、聚类以及回归分析等相关的研究中。在随机森林算法模型中，当待计算样本输入后，模型通过集成众多决策树来输出结果，随机森林预测模型可分为两类，一类是回归模型，另一类是分类模型，两者的区别在于预测结果的性质：前者预测结果为具体数值，后者预测结果为划分的类别[4,5]。

随机森林具有收敛性，当决策树的强度变小时，会增加其泛化误差的界限。随机森林具有随机性，为了有效防止单棵树陷入局部最优或过度拟合，在森林建立时表现出随机的特点。随机性表现在数据层和特征层：（1）数据的随机选取是从原始的数据集中有放回抽样构造子数据集，利用子数据集来构建子决策树；森林中的每一棵决策树都会针对新数据做一次"决策"，最后得出最终的结果。（2）特征的随机选取与数据集的随机选取类似，随机森林中子树的每一个分裂过程并未用到所有的待选特征，而是从所有待选特征集中随机选取一定的特征，之后再在随机选取的特征中选取最优的特征[6]。随机性是随机森林重要的特征，能提高模型运行的准确性、有效性与合理性。

6.2　数据集与模型结构

随机森林算法通过对决策树的提升，将其组合在一起，依次建立决策树，依据是其抽取的样本子集。模型选取对 VOCs 污染物有影响的特征时，子决策树分裂中对于所有特征并未都采用，而是通过最优特征的随机选取来实现，这样能提高系统多样性和分类性能。

6.2.1　VOCs 预测模型特征

在 VOCs 预测模型中，选取对污染物有影响的特征，特征类型主要有三种，如表 6.1 所示。

表 6.1　VOCs 特征表

特　征	具体特征	符　号
VOCs 污染物	VOCs 总浓度值	VOCs
	苯	C_6H_6
	⋮	⋮
	苯乙烯	C_8H_8
气象指标	温度	temp_ v
	压强	pres_ v
	风速	wind_ v
VOCs 污染贡献指标	贡献值	Ev

表 6.1 中 VOCs 污染物指 VOCs 主要组成成分；气象指标由温度、压强、风速组成；污染贡献值是通过贡献率计算得出，由于子区域间存在相互影响，通过主成分分析选出对受体 A_i 子区域有影响的 m 个排放子区域，每个子区域的污染浓度贡献率已知，通过 m 个子区域污染进行加权平均求出对 A_i 的污染贡献值。表中的特征组成了特征向量集合，用 F 表示。

6.2.2 VOCs 预测模型原始样本数据集

根据区域中污染物预测模型特征，形成 VOCs 数据集 V_D，如式 (6.1) 所示。

$$V_D = \{\boldsymbol{\alpha}_{t1},\ \boldsymbol{\alpha}_{t2},\ \cdots,\ \boldsymbol{\alpha}_{ti};\ \boldsymbol{\beta}_{t1},\ \boldsymbol{\beta}_{t2},\ \cdots,\ \boldsymbol{\beta}_{ti};\ \boldsymbol{\gamma}_1,\ \boldsymbol{\gamma}_2,\ \cdots,\ \boldsymbol{\gamma}_m\} \qquad (6.1)$$

式中，$\boldsymbol{\alpha}_{t1}$，$\boldsymbol{\alpha}_{t2}$，$\cdots$，$\boldsymbol{\alpha}_{ti}$ 为时序特征向量，表示某段时间内子区域中网格的 VOCs 组成成分浓度集合；$\boldsymbol{\beta}_{t1}$，$\boldsymbol{\beta}_{t2}$，$\cdots$，$\boldsymbol{\beta}_{ti}$ 也是时序特征向量，表示某段时间内网格的 VOCs 总浓度集合；$\boldsymbol{\gamma}_1$，$\boldsymbol{\gamma}_2$，$\cdots$，$\boldsymbol{\gamma}_m$ 为非时序向量，由温度、压强、风度这三个指标参数值和 VOCs 污染物贡献值组成[7]。

6.2.3 VOCs 预测模型构建

通过随机森林算法对子区域未知网格的 VOCs 浓度预测的建模过程如图 6.1

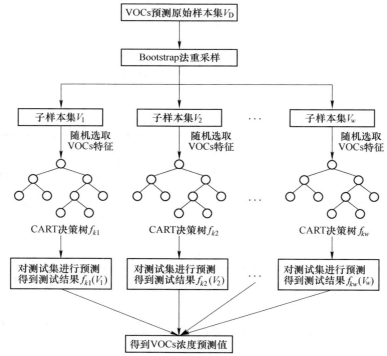

图6.1　基于随机森林的子区域未知网格的 VOCs 预测建模过程

所示。首先，若干子样本集是通过 Bootstrap 法从 V_D 中随机选取的，每个子集的决策树分别建立模型，每棵树的生长都不受影响，所以每棵树都会继续分裂直到所有的子样本集在节点上是相同的类型；然后利用测试集对各决策树进行测试，综合多棵决策树的测试结果，得出最终的 VOCs 预测模型[8]。

6.3 子样本集选取与决策树的构建

6.3.1 子样本集的随机选取

通过 Bootstrap 方法选取子样本集。Bootstrap 方法的误差来源于样本抽样和子样本再抽样过程，若要减小估计参数的误差，则必须减小抽样误差和再抽样误差，减小误差的方法有扩大样本容量和多次抽样两种方法。根据抽样方式的不同，Bootstrap 方法分为参数与非参数抽样，参数抽样方法常用于抽样函数分布已知的情况，从中抽取再生样本的一种抽样方法，因此参数抽样方法比非参数抽样方法效率和精度更高[9]。

Bootstrap 方法的基本步骤为：首先随机抽取 w 个子样本，并对此步骤进行 w_{tree} 次循环，获取 w 个子样本集，各子样本集之间是没有相互影响的。在原始子样本集中，将子区域基础网格中的未知网格的 VOCs 浓度数据集合 β_{ti} 作为预测模型的输出，子区域基础网格中的已知网格的 VOCs 组成成分浓度集合 α_{ti} 和非时序特征数据集合 γ_m 作为模型输入。将 w 个子样本集 V_1，V_2，$\cdots$，V_w 从 V_D 中通过随机方式的方式选取，并相应的构建 w 棵对应的决策树，Bootstrap 重抽样如图 6.2。

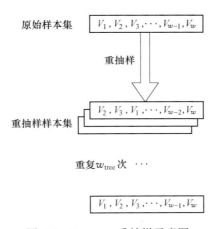

图 6.2　Bootstrap 重抽样示意图

机器学习具备泛化能力，通常泛化能力的强弱用泛化误差来表现，如果泛化误差较小，表明算法的性能也就较好，泛化误差越大表明算法性能比较差。随机森林评价泛化能力较好，即通过袋外误差估计（OBB 误差估计）来实现，由于选取子样本集采取有放回的方式，原始样本集合中有 36.8% 的袋外数据不会再呈现，利用这些数据就能估计森林中每棵决策树的袋外误差，计算袋外误差的平均数，即表示森林中泛化误差的估计值，如式（6.2）所示。

$$\text{OBBerror} = \frac{\sum_{i=1}^{w} \text{OBBerror}_i}{w} \tag{6.2}$$

式中，w 为随机森林的决策树数量。

　　经实验表明，组合学习分类器的泛化误差运用其他模型时，使得计算的复杂程度上升，对随机森林模型采用 OBB 数据进行泛化误差计算时，能够同时计算出 OBBerror，通过少量的运算获得泛化误差值，为模型提供了一个内部估计。

6.3.2　CART 决策树的构建

　　决策树是一种快速的分类模型，不需要进行先验假设，也不需要对特征值进行标准化处理。决策树的生长顺序为"自上到下"，节点类型依次为根节点、中间节点和叶子节点。子样本中的所有特征属性包含在根节点中，因此根节点位于样本分裂的起始处；子节点是通过根节点分裂形成的，若子节点持续分裂得到的是中间节点，是样本下一步分裂的开端；当无子节点分裂时的节点称为叶子节点。非叶子节点分裂为两个子节点时，通过选择最优分裂结果来进行分裂，决策树结构如图 6.3 所示。

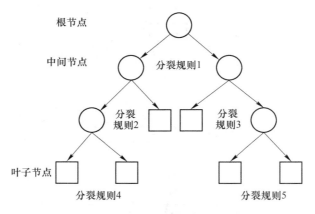

图 6.3　决策树结构图

　　决策树算法分为好几种。传统的 ID3 决策树算法中，通常以样本集中最大信息增益的属性作为树的分裂节点，且按照从大到小的信息增益取值作为依次划分点，即样本集中分裂属性个数为样本集个数，与此同时对应样本集节点生长出新的叶子节点[10]。C4.5 决策树算法以信息增益率作为参考，它可以对包含缺失值的数据进行处理，但很难对树的结构进行修正，在决策树的优化上没有优势，且没有考虑分裂过程中属性间的关联性。CART 算法也可以对缺失数据处理，并且 CART 算法生成的树是二叉树，模型产生的碎片数据少而且简单易懂，精度比较高，因此本章应用 CART 树。CART 算法所有的分支都一分为二，其基本思想为：首先在所有特征中选择一种特征，并对样本分类变为两个子集，分别树的左右枝，并以该特征作为根节点；其次对左右样本子集进行判断，查看分类后的其中一侧是否全部为 1 或全部为 0 的样本，若为该情况则将此样本集定位叶子，若无法完成上述分类，再利用有限特征对两侧进行判断，直到划分后的所有样本子集都为叶子。因此在该模型中，对所有子样本集采用 CART 算法生成 w 棵决策树。从 VOCs 特征集合 F 中随机选取 m 个特征，其中 $m \leq \log_2(M+1)$，而 M 表示特征集合 F 的集合长度[11]。此外，根据预测结果的需要来调整随机森林中决策树的数量。

6.4 VOCs 浓度预测结果及性能评价

6.4.1 VOCs 浓度预测结果

完成对应决策树的构建后，由测试集 V_k 的值得到模型的结果序列 $\{f_{k1}(V_1), f_{k2}(V_2), \cdots, f_{kw}(V_w)\}$，输出 VOCs 浓度值见式（6.3）：

$$F_k(V_k) = \mathrm{argmax} \sum_{i=1}^{w} I(f_{ki}(V_k) = Y_k), \ k = 1, 2, \cdots, w \qquad (6.3)$$

式中，F_k 为输出的 VOCs 浓度预测值；f_{ki} 为决策树的预测模型；I 为示性函数；Y_k 为 VOCs 对应的输出量。通过模型的组合与计算，得到子区域 VOCs 未知网格的预测浓度。

6.4.2 性能评价指标

常用一些度量指标对模型进行定量的估计。其中 R^2 也叫拟合优度，表达输入量能解释输出量的大小程度，其值在 0 和 1 的范围内；当 MRE 越小时，R^2 也近似于 1，越能提高模型的准确性。

$$MRE = \frac{1}{n} \sum_{i=1}^{n} \left| \frac{\hat{Q}_i - Q_i}{Q_i} \right| \qquad (6.4)$$

$$R^2 = 1 - \sum_{i=0}^{n} (Q_i - \hat{Q}_i)^2 \bigg/ \sum_{i=0}^{n} (Q_i - \overline{Q}_c)^2 \qquad (6.5)$$

式中，Q_i 为实际数值；$\hat{Q}_i$ 为预测数值；$\overline{Q}_c$ 为实际值取平均；n 为研究样本的数量。

模型的训练时间与模型效率成反比。

6.5　基于随机森林算法的 VOCs 预测模型

6.5.1　模型构建与特征相关性检验

通过收集最底层中的网格 VOCs 浓度数据，获得不同已知网格中的 VOCs 浓度值，由式（6.1）得到原始数据集 V_D，包括训练集和验证集。由于预测模型中特征的作用各不相同，对本章所选取的 VOCs 预测模型部分特征进行相关性检验，得到其相关系数如表 6.2 所示。

表 6.2　VOCs 部分特征相关系数表

污染物	苯	甲苯	丙烯	异戊烷	VOCs
苯	1.00	0.59	0.82	0.74	0.82
甲苯	0.62	1.00	0.89	0.85	0.51
丙烯	0.79	0.79	1.00	0.71	0.69
异戊烷	0.78	0.70	0.85	1.00	0.67

在表 6.2 中，VOCs 和苯相关系数为 0.82，甲苯与丙烯、甲苯与异戊烷、丙烯与异戊烷之间的相关系数也很高，超过了 0.80，即模型的各特征之间有多重共线的特点，不能采用直接线性回归的方法，因此运用随机森林算法进行预测。

6.5.2　模型训练、验证和评估

在 VOCs 预测模型中，训练集选的依据是原始样本数据集，通过 Bootstrap 取样法从原始训练集 V_D 中随机重复抽取子样本集，从而构成训练集；测试集以袋外数据（OBB）为参考，为了验证模型的最终效果，将训练好的模型在测试集上计算误差，让模型在测试集上的误差达到最小；验证集选取依据是判断模型是否发生了过度拟合，以决定是否停止训练。随机森林模型采用 OBB 交叉验证算法，在子样本集和模型特征的随机选取中，利用袋外数据估计森林中每棵决策树的袋外误差，计算所有袋外误差的平均数，得到随机森林中泛化误差的无偏估计值，可以运用袋外数据来评价模型性能，保证训练集和测试集完全独立，从而提高预测的精度。

由式（6.4）、式（6.5）依次对模型进行训练和验证，其结果进行评估如表 6.3 所示。

表 6.3　模型评估参数表

评估方法	训练集	验证集
R^2	0.99861	0.98507

评估方法	训练集	验证集
均方差	1.73079	3.70712
绝对差	0.34145	0.87989
解释度	0.99736	0.99614

在表 6.3 中，训练集和验证集的决定系数 R^2 超过了 98%，而解释度则超过了 99%，说明当自变量不发生变化的情况下，因变量变化的概率很小；模型中验证集的均方差和绝对差都大于训练集，说明训练集的表现良好。模型中的 VOCs 特征的重要程度如图 6.4 所示。

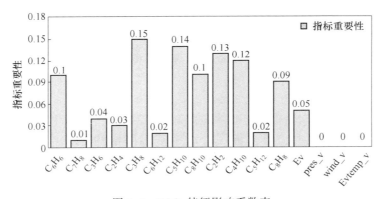

图 6.4 VOCs 特征影响系数表

图 6.4 中表明对 VOCs 污染物的预测中丙烷、环戊烷、乙炔、丁烷等物质的重要性影响较大，温度、压强、风速的影响作用相对较小，其中 VOCs 贡献值指标是根据 5.3 节中贡献率的计算结果获取。

6.5.3 VOCs 污染物浓度预测

首先对基础网格中的污染物预测，从设有监测点网格中选取网格数据，预估未设置监测点的网格数据，通过构建浓度预测模型，再根据式（6.3）得到浓度的预测值如表 6.4 所示。

表 6.4 VOCs 污染物浓度预测值 （μg/m³）

网格	监测点	污染物	实际值	预测值	
				克里金插值	随机森林
003	有	VOCs	62.42	61.09	63.13
007	无	甲苯	—	2.83	2.76

续表 6.4

网格	监测点	污染物	实际值	预测值	
				克里金插值	随机森林
011	无	丙烯	—	4. 67	4. 53
028	有	VOCs	58. 94	57. 27	59. 15
030	无	苯	—	0. 65	0. 52
035	有	异戊烷	3. 83	3. 67	3. 92

在表 6.4 中，根据不同基础网格监测点的设置情况，将 VOCs 及其组成成分在随机森林和克里金插值法两种计算下的浓度值与实际值对比。由于区域网格间的 VOCs 污染物存在相互影响，克里金插值法以各网格在空间的位置为依据进行浓度数据的预估，而随机森林算法以污染物各特征的相关性为前提，还考虑气象指标因素和污染贡献指标因素，因此随机森林预测的结果更准确。

6.6　本章小结

本章主要介绍了以网格为基础的随机森林预测模型，以云网格体系中最底层基础网格为研究对象时，根据最底层级中基础网格的 VOCs 污染浓度集合和 VOCs 污染总浓度数据，在考虑了气象指标的情况下，对抽取子样本集依次构建基于决策树的模型，将多棵决策树组合可以预测区域内的 VOCs 浓度。

参 考 文 献

[1] Kong Taewoon, Choi Dongguen, Lee Geonseo, et al. Air pollution prediction using an ensemble of dynamic transfer models for multivariate time series [J]. Sustainability, 2021, 13 (3): 1367.

[2] 屈坤, 王雪松, 张远航. 基于人工神经网络算法的大气污染统计预测模型研究进展 [J]. 环境污染与防治, 2020, 42 (3): 369~375.

[3] 王浩, 马迅, 刘安磊, 等. 机器学习算法在反窃电分析中的应用 [J]. 河北电力技术, 2020, 39 (1): 38~41.

[4] 姜泓任, 董庆波, 姜相松. 基于随机森林算法的边坡稳定性预测 [J]. 现代计算机, 2020 (36): 31~34, 51.

[5] Zhao Pengcheng, Zhang Xiaolei, Sun Shibao. Random forest prediction with improved feature selection to shared bicycle demand [J]. Networks: Communication and Computing, 2019: 217~222.

[6] 王怀警, 谭炳香, 王晓慧, 等. 多分类器组合森林类型精细分类 [J]. 遥感信息, 2019, 34 (2): 104~112.

［7］陆秋琴，兰琼，黄光球. 基于网格划分的空间关联区域 VOCs 浓度预测研究［J］. 西安理工大学学报，2021，37（1）：1~9.

［8］赵腾，王林童，张焰，等. 采用互信息与随机森林算法的用户用电关联因素辨识及用电量预测方法［J］. 中国电机工程学报，2016，36（3）：604~614.

［9］陈传海，杨兆军，陈菲，等. 基于 Bootstrap-Bayes 的加工中心主轴可靠性建模［J］. 吉林大学学报（工学版），2014，44（1）：95~100.

［10］谢霖铨，徐浩，陈希邦，等. 基于 PCA 的决策树优化算法［J］. 软件导刊，2019，18（9）：69~71，76.

［11］Liu Ying，Cao Guofeng，Zhao Nazhuo，et al. Improve ground-level $PM_{2.5}$ concentration mapping using a random forests-based geostatistical approach［J］. Environmental Pollution，2018（235）：272~282.

7 基于多源数据融合的区域
VOCs 浓度预测方法

随着工业化和城市化的快速发展，经济水平快速提升的同时，也造成了较为严重的区域复合型大气污染问题[1]。2020 年，形成我国复合型大气污染的主要 VOCs 污染物的排放量中，SO_2 和一次 PM2.5 的排放量为百万吨级，NO_x 和 VOCs 的排放量高达千万吨级，同时 NO_x 和 VOCs 又是 O_3 污染的前体物[2,3]，所以生态环境部将 VOCs 作为"十四五"空气质量改善目标的一项指标。因此，做好 VOCs 浓度监测工作，及时掌握 VOCs 浓度的发展和变化规律，对区域的 VOCs 浓度进行预测，实时发布不同位置的污染情况，不仅能为政府监管和居民出行提供依据，也为进一步改善空气质量，打好蓝天保卫战提供了保障。

目前，国内外学者对 VOCs 污染物浓度预测方面的研究颇多，现有的污染物浓度预测模型主要分为机理模型、统计模型和深度学习模型。基于机理模型的预测方法是通过对 VOCs 污染物的物理化学过程进行模拟，如 CMAQ[4,5]模型，其相关过程较为复杂，建模难度大，预测精度难以提升。基于统计模型的预测方法是根据污染物浓度的历史变化规律构建污染物浓度预测模型，常用的模型有 BP 神经网络[6~8]、ARIMA[9,10]、RBF[11]、SVM[12~15]等。1963 年，Vapnik[15]首次提出了支持向量机模型，其最先用于模式识别领域。2015 年，Xie Yanghua[14]等最先采用 SVM 方法来预测污染物浓度，通过选取污染物浓度以及气象要素实现对南京等城市的 $PM_{2.5}$ 浓度预测，取得了良好的预测效果。深度学习模型[16]可以通过对大量数据特征进行学习，基于时间序列对污染物浓度进行预测，或综合气象因素对污染物浓度的变化进行预测提高预测精度，如 CNN[17~19]、RNN[20]、LSTM[21~23]等。2019 年，刘炳春[24]等首次建立 Wavelet-LSTM 空气污染物浓度预测模型，对北京市 6 项空气污染物浓度进行预测，相比于机理模型，该模型更适用于复杂不确定性因素较强的预测环境。2019 年，马占飞[25]等首次建立了基于环境监测的两级数据融合模型，提出采用自适应加权平均法、BP 神经网络以及 DS 证据理论对多源数据进行融合，从而对草原环境进行综合判断，解决了由于数据冗余造成的监测数据精度低的问题，但该模型未考虑到没有设置监测仪器位置的环境情况，并且在多特征融合时 BP 神经网络的权值太多太大、证据数量较多时 DS 证据理论的运算较复杂，同时模型的融合精度较低。

以上研究还存在不足：由于成本原因，VOCs 监测站不能无限量放置。VOCs 具有扩散的特性，在城市大范围内 VOCs 的分布是不均匀的。如果这个地方没有建 VOCs 监测站，就无法获取该位置的污染物浓度情况。VOCs 浓度不仅与历史时刻的 VOCs 浓度相关，还要看与之相关的空气质量数据、气象数据、POI 数据、路网密度等多源大数据。鉴于此，在综合考虑多源数据融合技术容错性好、系统精度高、互补性强[26]等优点后，提出了基于三级数据融合技术的 VOCs 浓度预测方法，多源数据互相叠加，相互补强，可用于预测无监测站位置的 VOCs 浓度，有效提高 VOCs 浓度预测的精度。

7.1 基于多源数据融合的 VOCs 浓度预测模型

7.1.1 区域 VOCs 多源数据融模型的构建

7.1.1.1 区域网格划分

VOCs 浓度受到地理位置和周围环境的影响，不同位置的 VOCs 浓度有明显差异，为达到区域大气污染防治精细化管理的目的，采用网格化的方法进行区域管理。选取一个子区域作为目标区域，利用 ArcGIS 软件导入研究区域矢量数据，设置网格单元宽度与高度均为 1km，将目标区域划分为 1km×1km 的网格，设定左下角为划分起点对目标区域网格进行标号，以 S_k 代表网格，其中 k 表示网格编号，$k=1, 2, \cdots, n$，n 表示目标区域总的网格个数。

7.1.1.2 多源数据融合的模型构建

为了反映区域的 VOCs 浓度，需要确定每个网格内 VOCs 浓度。假设目标区域内的网格 S_{i_1}，S_{i_2}，$\cdots$，S_{i_m} 内设置有监测站，其 VOCs 浓度为已知，这些网格称为已知网格，m 远小于 n；其他未设置监测站的网格中的 VOCs 浓度为未知，这些网格称为待估网格或未知网格。由于监测站的个数有限，由监测站所收集到的数据无法反映出整个子区域的 VOCs 浓度，因此，需要对未设置监测站的待估网格中的 VOCs 浓度进行估计。影响 VOCs 浓度的因素较多，如待估网格周围空间位置的 VOCs 浓度、气象因素、空气质量、路网密度以及待估网格周围的扩散条件等，这些因素之间的关系是复杂的、非线性的，因此依据已知网格监测到的 VOCs 浓度值与影响因素数据建立多源数据融合模型，对待估网格的 VOCs 浓度进行预测，多源数据融合模型如图 7.1 所示。

首先，对于任意一个待估网格，选取距离待估网格最近的几个监测站点或浓度已知的网格作为研究对象，对每个网格在时刻 $t-a$，$t-a+1$，$\cdots$，$t-1$，t 的 VOCs 浓度值分别融合并进行插值得到待估网格在时刻 t 的 VOCs 浓度一级融合值；其次，分析 VOCs 浓度与地方气象数据、空气质量数据、POI 数据和路网密度数据之间的关系，对多源数据进行融合得到 VOCs 浓度二级融合值；最后，通

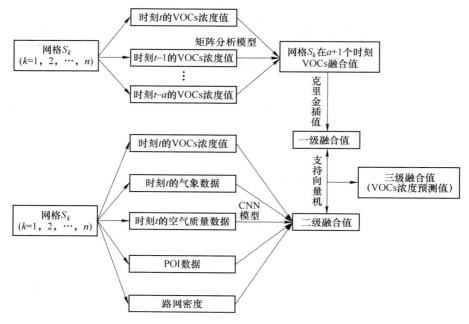

图 7.1　关联区域 VOCs 多源数据融合模型示意图

过分析真实值与两个融合值之间的关系，用于预测待估网格的 VOCs 浓度值，最终得出目标区域每个待估网格的 VOCs 浓度值。

7.1.2　基于矩阵分析的一级融合算法

从空间角度考虑，VOCs 在一定范围内会扩散，相邻位置之间会相互影响，根据已知网格的 VOCs 浓度数据，通过插值计算获得待估网格的 VOCs 浓度值。收集目标区域所有网格内监测站的位置信息，以及每个站点逐小时的 VOCs 浓度值 $V_k(t)$，$V_k(t)$ 表示网格 k 在时刻 t 的 VOCs 浓度值。考虑到 VOCs 的扩散需要一定的时间，针对相邻站点 3h 内的 VOCs 浓度值进行融合，得到网格 k 在时刻 t 的 VOCs 浓度一级融合值 $[V_k(t)]_1$，然后根据已知网格的 VOCs 浓度一级融合值 $[V_k(t)]_1$ 对待估网格进行插值计算，得到待估网格的 VOCs 浓度一级融合值。

7.1.2.1　矩阵分析

VOCs 浓度在扩散时需要一定的时间，历史时刻的浓度会对当前时刻产生影响，可以利用矩阵分析的方法将每个网格若干个时刻内监测的浓度值进行融合，作为该网格在时刻 t 的一级融合值。在此引入信任度概念，对于一组数据 $V_k(t-a)$，$V_k(t-(a-1))$，$\cdots$，$V_k(t)$ 而言，$V_k(t-a)$ 对 $V_k(t-(a-1))$ 的信任度是指 $V_k(t-a)$ 与 $V_k(t-(a-1))$ 的接近程度。若 $V_k(t-a)$ 与 $V_k(t-(a-1))$ 之间的

相对距离($d_{ij} = | V_k(t-a) - V_k(t-(a-1)) |$；$i$，$j = t-a$，$t-(a-1)$，$\cdots$，$t$)越大，信任度就越低。信任度函数 p_{ij} 可定义为：

$$p_{ij} = 1 - \frac{d_{ij}}{\max\{d_{ij}\}}, \quad (d_{ij} \geqslant 0) \tag{7.1}$$

由公式（7.1）计算任意两个数据间的信任度，得到信任度矩阵 $\boldsymbol{P} = [p_{ij}]_{(a+1)\times(a+1)}$，用 w_i 表示时刻 t 的 VOCs 浓度值 $V_k(t)$ 在融合过程中所占的权重，得到网格 k 在时刻 t 的一级融合值$[V_k(t)]_1$的表达式：

$$[V_k(t)]_1 = \sum_{i=t-a}^{t} w_i V_k(i) \tag{7.2}$$

w_i 的取值应综合矩阵 $\boldsymbol{P}$ 的第 i 行信任度，计算出权重 $\boldsymbol{W} = [w_1, w_2, \cdots, w_{a+1}]^{\mathrm{T}}$；由于非负矩阵 $\boldsymbol{P}$ 存在特征值 $\lambda_{\max} \geqslant 0$，$\lambda_{\max}$ 对应的特征向量 $\boldsymbol{B} = [b_1, b_2, \cdots, b_{a+1}]^{\mathrm{T}}$ 使得：

$$w_i = | b_1 | p_{i1} + | b_2 | p_{i2} + \cdots + | b_{(a+1)} | p_{i(a+1)} \tag{7.3}$$

考虑到 w_i 应满足概率值和为 1，对 w_i 进行归一化处理，表达式为：

$$\frac{w_i}{w_j} = \frac{|b_i|}{|b_j|}, \quad w_i = \frac{|b_i|}{|b_1| + |b_2| + \cdots + |b_{a+1}|} \tag{7.4}$$

7.1.2.2 克里金插值

克里金插值（Kriging）根据协方差函数对空间随机变量进行空间建模和预测，空间随机变量越近的点，相似性越大。由 Kriging 的基本公式计算待估点的 VOCs 浓度值，即 $[V_{S_0}(t)]_1 = \sum_{k=1}^{n} \rho_k [V_k(t)]_1$，$k = 1, 2, \cdots, n$，式中，$[V_{S_0}(t)]_1$ 为待估网格 S_0 在时刻 t 的一级融合值，$[V_k(t)]_1$ 为第 k 个样本网格在时刻 t 的一级融合值，ρ_k 为权重系数。

在二阶平稳假设条件下，Kriging 计算首先要满足两个基本条件：

（1）无偏估计，$E\{V_{S_0}(t) - [V_{S_0}(t)]_1\} = 0$。

（2）估计方差最小，$\min\{\mathrm{Var}\{V_{S_0}(t) - [V_{S_0}(t)]_1\}\}$。

7.1.3 基于卷积神经网络的二级融合算法

7.1.3.1 数据来源介绍

VOCs 二级融合模型，融合特征分为 VOCs 数据、空气质量数据、气象数据、POI 密度和路网密度 5 种类型数据。其中，VOCs、空气质量和气象数据收集逐小时信息；其余 2 种类型数据按照 1km×1km 的网格进行计算，在 ArcGIS 软件中实现。（1）POI 密度。统计每个网格的 POI 数目，POI 包括菜市场、餐饮、超市、地铁站、工厂、公交站、公园、加油站、景区、酒店、商场、小区、写字楼、学校、医院、银行、邮政和政府。(2) 路网密度。利用西安市道路中线数据计算，路网密度=1km×1km 网格道路总长度。具体特征见表 7.1。

表 7.1   多源数据融合特征表

特征类型	数据类型	具体特征	变量表示	单位
时间数据	监测数据	VOCs 浓度	$V_k(t)$	$\mu g/m^3$
	空气质量数据	$PM_{2.5}$	x_1	$\mu g/m^3$
		PM_{10}	x_2	$\mu g/m^3$
		SO_2	x_3	$\mu g/m^3$
		NO_2	x_4	$\mu g/m^3$
		O_3	x_5	$\mu g/m^3$
		CO	x_6	$\mu g/m^3$
	气象数据	温度	x_7	℃
		湿度	x_8	%
		压强	x_9	hPa
		风速	x_{10}	m/s
		能见度	x_{11}	km
空间数据	POI 数据	POI 密度	$x_{12} \sim x_{29}$	pcs/km^2
	路网结构	路网密度	x_{30}	km/km^2

7.1.3.2   模型结构

卷积神经网络（CNN）是一种专门用来处理具有类似网格结构数据的神经网络。二级融合以 CNN 模型为基础建立特征级融合模型，模型框架如图 7.2 所示。

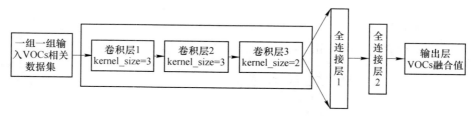

图 7.2   基于卷积神经网络的二级融合模型框架图

CNN 模型不需要复杂的预处理，可以从输入的信息中自动进行特征挖掘和提取，随着网络不断向后传递，由浅到深对特征进行融合。CNN 的实现过程如下：

（1）目标区域 VOCs 二级融合模型的输入层为 30 维的原始变量 $\boldsymbol{X} = [x_1,$

x_2, $\cdots$, $x_{30}]^T$, 其中 $x_i(i = 1, 2, \cdots, 30)$ 表示影响 VOCs 浓度的 30 个影响因素。输出层为 VOCs 的二级融合值 $[V_k(t)]_2$, 即输出层为一维向量。

（2）卷积层通过对输入向量 $\boldsymbol{X} = [x_1, x_2, \cdots, x_{30}]^T$、权重和偏置进行点积乘法运算来提取输入特征，然后应用激活函数进行非线性映射，其公式如下：

$$C_1 = f(X_1 \otimes \lambda_1 + b_1) \tag{7.5}$$

式中, $f(x)$ 为激活函数，激活函数能将激活信息向后传入下一层的神经网络，应用激活函数进行非线性映射。若输入值 $x>0$，则 $Relu$ 函数的导数始终为 1，可以克服梯度扩散现象，因此选用 $Relu$ 作为激活函数，其公式如下：

$$Relu = \begin{cases} x & \text{if } x > 0 \\ 0 & \text{if } x \leq 0 \end{cases} \tag{7.6}$$

$$C_1 = f(X \otimes \lambda_1 + b_1) = Relu(X \otimes \lambda_1 + b_1) \tag{7.7}$$

$$C_i = f(C_{i-1} \otimes \lambda_i + b_i) = Relu(C_{i-1} \otimes \lambda_i + b_i) \tag{7.8}$$

式中, C_i 为第 i 层输出值；C_{i-1} 为第 i 层输入值

（3）卷积层将多维特征向量平铺成一维向量输入到全连接层，全连接层对其进行加权，然后使用 $Relu$ 函数进行非线性映射。

（4）输出层为 VOCs 的二级融合值 $[V_k(t)]_2$, 即输出层为一维向量。

$$[V_k(t)]_2 = f\left(\sum_{i=1}^{n}(x_i \times \lambda_i) + b_j\right) \tag{7.9}$$

7.1.4 基于支持向量机的三级融合算法

支持向量机（SVM）是由 Vapnik 首次提出的机器学习方法，其主要思想是通过定义适当的非线性函数将输入空间变换到一个高维空间，在高维空间中求取最优线性分类面。SVM 适用于处理非线性的小样本数据，通过输入 VOCs 的一级融合值 $[V_k(t)]_1$ 和二级融合值 $[V_k(t)]_2$, 将二维输入空间映射到高维空间，在高维空间中构造一个最优决策函数从而处理在二维空间中的 VOCs 浓度预测回归问题。

将网格内的 VOCs 浓度值和一、二级融合值作为训练集 $\{[V_k(t)]_i, V_k(t) | i = 1, 2; k = 1, 2, \cdots, n\}$, 其中 $[V_k(t)]_i \in \boldsymbol{R}^D$ 为 n 个包含 2 个特征值的二维向量, $V_k(t) \in \boldsymbol{R}$, $\boldsymbol{R}$ 为输出空间，依据 VOCs 相关数据集进行训练，构建出一个最优的线性决策函数：

$$V_k(t) = \beta_1 \cdot \varphi([V_k(t)]_1) + \beta_2 \cdot \varphi([V_k(t)]_2) + b \tag{7.10}$$

式中, β_1, β_2 为权重系数；$\varphi([V_k(t)]_i)$ 为非线性核映射函数；b 为偏置值。

基于上述模型，可以使二维的输入变量 $[[V_k(t)]_1 [V_k(t)]_2]^T$ 通过 $\varphi([V_k(t)]_i)$ 计算得到 VOCs 浓度预测数据。根据结构风险最小准则，构造风险函数将其转化为凸二次规划问题，得到最优的 β_1, β_2 和 b, 来解决上述的 VOCs

浓度预测问题。

$$\min\left[\frac{1}{2}\parallel w\parallel^2 + C\sum_{k=1}^{n}(\xi_k + \xi_k^*)\right]$$

$$\text{s. t.}\begin{cases} V_k(t) - (\beta_1[V_k(t)]_1 + \beta_2[V_k(t)]_2 + b) \leqslant \varepsilon + \xi_k \\ (\beta_1[V_k(t)]_1 + \beta_2[V_k(t)]_2 + b) - V_k(t) \leqslant \varepsilon + \xi_k^* \\ \xi_k \geqslant 0;\ \xi_k^* \geqslant 0;\ k = 1,\ 2,\ \cdots,\ n \end{cases} \quad (7.11)$$

式中，C 为惩罚系数；ξ_k，ξ_k^* 为松弛变量；ε 为不敏感损失函数。

通过构造拉格朗日函数，将原问题转化为其对偶问题来解决 SVM 的优化问题，最终求得最优线性决策函数：

$$V_k(t) = \sum_{k=1}^{m}(\alpha_k - \alpha_k^*)K([V_k(t)]_i,\ [V_l(t)]_i) + b \quad (7.12)$$

式中，α_k，α_k^* 为拉格朗日乘子；$K([V_k(t)]_i,\ [V_l(t)]_i)$ 为核函数。本章采用 RBF 核函数，其公式如下：

$$K([V_k(t)]_i,\ [V_l(t)]_i) = \exp\left[-\frac{\parallel V_k(t)]_i - [V_l(t)]_i\parallel}{\sigma^2}\right],$$

$$i = 1,\ 2;\ k,\ l = 1,\ 2,\ \cdots,\ n \quad (7.13)$$

7.1.5　模型评价标准

为了验证该三级融合模型对目标区域 VOCs 浓度的预测效果，本章选取平均绝对百分比误差（$MAPE$），均方根误差（$RMSE$）和决定系数（R^2）三个统计学指标作为三级融合模型精度的评价标准。

（1）计算 $MAPE$ 对目标区域 VOCs 浓度预测结果进行分析，$MAPE$ 越小融合性能越好。$MAPE$ 计算公式如下：

$$MAPE = \frac{1}{m}\sum_{i=1}^{m}\left|\frac{V_k(t) - \hat{V}_k(t)}{V_k(t)}\right| \quad (7.14)$$

（2）计算 $RMSE$ 来反映 VOCs 浓度预测值与 VOCs 浓度真实值的偏离程度，$RMSE$ 愈小预测精度越高。$RMSE$ 计算公式如下：

$$RMSE = \sqrt{\frac{\sum_{i=1}^{m}(V_k(t) - \hat{V}_k(t))^2}{m}} \quad (7.15)$$

（3）计算 R^2 分析 VOCs 浓度预测值与 VOCs 浓度真实值之间的相似程度，R^2 介于 0 到 1 之间，越接近 1，模型性能越好。R^2 计算公式如下：

$$R^2 = \frac{\left(m \sum\limits_{i=1}^{m} V_k(t) \hat{V}_k(t) - \sum\limits_{i=1}^{m} V_k(t) \sum\limits_{i=1}^{m} \hat{V}_k(t) \right)^2}{\left[m \sum\limits_{i=1}^{m} (\hat{V}_k(t))^2 - \left(\sum\limits_{i=1}^{m} \hat{V}_k(t) \right)^2 \right] \left[m \sum\limits_{i=1}^{n} (V_k(t))^2 - \left(\sum\limits_{i=1}^{m} V_k(t) \right)^2 \right]}$$

$$(7.16)$$

式中，m 为 VOCs 浓度测试点的样本总量；$V_k(t)$ 为 VOCs 浓度的真实值；$\hat{V}_k(t)$ 为测试样本 VOCs 浓度的预测值也可称为一、二、三级融合值（$\hat{V}_k(t) = [V_k(t)]_i$，$k = 1, 2, \cdots, n$；$i = 1, 2, 3$）。

7.2 仿真实验与结果分析

7.2.1 数据介绍

本章以西安市某个区作为研究区域，时间跨度为 2019.10.1—2019.12.31，实验数据包括五类：监测站的 VOCs 数据、空气质量数据、气象数据、POI 数据和路网数据。VOCs 数据来自企业年报、地方统计年鉴以及天气后报网站，数据更新频率为 1 次/h；空气质量数据来自中国环境监测总站的全国空气质量实时发布平台，数据更新频率为 1 次/h；气象数据来自美国国家气候数据中心（NC-DC），数据更新频率为 1 次/3h；POI 数据和路网数据来自高德地图。将研究区域划分成 1km×1km 的网格，如图 7.3 所示，收集设有监测设备网格的 VOCs 数据、空气质量数据和气象数据，计算网格的路网密度并汇总出网格的各类 POI 数量。

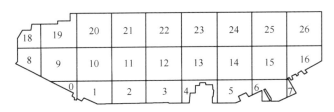

图 7.3　西安市某区域网格划分图

7.2.2 基于多源数据融合的 VOCs 浓度预测

7.2.2.1　数据级融合模型

研究区域内，部分网格设有 VOCs 监测点，收集网格内的 VOCs 浓度数据，将数据信息按时间和网格进行划分。选取网格内 2019.10.31、2019.11.30、2019.12.31 逐小时 VOCs 浓度数据作为研究对象，具体监测数值见表 7.2。

表 7.2　监测点 VOCs 浓度值　　　　　　　　　（μg/m³）

时间		网格					
		1	3	⋯	9	⋯	26
2019. 10. 30	22h	46.80	30.96	⋯	46.08	⋯	26.64
2019. 10. 30	23h	49.68	28.80		39.6		25.92
2019. 10. 31	0h	45.36	24.48		31.68		37.44
⋮	⋮	⋮	⋮		⋮		⋮
2019. 12. 31	23h	48.24	43.20		39.6		55.44

根据上述数据表，对每个网格的数据采用矩阵分析的方法进行融合，以 1 号网格 2019/10/31/0h 为例：选取与之邻近的两个时刻 22h、23h 的浓度值，对三个值 46.80、49.68、45.36 进行融合，将数据代入公式（7.2）~公式（7.4）计算得到 1 号网格在 2019/10/31/1h 时刻的数据级融合值 $[V_k(2019/10/31/0h)]_1 =$ 46.80，依次类推求出其余网格在每个时刻融合值 $[V_k(t)]_1 (k = 1, 2, \cdots, 26;$ $t = 2019/10/31/0h - 2019/12/31/23h)$，根据已知网格的数据级融合值对待估网格进行空间插值，一级融合数据汇总表见表 7.3。

表 7.3　网格 VOCs 数据级融合值 $[V_k(t)]_1$　　　　　（μg/m³）

时间		网格					
		1	2	3	⋯	9	⋯	26
2019. 10. 31	0h	46.80	36.00	28.80	⋯	39.60	⋯	26.62
2019. 10. 31	1h	45.32	35.98	24.48	⋯	31.68	⋯	35.28
2019. 10. 31	2h	46.80	30.24	20.88	⋯	29.52	⋯	35.28
⋮	⋮	⋮	⋮	⋮		⋮		⋮
2019. 12. 31	23h	51.11	35.28	48.24	⋯	43.20		51.84

7.2.2.2　特征级融合模型

由于影响 VOCs 浓度变化的影响因子较复杂，故采用 CNN 作为二级融合模型，以气象数据、空气质量数据、POI 数据、路网密度所组成的 30 个参数作为输入变量，VOCs 预测浓度作为输出值。因此，输入层为 30 维的原始变量 $X = [x_1, x_2, \cdots, x_{30}]^T$，其中 $x_i(i = 1, 2, \cdots, 30)$ 表示影响 VOCs 浓度的 30 个影响因素，输出层为 VOCs 的二级融合值 $[V_k(t)]_2$，即输出层为一维向量。根据数据集特性，搭建 CNN 模型结构如图 7.4 所示。

具体实施步骤如下：

（1）对所收集的 2019.10.1—2019.12.31 数据进行整理，将输入样本的标签

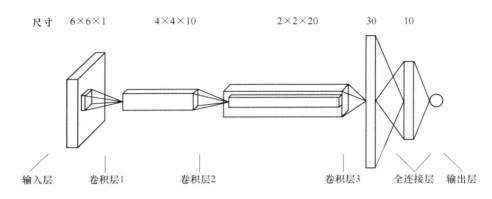

尺寸　　6×6×1　　　　4×4×10　　　　　2×2×20　　　　30　　10

输入层　　卷积层1　　　　卷积层2　　　　　卷积层3　　全连接层　输出层

图 7.4　模型结构示意图

处理成统一的格式。将数据分为两个表格，把每个网格 10 月 31 日、11 月 30 日、12 月 31 日的数据信息放入 Excel 2（该数据集只包含影响 VOCs 浓度的 30 种影响因子数据），其余数据信息放入 Excel 1 中。

（2）对 CNN 模型层数进行调优，经过不断测试后选择设置层数的最优参数。最终，配置卷积层 3 层，全连接层 2 层，三个卷积核分别为 3×3、3×3 和 2×2，在该层的输出中以 *Relu* 作为激活函数。

（3）打乱 Excel 1 中的数据集，选取 80% 的样本作为训练集，其余 20% 作为测试集，输入 CNN 模型训练，训练完成后将 Excel 2 数据中影响 VOCs 浓度的 30 种影响因子数据放入模型一组一组进行训练。

（4）选用 *Kears* 的 *Adam* 函数作为优化器，*Adam* 运行速度较快，达到较优值迭代周期较少。同时选用上述三种评价指标作为模型评价标准，根据参数选取最优的一组实验数据。然后，将每个网格的 VOCs 浓度预测值以表格形式进行存储。根据公式（7.5）~公式（7.9）计算得到 $[V_k(t)]_2$，见表 7.4。

表 7.4　网格 VOCs 特征级融合值 $[V_k(t)]_2$　　（$\mu g/m^3$）

时间		网　　格						
		1	2	3	…	9	…	26
2019.10.31	0h	43.97	28.65	21.30	…	31.66	…	29.57
2019.10.31	1h	48.60	29.86	20.40	…	29.20	…	34.52
2019.10.31	2h	49.07	26.46	17.79	…	30.18	…	29.03
⋮	⋮	⋮	⋮	⋮	⋮	⋮	⋮	⋮
2019.12.31	23h	45.66	25.05	39.38	…	27.33	…	44.32

7.2.2.3　决策级融合模型

根据上述所获取的数据，将数据级融合值 $[V_k(t)]_1$ 和特征级融合值 $[V_k(t)]_2$ 作为 VOCs 浓度的两个影响因素，将 $[V_k(t)]_1$ 和 $[V_k(t)]_2$ 作为支持向量机模型（SVM）的输入变量，VOCs 浓度作为预测输出变量。随机选取 80% 的样本作为训练集，其余 20% 作为测试集，输入 SVM 模型，根据公式（7.10）~公式（7.13）计算决策级融合值，即 VOCs 浓度预测值。

经过上述计算可以得到目标区域网格在 2019.10.31、2019.11.30 和 2019.12.31 逐小时 VOCs 浓度预测值，在此仅选择网格 2、网格 9、网格 13 和网格 26 绘制 VOCs 浓度预测图，其中网格 2、13 为待估网格，网格 9、26 为已知网格，浓度预测结果如图 7.5 所示。

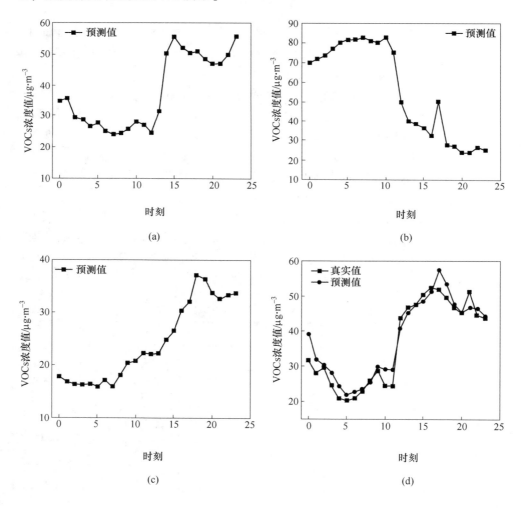

(a)

(b)

(c)

(d)

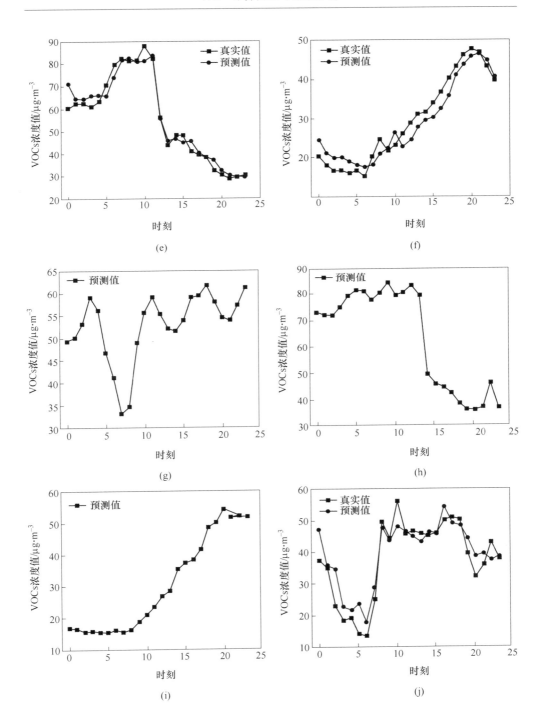

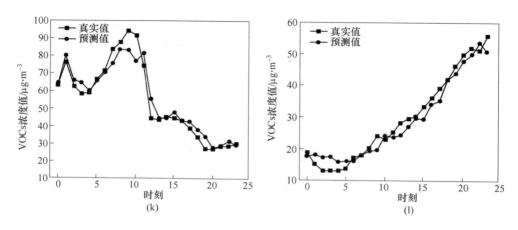

图 7.5　对 4 个网格 3 天的 VOCs 浓度预测值

（a）网格 2，2019.10.31；（b）网格 2，2019.11.30；（c）网格 2，2019.12.31；（d）网格 9，2019.10.31；
（e）网格 9，2019.11.30；（f）网格 9，2019.12.31；（g）网格 13，2019.10.31；（h）网格 13，2019.11.30；
（i）网格 13，2019.12.31；（j）网格 26，2019.10.31；（k）网格 26，2019.11.30；（l）网格 26，2019.12.31

　　实验结果如图 7.5 所示，图 7.5（a）~（l）反映了网格 k（$k=2$，9，13，26）在 2019.10.31、2019.11.30 和 2019.12.31 的 VOCs 浓度变化情况。对于已知网格 9、26 中 VOCs 浓度预测值与真实值变化趋势保持一致且拟合度较好，待估网格 2、13 与已知网格 9、26 在同一天的变化趋势相一致，应用三级融合模型对未知网格 VOCs 浓度进行预测可以获取网格浓度的实时变化信息。由于污染物浓度在城市内的分布是不均匀的，不同位置之间差异较大，通过该模型可以更加准确的掌握不同位置的污染物浓度变化信息。

7.2.3　结果分析与模型对比

　　为了检验三级融合模型的融合精度，针对不同模型的预测值和真实值进行对比分析，并对一级融合、二级融合和三级融合的预测结果同时进行对比，结果如图 7.6 所示。

　　实验结果如图 7.6 所示，图 7.6（a）~图 7.6（d）分别反映了一级融合值、二级融合值和三级融合值与 VOCs 浓度真实值的对比情况，通过对比可以看出测试后 VOCs 的三级融合值与 VOCs 真实值的差距较小；图 7.6（d）综合反映了一、二、三级融合值与真实值之间的对比情况，训练后一级融合、二级融合、三级融合模型的拟合曲线反映出在测试数据集中三级融合模型优于前两级融合模型，三级融合值与 VOCs 浓度的真实值变化趋势一致，拟合效果更好，表明三级数据融合模型融合性能较好。

　　为进一步评价融合模型的预测效果，通过公式（7.14）~公式（7.16）计算

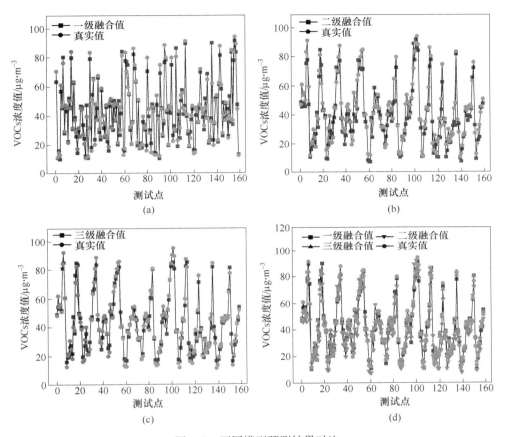

图 7.6 不同模型预测结果对比

(a) 一级融合值与真实值对比；(b) 二级融合值与真实值对比；
(c) 三级融合值与真实值对比；(d) 一、二、三级融合值与真实值对比

三个统计学度量指标来对模型进行评价，其计算结果见表 7.5，结果表明：对于 $MAPE$ 而言，三级融合模型比一、二级融合模型分别降低了 2%、7.28%；对于 $RMSE$ 而言，三级融合模型比前两者分别降低了 2.4%、3.36%；对于 R^2 而言，三级融合模型的决定系数为 0.95，比一、二级融合模型分别提高了 0.06、0.08；总体来说，三级融合的三个指标均优于一、二级融合，表明该模型的预测性能更好。

表 7.5 融合模型性能指标对比

融合模型	$MAPE$	$RMSE$	R^2
一级融合	10.56%	6.97%	0.89
二级融合	15.84%	7.93%	0.87
三级融合	8.56%	4.57%	0.95

　　对模型进行多次训练，通过 20 次试验得到三级融合模型的多组 *MAPE*、*RMSE*、R^2 指标值，如图 7.7 所示。图 7.7 为三级融合模型经过 20 次训练的实验结果，经过试验表明三级融合模型的 *MAPE*、*RMSE* 都小于一、二级融合模型的最优值，而 R^2 均大于一、二级融合模型的最优值。由此说明，采用三级融合的方法对待估网格 VOCs 浓度的预测效果优于单一模型，同时证明了对多源数据进行融合提高了 VOCs 浓度预测的质量。

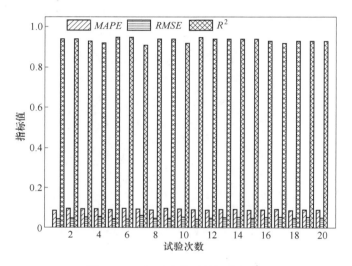

图 7.7　三级融合模型的评价指标

7.3　本章小结

　　本章根据区域空间关联性以及周围环境因素对 VOCs 浓度的影响，建立了三级融合模型。由于地区限制或资金原因无法在每个地方建立 VOCs 浓度监测站，且每个监测站的监测范围有限，但不同位置之间的浓度往往相差较大，所以通过建立三级融合模型对监测值和影响因子进行分析来预测未知位置 VOCs 浓度值，得到以下结论：

　　（1）由于 VOCs 会传播扩散，各区域之间污染物浓度具有空间相关性，但污染物的扩散需要一定的时间，故采用矩阵分析的方法对已知监测站近三个时刻的 VOCs 浓度值进行融合得到数据级融合值，然后采用 Kriging 对待估网格进行插值；结合气象数据、空气质量数据、POI 数据和路网密度模拟周围环境对 VOCs 浓度的影响，采用 CNN 模型对多源数据进行特征级融合；最后综合考虑周围站点和周围环境因子对 VOCs 浓度值的影响，采用 SVM 模型进行决策级融合从而用于预测未知位置的 VOCs 浓度值。

（2）三级融合模型相较于数据级融合与特征级融合而言，融合精度较高，预测效果较好。由于实际中监测站位置分布较分散，仅依靠空间插值无法得到准确的结果，同时 VOCs 的影响因子较复杂，如仅考虑周围环境对 VOCs 浓度的影响，得到的预测值与实际值之间将存在较大差异。采用三级融合模型可以综合考虑多重因素对 VOCs 浓度值的影响，提高预测精度。

（3）通过对区域进行网格划分，建立三级融合模型对待估网格的 VOCs 浓度值进行预测，可进行污染预警，有助于政府实时掌握不同网格的污染物浓度值并及时进行监管，可实时预报不同位置的污染情况，为市民的出行和政府的精细化管理提供依据，从而减少污染带来的损害。

参 考 文 献

［1］ Song C, Wu L, Xie Y, et al. Air pollution in China: Status and spatiotemporal variations ［J］. Environmental pollution (Barking, Essex: 1987), 2017, 227.

［2］ Wang T, Xue L, Brimblecombe P, et al. Ozone pollution in China: A review of concentrations, meteorological influences, chemical precursors, and effects ［J］. Science of The Total Environment, 2017, 575: 1582~1596.

［3］ Kuo Y, Chiu C, Yu H. Influences of ambient air pollutants and meteorological conditions on ozone variations in Kaohsiung, Taiwan ［J］. Stochastic Environmental Research and Risk Assessment, 2015, 29 (3): 1037~1050.

［4］ Zhou Cheng, Li Shaoluo, Sun Youmin, et al. Influence of motor vehicles on air quality in urban areas based on the CMAQ model ［J］. Research of Environmental Sciences （环境科学研究）, 2019, 32 (12): 2031~2039.

［5］ Xing Zhiwen, Wei Min, Ning Wentao, et al. Study on the cause of air pollution rebound in Weihai in early 2019 based on RAMS-CMAQ simulation ［J］. Acta Scientiae Circumstantiae, 2021: 1~12.

［6］ Sun Baolei, Sun Hao, Zhang Chaoneng, et al. Forecast of air pollutant concentrations by BP neural network ［J］. Acta Scientiae Circumstantiae, 2017, 37 (5): 1864~1871.

［7］ Yin Anqi, Lin Yuanyi, Lin Weijun, et al. Prediction of daily averaged PM_ (10) concentrations based on PSO-BP neural networks in Guangzhou ［J］. Chinese Journal of Health Statistics, 2016, 33 (5): 763~766.

［8］ Zhao Guangyuan, Ma Fei. Prediction of dust concentration based on particle swarm optimization BP neural network ［J］. Measurement & Control Technology, 2018, 37 (6): 20~23.

［9］ Liu Chunhong, Yang Liang, Deng He, et al. Prediction of ammonia concentration in piggery based on ARIMA and BP neural network ［J］. China Environmental Science, 2019, 39 (6): 2320~2327.

［10］ Song Guojun, Guo Xiaodan, Yang Xiao, et al. ARIMA-SVM combination prediction of $PM_{2.5}$ concentration in Shenyang［J］. China Environmental Science, 2018, 38（11）: 4031~4039.

［11］ Liang Ze, Wang Yueyao, Yue Yuanwen, et al. A coupling model of genetic algorithm and RBF neural network for the prediction of $PM_{2.5}$ concentration［J］. China Environmental Science, 2020, 40（2）: 523~529.

［12］ Li Jianxin, Liu Xiaosheng, Liu Jing, et al. Prediction of $PM_{2.5}$ concentration based on MRMR-HK-SVM model［J］. China Environmental Science, 2019, 39（6）: 2304~2310.

［13］ Zheng Xia, Hu Dongbin, Li Quan. Study on prediction model of atmospheric pollutant concentration based on wavelet decomposition and SVM［J］. Acta Scientiae Circumstantiae, 2020, 40（8）: 2962~2969.

［14］ Xie Yonghua, Zhang Mingmin, Yang Le, et al. Predicting urban $PM_{2.5}$ concentration in China using support vector regression［J］. Computer Engineering and Design, 2015, 36（11）: 3106~3111.

［15］ Vapnik V N. Statistical learning theory［M］. New York: Wiley, 1998: 401~492.

［16］ Qu Yue, Qian Xu, Song Hongqing, et al. Machine-learning-based model and simulation analysis of $PM_{2.5}$ concentration prediction in Beijing［J］. Chinese Journal of Engineering, 2019, 41（3）: 401~407.

［17］ Yu Shenting, Liu Ping. Long short-term memory-convolution neural network（LSTM-CNN）for prediction of $PM_{2.5}$ concentration in Beijing［J］. Environmental Engineering, 2020, 38（6）: 176~180.

［18］ Liu Xulin, Zhao Linfang, Tang Wei. Forecasting model of $PM_{2.5}$ concentration one hour in advance based on CNN-Seq2Seq［J］. Journal of Chinese Computer Systems, 2020, 41（5）: 1000~1006.

［19］ Huang Jie, Zhang Feng, Du Zhenhong, et al. Hourly concentration prediction of $PM_{2.5}$ based on RNN-CNN ensemble deep learning model［J］. Journal of Zhejiang University（Science Edition）, 2019, 46（3）: 370~379.

［20］ Jiang Hongxun, Tian Jia, Sun Caihong. DLENN-based prediction of $PM_{2.5}$ concentration in Shenyang［J］. Systems Engineering, 2020, 38（5）: 14~24.

［21］ Vapnik V, The Nature of Statistical Learning Theory［M］. New York: Springer-Verlag, 1995.

［22］ Guo Yuchen, Yang Liang, Liu Chunhong, et al. Prediction of stench gas in chicken house based on RF-LSTM［J］. China Environmental Science, 2020, 40（7）: 2850~2857.

［23］ He Zhexiang, Li Lei. Air pollutant concentration prediction based on wavelet transform and LSTM［J］. Environmental Engineering , 2020: 1~10.

［24］ Liu Bingchun, Lai Mingzhao, Qi Xin, et al. Forecasting the air pollutant concentration in Beijing based on Wavelet-LSTM model［J］. Environmental Science & Technology, 2019, 42（8）: 142~149.

［25］ Ma Zhanfei, Jin Yi, Jiang Fengyue, et al. Two-Stage data fusion model and algorithm based on environmental monitoring ［J］. Computer Systems & Applications,2019, 28 （10）: 112~119.

［26］ Wang Yiran, Liu Qiuzu, Liu Yanping, et al. Research on coal mine dust monitoring based on two-stage data fusion technology ［J］. Safety in Coal Mines, 2016, 47 （11）: 187~189.

8 基于深度学习的区域 VOCs 聚集态势感知

挥发性有机物（VOCs）是对环境和人类产生危害的污染物中的重要一员，VOCs 不但主导大气光化学烟雾的反应进程，而且其大气化学反应产物是 $PM_{2.5}$ 的重要组分，可以造成光化学烟雾、臭氧浓度升高、灰霾天气频次增加等系列问题[1~3]。此外，空气中大量排放的 VOCs 在稳定的天气形势、城市楼群阻挡、风速降低等外界环境的作用下，在水平和垂直方向上都不易向外扩散，使得 VOCs 会在近地面表层聚集，从而导致 VOCs 污染状况越来越严重。聚集后的 VOCs 具有较高浓度，对人的身体产生危害，多数有机物还具有令人不适的特殊气味，并具有毒性、刺激性、致畸性和致癌作用，特别是苯、甲苯及甲醛等对人体健康造成很大的伤害[4~6]。因此，通过预测 VOCs 浓度的变化趋势，提前感知区域是否发生 VOCs 聚集现象，并对 VOCs 聚集态势进行预测，对于从时间和空间维度上全面把控区域环境状况具有重要意义。

态势感知是以智能技术分析和处理数据资源为基础，对环境中的各个相关因素进行分析，从而感知环境整体的态势并对该环境的未来态势进行预测[7]。为了全面理解区域 VOCs 聚集的趋势和状态来推进区域环境状况的治理和污染预警，首次将态势感知的概念引入 VOCs 研究领域。目前国内外针对态势感知的研究主要集中在网络安全、军事、智能电网等领域，但在 VOCs 研究领域还未涉及。丁华东等[8]第一次提出一种基于贝叶斯的网络安全态势感知混合模型，对态势影响指标逐层进行融合对网络态势进行评定。王婷婷等[9]提出一种可以生成对抗网络的差分 WGAN 网络安全态势预测机制，该机制可以模拟态势发展过程，从时间维度实现态势预测。Zheng Weifa 等[10]使用 D-S 证据理论融合多源入侵检测数据，对网络安全性进行态势评估。总体上，态势感知可以在为环境状况进行预测的同时，为管理者做出决策、制定行动方案提供支撑。

随着大数据研究发展以及现代人工智能技术的不断完善，智能预测模型在很多领域得到广泛应用，并取得了较好的预测效果[11]。王平等[12]首次提出一种基于小波变换的支持向量机 PM_{10} 浓度预测模型，该模型对突变点的预测更加准确。李燊航等[13]引入历史风场数据，将 U-net 神经网络作为预测模型进行试验，首次将区域 $PM_{2.5}$ 划分为网格图进行预测，取得了良好的预测效果。张震等[14]使用基于 Keras 长短时记忆神经网络对矿井瓦斯浓度进行浓度预测研究，相比于其他预测模型，Keras 长短时记忆神经网络更适合进行时间序列的学习，但仅使用 Keras 长短时记忆神经网络进行浓度预测，而影响因素较多时，模型的构建效率和预测性能均会降低。同时，仅进行浓度预测，无法系统地评估 VOCs 聚集时的区域环境态势。

综上所述，针对污染物浓度预测研究较少精细化到每个网格，且进行浓度预测时主观输入特征变量；较少从时间和空间的维度考虑 VOCs 聚集时对区域形成雾霾的威胁以及系统地评估 VOCs 发生聚集时的态势。为了解决上述问题，本章以区域网格的 VOCs 浓度为切入点，提出一种基于浓度预测的 VOCs 聚集态势感知方法，简称聚集态势感知法。该方法考虑长短时记忆神经网络（LSTM）在 VOCs 浓度时序预测上有着优良特性，同时随机森林（RF）模型可以充分发挥在 VOCs 相关特征选择上的重要作用。将 RF 模型和 LSTM 模型结合构建 VOCs 浓度预测模型，并在此基础上获得 VOCs 聚集态势值，进行 VOCs 聚集态势感知分析。

8.1 基于深度学习的区域 VOCs 聚集态势感知模型

8.1.1 区域 VOCs 聚集态势感知模型构建

8.1.1.1 区域网格划分与信息收集

区域中的 VOCs 污染物在气象条件和地理位置等因素的作用下会在区域的近地面表层流动，也会在近地面表层聚集，因而区域中不同位置的 VOCs 浓度分布不同。为了对区域 VOCs 污染物实行精细化管理，将区域划分成网格，进行网格化的 VOCs 监管。选定一个研究区域，在 Arcgis10.7 软件中加载区域范围图层，将选定的研究区域划分成 $1 \times 1 (km^2)$ 正方形单元网格。将通过网格划分得到的 m 个网格从网格范围图层的左下角开始编号，其编号是 1，2，$\cdots$，m，m 表示区域网格总个数。其中每一个网格代表一个子区域，记录该区域的 VOCs 数据信息。同时为了对区域网格进行精准定位，将地理坐标作为空间参考信息，建立坐标系，每一个网格的中心点都有自己的经纬度坐标。坐标系集合可以用 R_v 来表示，如式（8.1）所示。

$$R_v = \{(x_1, y_1), (x_2, y_2), \cdots, (x_m, y_m)\} \qquad (8.1)$$

式中，(x_i, y_i) 为第 i 个网格的中心点坐标，其中 $i = 1$，2，$\cdots$，m。

区域对 VOCs 进行网格化管理的过程中，由于资金和地理条件等限制，网格中设置监测点的数目远小于网格总数目。设在区域网格图中，网格 z_i 处设置有监测点，监测值为 $V(z_i)$，网格 Z 处未设置监测点，称之为待估网格，其待估值用 $V(Z)$ 表示。为了预估区域 VOCs 浓度变化趋势，在时间和空间上感知 VOCs 在区域中发生聚集的态势，采用距离平方反比法[15]，即 $V(Z) = \left[\sum\limits_{i=1}^{n} \dfrac{V(z_i)}{d_i^2} \right] \bigg/ \left[\sum\limits_{i=1}^{n} \dfrac{1}{d_i^2} \right]$ 对未知网格数据进行估算，得到未设置监测点网格的 VOCs 数据信息，进而得到整个区域 VOCs 数据信息。其中，n 为周围已知监测点样本个数；d_i 为待估网格到已知网格的距离。

8.1.1.2　VOCs 聚集态势感知模型构建

VOCs 聚集态势感知是基于 VOCs 发生聚集风险的思想并考虑形成雾霾威胁的情况下对时间和空间上的 VOCs 聚集态势预测。VOCs 聚集态势是对 VOCs 浓度发展趋势和状态的合称，是对未来环境状况的一种反映。

为了反映区域中不同网格 VOCs 的聚集态势，需要确定每个网格未来时刻的 VOCs 浓度值，由此本章提出一种基于浓度预测的 VOCs 聚集态势感知模型，如图 8.1 所示。该模型分为三个部分：RF 特征选择、LSTM 浓度预测、VOCs 聚集态势感知。

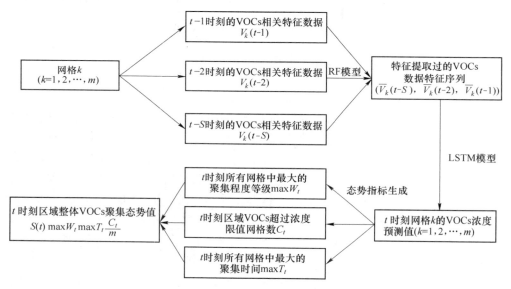

图 8.1　VOCs 聚集态势感知模型示意图

以网格 k 为例，首先选择影响 VOCs 聚集即浓度变化的多种相关特征，以 S 个历史时刻为模型学习步长，将已知 S 个历史时刻的 VOCs 特征数据序列 $(V_k(t-s)$，$\cdots$，$V_k(t-2)$，$V_k(t-1))$ 输入到 RF 特征选择模型中进行特征重要性排序和选择。通过 RF 模型选择出对 VOCs 浓度变化影响较大的特征，得到新的特征数据序列 $(\overline{V}_k(t-S)$，$\cdots$，$\overline{V}_k(t-2)$，$\overline{V}_k(t-1))$；将该新特征数据序列作为 LSTM 预测模型的输入，通过 LSTM 模型预测得到未来 t 时刻的 VOCs 小时浓度预测值；同理可以得到所有网格未来 t 时刻的 VOCs 小时浓度预测值。根据预测结果，得到每个网格在 t 时刻的 VOCs 聚集态势指标：聚集时间 T，聚集程度等级

权重 W。同一时刻不同网格的 VOCs 聚集时间和聚集程度等级不同，因此再从 m 个网格中选择出 t 时刻最大的聚集时间 $\max T_t$ 和最大的聚集程度等级权重 $\max W_t$。用 t 时刻区域整体超出浓度限值的网格数来表示 VOCs 聚集的范围 C_t，则可得到 t 时刻区域整体的 VOCs 聚集态势值 $S(t)$，最后将 VOCs 聚集态势感知结果可视化。

8.1.2　VOCs 聚集态势感知

将 VOCs 聚集的风险定义为 VOCs 浓度值偏离正常阈值的严重程度，用聚集程度等级来表示。聚集程度等级参考一次重污染过程中 VOCs 与 $PM_{2.5}$ 浓度变化的相关性定义[16]，见表 8.1。

表 8.1　聚集程度等级

序号	VOCs 浓度值/μg·m⁻³	程度等级	等级权重 W
1	(0, 75]	一级	0
2	(75, 125]	二级	1
3	(125, 160]	三级	2
4	(160, 190]	四级	3
5	(190, 260]	五级	4
6	(260, 500]	六级	5

单个网格和区域整体 VOCs 聚集态势的计算，主要考虑形成雾霾的威胁。某一网格的 VOCs 聚集程度等级权重 W 包含在它的 VOCs 浓度预测信息中，VOCs 浓度越大，发生聚集的程度越大，形成雾霾的可能性就越大。由于 VOCs 形成雾霾是随时间变化累积的后果，对于网格 VOCs 发生聚集的时间计算从 VOCs 浓度超过 $75\mu g/m^3$ 开始计算，将 T 的值默认为 1，当某一网格预测的 VOCs 浓度值超过阈值，T 计为 1，至下一时刻该网格的浓度值大于等于前一时刻的浓度值，则 $T+1$，否则 $T-1$，在超过浓度阈值的情况下直至 T 为 1，在阈值以下 T 为 0。则网格 k 在 t 时刻的聚集态势值 $S_k(t)$ 计算如式（8.2）所示。

$$S_k(t) = W_t^k T_t^k \tag{8.2}$$

式中，W_t^k 为网格 k 在 t 时刻的聚集程度等级权重；T_t^k 为网格 k 在 t 时刻的聚集时间。

当 $S_k(t)$ 为 0 时表明该网格的 VOCs 浓度较小，发生聚集的风险低或者未发生聚集；当 $S_k(t)$ 不为 0 时表明该网格发生 VOCs 聚集，且聚集态势值越大该网格 VOCs 聚集程度越高、聚集时间越长。

对于 t 时刻区域整体的 VOCs 聚集态势的计算，首先根据单个网格的聚集态势指标生成区域整体的态势指标：VOCs 聚集程度等级权重 $\max W_t$，VOCs 发生聚集的时间 $\max T_t$，VOCs 聚集的范围 C_t。VOCs 聚集的范围 C_t 用网格区域内 VOCs 浓度超过 $75\mu g/m^3$ 的网格数来表示，即 t 时刻聚集程度等级为二级及二级以上的网格数。在同一时间所有网格中，聚集程度等级权重和聚集时间取最大值，也即选择最坏的结果进行 VOCs 聚集态势计算，用来表示区域整体可能存在的最严重的聚集态势。则 t 时刻区域整体的聚集态势值计算如式（8.3）所示。

$$S(t) = \max W_t \max T_t + \frac{C_t}{m} \tag{8.3}$$

$S(t)$ 融合了其主要传达的三项信息：若区域整体发生聚集的程度等级越大，则形成雾霾的可能性就越大；若威胁发生的频率也即聚集时间越长，则对区域整体造成的影响可能就越严重；若 VOCs 聚集的范围越大，则可能形成雾霾的范围就越宽。其中，当 $S(t)$ 为 0 时表明区域整体所有网格发生聚集的风险低或者未发生聚集；当 $S(t)$ 不为 0 时，表明区域整体存在发生聚集的网格，$S(t)$ 的小数点右侧部分的数值表示超出浓度限值的网格数与总网格数的比值，也即发生 VOCs 聚集的区域面积占区域总面积的大小；当 $S(t)$ 为整数且不为 0 时，表明 VOCs 聚集覆盖整个区域。

8.1.3 基于 RF 模型的特征选择

8.1.3.1 VOCs 数据特征

区域 VOCs 发生聚集，容易受到气温、风速等多种周围环境因素的影响，具有非线性、交叉耦合性强的特点。本章选用 6 种空气污染物与 6 种气象因素作为 VOCs 浓度预测的相关特征变量，如表 8.2 所示。对于网格 k，共获取 N 条小时数据，令 $V_k = (V_k(1)，V_k(2)，\cdots，V_k(N))$ 表示网格 k 的时间序列数据集，N 为数据集的总小时数。其中，$V_k(t)$ 包括 t 时刻的 VOCs、$PM_{2.5}$、PM_{10}、SO_2、NO_2、O_3、CO、气温、气压、湿度、风速、能见度、露点温度的小时值，用 $V_k(t) = (v_{k,1}(t)，v_{k,2}(t)，\cdots，v_{k,j}(t)，\cdots，v_{k,13}(t))$ 表示，$v_{k,j}(t)$ 为网格 k 在 t 时刻的第 j 个特征值，$k = 1，2，\cdots，m$；$t = 1，2，\cdots，N$；$j = 1，2，\cdots，13$。

表 8.2　特征变量表

特征类别	特征变量	变量表示	特征定义	单位
空气污染物特征	VOCs	v_1	污染物 1h 总浓度	$\mu g/m^3$
	$PM_{2.5}$	v_2	1h 浓度	$\mu g/m^3$
	PM_{10}	v_3	1h 浓度	$\mu g/m^3$
	SO_2	v_4	1h 浓度	$\mu g/m^3$

特征类别	特征变量	变量表示	特征定义	单位
空气污染物特征	NO$_2$	v_5	1h 浓度	μg/m^3
	O$_3$	v_6	1h 浓度	μg/m^3
	CO	v_7	1h 浓度	μg/m^3
气象特征	气温	v_8	近地面气温	℃
	气压	v_9	地表气压	Pa
	湿度	v_{10}	近地面相对湿度	%
	风速	v_{11}	近地面风速	km/h
	能见度	v_{12}	水平能见度	km
	露点温度	v_{13}	地面高度 2m 处露点温度	℃

8.1.3.2　特征选择

对区域 VOCs 聚集进行感知的前提是进行 VOCs 浓度预测，在 VOCs 浓度预测中，为了降低 VOCs 浓度预测模型的复杂度，提高预测精度，利用随机森林对 VOCs 相关特征进行重要性排序和客观选择。随机森林进行特征变量的重要性计算，是对每个特征在随机森林中的每棵决策树上做的贡献进行评估，然后求取平均值，最后对特征的贡献大小进行排序[17,18]。这里我们选用基尼指数（Gini index）作为评价指标来衡量特征变量的重要程度。

S 表示随机森林进行特征重要性学习的步长，将网格 k 中的 S 个历史时刻的 VOCs 相关特征序列（$V_k(t-S)$，…，$V_k(t-2)$，$V_k(t-1)$），输入 RF 模型进行特征学习，共计 $L = S \times 13$ 个特征变量。$v_{k,j}(t-S)$ 表示特征序列中网格 k 的 $t-S$ 时刻的第 j 个特征，则计算 $v_{k,j}(t-S)$ 的特征重要性（feature importance）用 $FI(v_{k,j}(t-S))$ 来表示。基于随机森林进行特征变量重要性计算的基本步骤如下：

（1）计算 VOCs 的特征 $v_{k,j}(t-S)$ 在一颗决策树的节点 q 上的重要性，该重要性用节点 q 分裂前后的 Gini 指数变化量来表示，GI 指数的计算公式如式（8.4）所示。

$$GI = 1 - \sum_{x=1}^{|X|} p_x^2 \qquad (8.4)$$

式中，X 为在所计算的特征节点处有 X 个类别；p_x 为在节点中类别 x 占的比例。

节点 q 分裂前的 Gini 指数用 GI_q 来表示，分裂后的左右两分支节点的 Gini 指数分别为 GI_1 和 GI_r，则 VOCs 的特征 $v_{k,j}(t-S)$ 在节点 q 的重要性如式（8.5）所示。

$$FI_q(v_{k,j}(t-S)) = GI_q - GI_l - GI_r \qquad (8.5)$$

（2）计算特征 $v_{k,j}(t-S)$ 在第 r 颗决策树的重要性。有些特征在一棵决策树中会不止一次出现在节点中，所以特征 $v_{k,j}(t-S)$ 在第 r 颗决策树的重要性 $FI_r(v_{k,j}(t-S))$ 如式（8.6）所示。

$$FI_r(v_{k,j}(t-S)) = \sum_{q \in Q} FI_q(v_{k,j}(t-S)) \qquad (8.6)$$

式中，Q 为特征 $v_{k,j}(t-S)$ 出现在第 r 颗决策树节点的集合。

（3）计算特征 $v_{k,j}(t-S)$ 的重要性 $FI(v_{k,j}(t-S))$ 和归一化后的特征重要性评分 $Score(v_{k,j}(t-S))$。假设随机森林算法共生成 R 棵树，那么有特征 $v_{k,j}(t-S)$ 的重要性如式（8.7）所示，最后将特征 $v_{k,j}(t-S)$ 的重要性归一化如式（8.8）所示。

$$FI(v_{k,j}(t-S)) = \sum_{r=1}^{R} FI_r(v_{k,j}(t-S)) \qquad (8.7)$$

$$Score(v_{k,j}(t-S)) = \frac{FI(v_{k,j}(t-S))}{\sum_{j=1}^{L} FI(v_{k,j}(t-S))} \qquad (8.8)$$

将 L 个特征变量按照归一化后的重要性大小进行排序，并进行特征变量选择，得到特征提取过的 VOCs 数据特征序列 $(\overline{V}_k(t-S), \cdots, \overline{V}_k(t-2), \overline{V}_k(t-1))$。

8.1.4　基于 LSTM 模型的浓度预测

基于 LSTM 在时间序列预测上的优良特性，本章在 VOCs 聚集感知模型中加入 LSTM 模型建立 VOCs 预测模型。将经 RF 特征选择后 S 个时刻的特征数据作为输入，输出下一时刻的 VOCs 浓度预测值。

LSTM 模型结构由遗忘门、输入门、输出门和内部记忆单元组成，共同控制 LSTM 的输出，其控制传输状态的设计，使得整个网络更好地把握序列之间的关系[19~21]。LSTM 模型单元结构如图 8.2 所示。LSTM 在任一 t 时刻的工作步骤如下：

（1）通过遗忘门选择性忘记旧的 VOCs 数据信息。首先输入 t 时刻经 RF 特征选择后的输入向量 $\overline{V}_k(t)$ 并读取前一个时刻隐藏层输出的预测向量 h_{t-1}。经过 σ 函数输出一个 0~1 的数值，0 表示不让任何历史 VOCs 数据信息保留，1 表示让所有 VOCs 数据信息保留。则衰减系数 f_t 计算公式如式（8.9）所示：

$$f_t = \sigma(W_f \cdot [h_{t-1}, \overline{V}_k(t)] + b_f) \qquad (8.9)$$

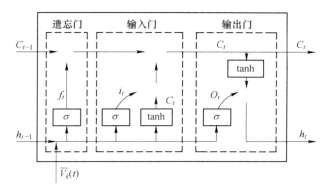

图 8.2 LSTM 单元结构图

（2）通过输入门决定将多少新的 VOCs 数据信息加入到单元状态中。i_t 表示对加入的新信息的取舍程度。利用 tanh 函数生成候选单元 $\tilde{C}_t$。计算公式如式（8.10）和式（8.11）所示：

$$i_t = \sigma(W_i \cdot [h_{t-1}, \overline{V}_k(t)] + b_i) \tag{8.10}$$

$$\tilde{C}_t = \tanh(W_c \cdot [h_{t-1}, \overline{V}_k(t)] + b_c) \tag{8.11}$$

（3）将旧单元状态 C_{t-1} 更新为新单元状态 C_t。旧单元状态 C_{t-1} 与衰减系数 f_t 相乘，丢弃掉确定需要丢弃的 VOCs 数据信息。再加上 $i_t \times \tilde{C}_t$ 得到新的单元状态 C_t。计算公式为式（8.12）：

$$C_t = f_t \times C_{t-1} + i_t \times \tilde{C}_t \tag{8.12}$$

（4）通过输出门决定有多少 VOCs 数据信息基于新的单元状态输出。O_t 表示对已经初步融合了历史信息和当前输入信息的取舍程度，输出预测向量 h_t。计算公式如式（8.13）和式（8.14）所示：

$$O_t = \sigma(W_o \cdot [h_{t-1}, \overline{V}_k(t)] + b_o) \tag{8.13}$$

$$h_t = O_t \times \tanh(C_t) \tag{8.14}$$

式（8.9）~式（8.14）中，W_f、W_i、W_c、W_o 和 b_f、b_i、b_c、b_o 分别表示权重矩阵和偏置项；σ 为 sigmoid 激活函数；tanh 为 tanh 激活函数。

LSTM 预测模型以经过 RF 特征选择后 S 个历史时刻的 VOCs 数据特征序列 $(\overline{V}_k(t-S), L, \overline{V}_k(t-2), \overline{V}_k(t-1))$ 为输入，输出未来 t 时刻的 VOCs 浓度预测值。LSTM 预测模型结构图如图 8.3 所示。

本章提出的区域 VOCs 聚集态势感知流程图如图 8.4 所示。

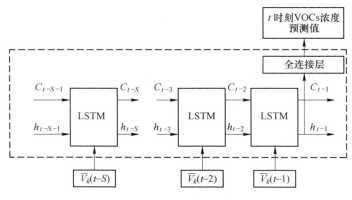

图 8.3　LSTM 预测模型结构图

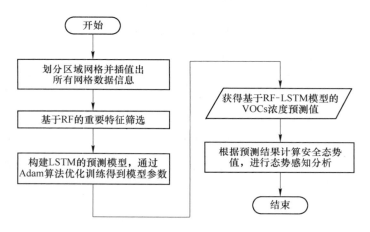

图 8.4　区域 VOCs 聚集态势感知流程图

8.2　仿真实验与结果分析

8.2.1　数据介绍

本章采用的实验数据包括 VOCs 浓度数据，空气质量数据和气象数据，时间跨度为 2019 年 10 月 1 日—2019 年 12 月 31 日。数据通过天气后报网、美国国家气候数据中心（NCDC）、中国环境监测总站的全国城市空气质量实时发布平台等网站获得。未知网格的数据来自通过整理、计算和空间插值处理生成的数据集，空间分辨率为 1km×1km。

本章选择西安市某区为研究区域，以 1km×1km 网格划分方式，将研究区域划分为 235 个无缝无叠的细小网格，覆盖整个区域地理范围。网格图如图 8.5 所示。

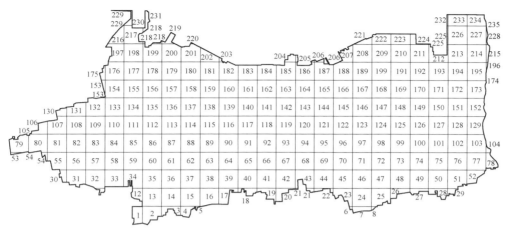

图 8.5 网格划分图

8.2.2 模型评价指标

本章采用平均绝对误差 MAE、均方根误差 RMSE、平均绝对百分比误差 MAPE 评价模型预测精度[22]。运用以上三个误差评价指标对 VOCs 预测模型进行综合性评价，误差越小，模型的预测精度就越高，公式如下：

$$MAE = \frac{1}{n} \sum_{t=1}^{n} |\hat{v}_{k,1}(t) - v_{k,1}(t)| \tag{8.15}$$

$$RMSE = \sqrt{\frac{1}{n} \sum_{t=1}^{n} (\hat{v}_{k,1}(t) - v_{k,1}(t))^2} \tag{8.16}$$

$$MAPE = \frac{100\%}{n} \sum_{t=1}^{n} \left| \frac{\hat{v}_{k,1}(t) - v_{k,1}(t)}{v_{k,1}(t)} \right| \tag{8.17}$$

式（8.15）~ 式（8.17）中，n 为测试样本点个数；$\hat{v}_{k,1}(t)$ 为 VOCs 预测值；$v_{k,1}(t)$ 为 VOCs 真实值。

8.2.3 特征重要性分析

在 VOCs 浓度预测中，进行特征优选可以降低预测模型复杂度，提高预测精度，因此利用 RF 模型对参与 VOCs 浓度预测的特征变量进行特征重要性排序并选择出对 VOCs 浓度预测影响较大的变量。以网格 92 为例基于随机森林进行 VOCs 相关特征变量重要性分析。经过多次实验发现，在每次输入步长为 3 的特征变量中选择排名前 6 的特征变量作为 LSTM 模型的输入特征变量，模型预测误差最小。因此 RF 模型进行特征选择时，输入的特征变量为距离时刻 t 最近的 3

个时刻的 VOCs 相关特征变量，即（$V_{92}(t-3)$，$V_{92}(t-2)$，$V_{92}(t-1)$），共计 39 个特征变量，特征变量表示见表 8.2。根据式（8.4）~式（8.8）计算 39 个特征变量的重要性评分，图 8.6 展示了 3 个不同时刻下 5 个重要程度最高的特征变量。最后选择排名前 6 的特征变量（$v_{92,1}(t-1)$，$v_{92,4}(t-1)$，$v_{92,12}(t-1)$，$v_{92,1}(t-2)$，$v_{92,13}(t-2)$，$v_{92,1}(t-3)$），即 $t-1$ 时刻的 VOCs、$t-1$ 时刻的 NO$_2$、$t-1$ 时刻的能见度、$t-2$ 时刻的 VOCs、$t-2$ 时刻的露点温度和 $t-3$ 时刻的 VOCs 作为 LSTM 模型的输入特征变量。

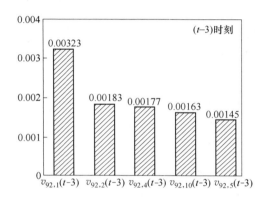
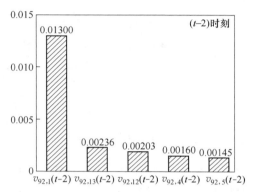
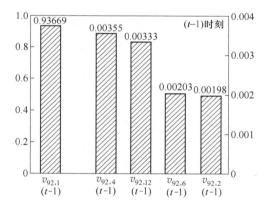

图 8.6　不同时刻的 5 个重要程度最高的特征变量

8.2.4　基于 RF-LSTM 模型的 VOCs 浓度预测

本章使用软件 Pycharm，以 Python 为计算机语言，TensorFlow 为深度学习框架建立了 RF-LSTM 模型。对收集到的网格 VOCs 数据集，按照时间先后顺序划分，前 70% 作为训练集，后 30% 为测试集。利用 Adam 算法优化模型，经过多次实验，得到 LSTM 最优参数设置：一次模型训练所取的样本数设置为 64；步长 S

设置为 3，即将 RF 选择的 3 个历史时刻的最优特征变量作为输入，输出 t 时刻的 VOCs 浓度预测值；学习率为 0.001；第一隐含层的神经元节点和全连接层神经元节点均为 100。根据式（8.4）~式（8.14）计算 RF-LSTM 模型的 VOCs 浓度预测值。

8.2.4.1　单个网格不同预测模型预测结果对比分析

为了验证基于 RF-LSTM 的 VOCs 浓度预测模型的有效性，分别建立了 RF、LSTM、RF-LSTM 三种 VOCs 浓度预测模型，对网格 92 的 VOCs 浓度进行预测，将三种模型预测结果及预测误差进行对比，如图 8.7 所示。

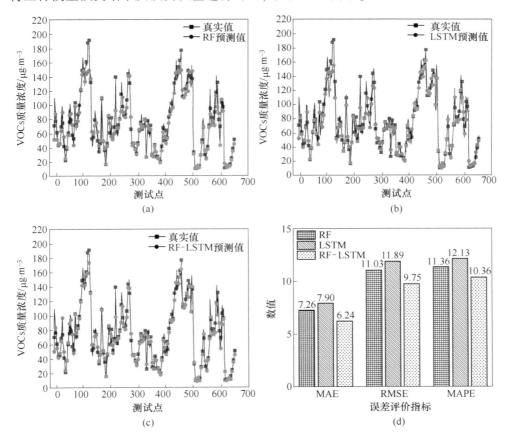

图 8.7　RF、LSTM、RF-LSTM 预测值与真实值拟合曲线及预测性能评价对比

（a）RF 预测结果；（b）LSTM 预测结果；（c）RF-LSTM 预测结果；（d）预测性能评价对比

从图 8.7（a）和图 8.7（b）中可以直观地看出 RF 预测模型和 LSTM 预测模型对于尖峰处的 VOCs 浓度预测值与真实值误差较大，而图 8.7（c）中 RF-LSTM 预测模型对于尖峰处的 VOCs 浓度值预测更精确，由此表明进行特征提取过的

LSTM 预测模型对 VOCs 浓度发生突变的预测更为精确。由图 8.7 (d) 可知，和 RF 预测模型相比，RF-LSTM 预测模型的 *MAE*、*RMSE*、*MAPE* 分别降低了 14.05%、11.60%、8.80%；和 LSTM 预测模型相比，RF-LSTM 预测模型的 *MAE*、*RMSE*、*MAPE* 分别降低了 21.01%、17.10%、14.59%。相比于其他两个模型，基于 RF-LSTM 的 VOCs 浓度预测模型在预测精度上均有一定提升。综合图 8.7 和以上分析可知 RF-LSTM 预测模型的性能优于 RF 预测模型和 LSTM 预测模型，且预测值与真实值曲线的拟合程度也更高。

8.2.4.2　有无监测站点网格预测结果对比分析

基于 RF-LSTM 模型在 VOCs 浓度预测上的优越性，利用 RF-LSTM 预测模型对一个有监测站网格和两个无监测站网格的 VOCs 浓度预测结果如图 8.8 所示。由图 8.8 (d) 和表 8.3 可知，有监测站网格和无监测站网格的预测误差相差不

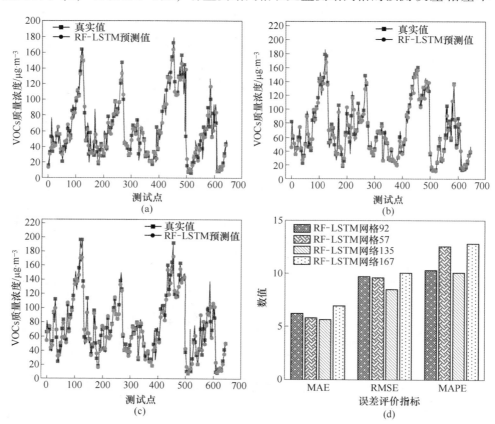

图 8.8　不同网格 RF-LSTM 预测值与真实值拟合曲线及预测性能评价对比

（a）网格 57 RF-LSTM 预测结果（有监测点）；（b）网格 135 RF-LSTM 预测结果（无监测点）；
（c）网格 167 RF-LSTM 预测结果（无监测点）；（d）不同监测网格 RF-LSTM 预测性能评价对比

大,在可接受范围,证明了基于 RF-LSTM 的 VOCs 预测模型在区域各个网格预测 VOCs 浓度的有效性。除此之外,还可以看出各个网格的 VOCs 浓度时间分布具有相似性。

表 8.3 不同网格 VOCs 浓度预测误差

网格	监测点	MAE	RMSE	MAPE
92	有	6.2382	9.7513	10.3553
57	有	5.8419	9.6234	12.6111
135	无	5.6893	8.5271	10.1012
167	无	6.9583	10.0806	12.8740

8.2.4.3 多步预测结果分析

以上 VOCs 浓度预测都是单步预测,是对未来某一时刻的 VOCs 浓度预测,但对 VOCs 浓度进行中长期多步预测是有效感知 VOCs 聚集的重要前提,因此使用基于 RF-LSTM 的 VOCs 浓度预测模型以网格 92 为例继续预测未来第二个小时、第三个小时的 VOCs 浓度结果,如图 8.9 所示。预测结果误差见表 8.4。由图 8.9 和表 8.4 可知随着预测步长的增加,整体预测误差指标缓慢增大,误差在可接受范围,进一步证明了预测模型的有效性。

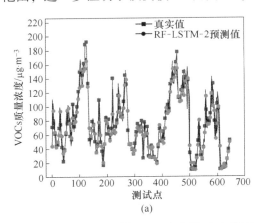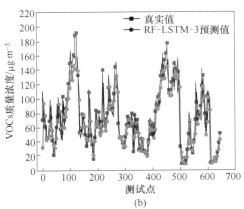

图 8.9 未来第 2h 和第 3h 的 VOCs 浓度预测结果

(a) 网格 92 RF-LSTM 未来第 2h 预测结果;(b) 网格 92 RF-LSTM 未来第 3h 预测结果

表 8.4 多步预测误差结果

预测时间/h	MAE	RMSE	MAPE
1	6.2382	9.7513	10.3553
2	8.1568	12.2972	13.4024
3	10.4932	15.2181	17.3418

8.2.5　态势感知分析

根据一步 VOCs 浓度预测结果，通过式（8.2）计算获得各个网格的 VOCs 聚集态势值 $S_k(t)$，将各个网格的聚集态势值的大小用不同深浅颜色的网格表示，颜色越深聚集态势值越大，最浅颜色网格的聚集态势值为 0。借助 GIS 软件得到如图 8.10 所示研究区域在 2019 年 12 月 08 日 14 时（$t=134$）各个网格的 VOCs 聚集态势分布。

图 8.10　2019 年 12 月 08 日 14 时（$t=134$）区域网格 VOCs 聚集态势分布图

通过式（8.3）计算区域整体的 VOCs 聚集态势值 $S(t)$，计算 $S(t)$ 的超出浓度限值的网格数与总网格数的比值时，将不完整网格当成完整网格来看待，$S(t)$ 部分结果展示如表 8.5 所示。区域整体的 VOCs 聚集态势走向如图 8.11 所示。

表 8.5　聚集态势值

t	max$W$	max$T$	$S(t)$	t	max$W$	max$T$	$S(t)$	t	max$W$	max$T$	$S(t)$
1	0	0	0.0000	50	1	1	1.0766	102	2	18	37.0000
2	1	1	1.0766	54	1	1	1.0766	106	2	18	37.0000
6	1	1	1.7066	58	1	3	3.2298	110	2	14	29.0000
10	0	0	0.0000	62	1	2	2.3064	114	3	18	55.0000
14	0	0	0.0000	66	0	0	0.0000	118	3	18	55.0000
18	0	0	0.0000	70	0	0	0.0000	122	3	20	61.0000
22	1	2	2.0766	74	1	4	4.6128	126	3	20	61.0000
26	1	2	2.1532	78	1	3	3.6128	130	2	18	37.0000
30	1	1	1.1532	82	1	6	6.4596	134	2	15	30.8426
34	1	4	4.1532	86	1	4	4.8426	138	0	0	0.0000
38	1	1	1.0766	90	1	8	8.9191	142	1	1	1.3830
42	0	0	0.0000	94	1	12	13.0000	146	1	2	2.2298
46	0	0	0.0000	98	2	16	33.0000	150	1	2	2.0766

由图 8.11 可知在多数样本时间内 $S(t)$ 为 0 或变化幅度较小，表明区域整体的 VOCs 浓度较小，发生聚集的风险低或者未发生聚集，不需要进行 VOCs 聚集预警。由图 8.11 和表 8.5 可知在第 94 小时（2019 年 12 月 06 日 22 时）$S(t)$ 开始大幅上升且态势值为整数 13.0000，说明区域整体 VOCs 浓度持续增大，VOCs 发生聚集，VOCs 聚集时间变长且聚集覆盖整个区域，应及时进行区域 VOCs 聚集预警。

结合图 8.10、图 8.11 和表 8.5 可知，在第 134 小时（2019 年 12 月 08 日 14 时），区域网格 VOCs 聚集态势分布图中，颜色最深即聚集态势最大的网格主要集中在两片区域，此时 $S(t)$ 下降至 30.8426，说明区域整体仍存在 VOCs 聚集的网格，发生 VOCs 聚集的区域面积占区域总面积的 84.26%，这与该时间段研究区域产生雾霾的情况相符。

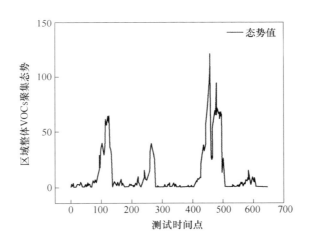

图 8.11 态势走向图

将 $S_k(t)$ 和 $S(t)$ 计算结果可视化，通过图 8.10 和图 8.11 可以直观地了解 VOCs 在 1km×1km 分辨率上的聚集态势分布和区域整体聚集态势走向。

最后，根据浓度预测生成的态势指标，参考文献 [23] 和 [24] 所介绍的计算方法计算区域整体的 VOCs 聚集态势值，计算结果如图 8.12 所示。图 8.12（a）的态势值表示每个时间点区域网格中最大的 VOCs 聚集程度等级权重和 VOCs 聚集范围的乘积，图 8.12（b）的态势值表示每个时间点区域网格中不同聚集程度等级下的网格数与之对应的等级权重的加权相加。和以上两种计算方法相比，本章提出的 VOCs 聚集态势值的计算结果传达了更多的信息，具有一定的实用性。

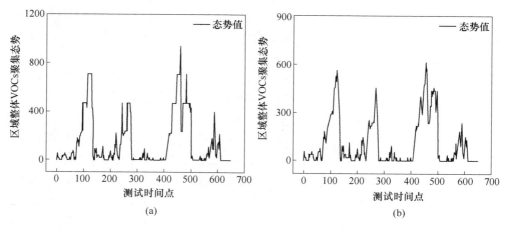

图 8.12　其他态势感知计算方法结果

（a）态势走向图；（b）态势走向图

8.3　本章小结

本章提出了一种以 VOCs 浓度预测为基础，对 VOCs 聚集进行态势感知的方法。为了提高 LSTM 预测模型的构建效率和预测精度，采用 RF 模型对 VOCs 相关特征进行重要性选择，构建了基于 RF-LSTM 的 VOCs 浓度预测模型，并在此基础上生成 VOCs 聚集态势指标，进行 VOCs 聚集态势感知分析。结果表明：提出的基于 RF-LSTM 的 VOCs 预测模型处理 VOCs 浓度时间序列比单独 RF 模型和 LSTM 模型预测精度高，预测平均绝对误差分别降低了 14.05% 和 21.01%；VOCs 聚集态势感知以区域网格态势分布和区域整体态势走向图的形式为管理者提供了简洁直观的 VOCs 聚集态势；最后，结合区域网格编号及坐标信息，精准定位未来 VOCs 聚集态势处于较严重的区域，可为管理者进行预警信息表达提供决策支持，对 VOCs 治理和环境保护具有重要意义。

参 考 文 献

［1］Yele S, Qi J, Zifa W, et al. Investigation of the sources and evolution processes of severe haze pollution in Beijing in January 2013 ［J］. Journal of Geophysical Research：Atmospheres，2014，119（7）：417~425.

［2］Huang R, Zhang Y, Bozzetti C, et al. High secondary aerosol contribution to particulate pollution during haze events in China ［J］. Nature（London），2014，514（7521）：218~222.

［3］Yang Xiaoxiao, Tang Lili, Zhang Yunjiang, et al. Correlation analysis between characteristics of VOCs and ozone formation potential in summer in Nanjing urban district ［J］. Environmental Science, 2016, 37 （2）: 443~451.

［4］ Ke Y, Ning X, Liang J, et al. Sludge treatment by integrated ultrasound-Fenton process: Charac-terization of sludge organic matter and its impact on PAHs removal ［J］. Journal of Hazardous Materials, 2018, 343: 191~199.

［5］ Yu Xiaofang, Cheng Peng, Gu Yinggang, et al. Formation potential of ozone and secondary or-ganic aerosol from VOCs oxidation in summer in Guangzhou, China ［J］. China Environmental Science, 2018, 38 （3）: 830~837.

［6］ Li Qi, Gui Li, Liu Ming, et al. Emission characteristics of anthropogenic VOCs in Xi' an city and its contribution to ozone formation potential and secondary organic aerosols formation potential ［J］. Research of Environmental Sciences, 2019, 32 （2）: 253~262.

［7］ Li Yan, Wang Chunzi, Huang Guangqiu, et al. A survey of architecture and implementation method on cyber security situation awareness analysis ［J］. Acta Electronica Sinica, 2019, 47 （4）: 927~945.

［8］ Ding Huadong, Xu Huahu, Duan Ran, et al. Network security situation awareness model based on bayesian method ［J］. Computer Engineering, 2020, 46 （6）: 130~135.

［9］ Wang Tingting, Zhu Jiang. Network security situation forecast based on differential WGAN ［J］. Computer Science, 2019, 46 （S2）: 433~437.

［10］ Zheng W, Joo J. Research on situation awareness of network security assessment based on dempster-shafer ［J］. MATEC Web of Conferences, 2020, 309: 2004.

［11］ Li Yong, Bai Yun, Li Chuan. Review of prediction model for air pollutants SO_2 ［J］. Sichuan Environment, 2016, 35 （1）: 144~148.

［12］ Wang Ping, Zhang Hong, Qin Zuodong, et al. $PM_{(10)}$ concentration forecasting model based on Wavelet-SVM ［J］. Environmental Science, 2017, 38 （8）: 3153~3161.

［13］ Li Yanhang, Zhai Weixin, Yan Hanqi, et al. Prediction of $PM_{(2.5)}$ hour concentration based on U-net neural network ［J］. Acta Scientiarum Naturalium Universitatis Pekinensis, 2020, 56 （5）: 796~804.

［14］ Zhang Zhen, Zhu Quanjei, Li Qingsong, et al. Prediction of mine gas concentration in heading face based on Keras long short time memory network ［J］. Safety and Environmental Engineering, 2021, 28 （1）: 61~67, 78.

［15］ Li Haitao, Shao Zedong. Review of spatial interpolation analysis algorithm ［J］. Computer Sys-tems & Applications, 2019, 28 （7）: 1~8.

［16］ Lu Xiaohan. Characteristics of O_3 and $PM_{(2.5)}$ complex pollution and the VOCs contribu-tions in Handan ［D］. Hebei University of Engineering, 2020.

［17］ Wen Xiaole, Zhong Ao, Hu Xiujuan. The classification of urban greening tree species based on feature selection of random forest ［J］. Journal of Geo-information Science, 2018, 20 （12）: 1777~1786.

［18］ Li Xuqing, Liu Shimeng, Li Long, et al. Automatic interpretation of spatial distribution of winter wheat based on random forest algorithm to optimize multi-temporal features ［J］. Transactions of the Chinese Society for Agricultural Machinery, 2019, 50 (6): 218~225.

[19] Dai Shaowu, Chen Qiangqiang, Liu Zhihao, et al. Time series prediction based on EMD-LSTM model [J]. Journal of Shenzhen University (Science and Engineering), 2020, 37 (3): 265~270.

[20] Qu Yue, Qian Xu, Song Hongqing, et al. Machine-learning-based model and simulation analysis of PM_ (2.5) concentration prediction in Beijing [J]. Chinese Journal of Engineering, 2019, 41 (3): 401~407.

[21] Zhao Wenfang, Lin Runsheng, Tang Wei, et al. Forecasting model of short-term PM_ (2.5) concentration based on deep learning [J]. Journal of Nanjing Normal University (Natural Science Edition), 2019, 42 (3): 32~41.

[22] Liang Tao, Xie Gaofeng, Mi Dabin, et al. Prediction of PM_ (10) concentration based on CEEMDAN-SE and LSTM neural network [J]. Environmental Engineering, 2020, 38 (2): 107~113.

[23] Wei Yong, Lian Yifeng, Feng Dengguo. A network security situational awareness model based on information fusion [J]. Journal of Computer Research and Development, 2009, 46 (3): 353~362.

[24] Xie Lixia, Wang Yachao, Yu Jinbo. Network security situation awareness based on neural networks [J]. Journal of Tsinghua University (Science and Technology), 2013, 53 (12): 1750~1760.

9 跨区域的 VOCs 污染传播预警方法

VOCs 污染传播预警的重点是预警指标的选取，指标选取要遵循一定的原则，并且指标间存在一定的关联。在众多对 VOCs 预警有影响的指标中，最重要的是浓度指标，浓度指标值根据第 6 章或第 7 章 VOCs 浓度的预测值；在筛选确定最终的预警指标后，通过对指标数据的处理，运用熵权法计算每个指标的权重，最后得到各子区域 VOCs 浓度超限预警综合评价指数，并确定不同层级下子区域所属的预警等级范围。

9.1 VOCs 污染预警分析

"预警"指事先的警告，用于提醒系统可能在将来出现的不平衡状态[1]，这个概念广泛应用于环境领域，其理论基础是提前采取预防措施用于污染发生之前的准备，建立以信息为支持的环境预警系统[2]，不仅对环境管理研究有重要的意义，更是社会可持续发展的重要措施。环境预警是指对于会影响环境程度的因素，比如经济、交通、社会等进行预测，估计可能出现的警情，并提前采取管控措施降低环境受到影响的过程，它具有超前性和预见性的特点。环境污染的预警主要还是在于污染事故发生前的提防，对各种可能引起污染事故的源头进行预处理，及时掌控危害[3]。在环境预警的理论和方法研究中，环境评价是预警的重点，当缺乏对生态环境的预测时，不易于实施环境系统的区别性发展。环境预警方法包括预测和评价方法，预测方法不仅考虑变量自身的规律，还考虑变量间的相关关系，利用数学方法和模型，对比变化趋势作出定量的估计，在预测的基础给出预测值的好坏等级区间；评价的方法有灰色聚类分析、变异系数法、熵权法等。环境预警方法的应用主要集中在地质灾害、水质变坏和大气污染等方面，还有部分应用于土地利用、旅游安全及森林系统防灾等方面。大气污染预警研究中常见的有基于数值模式和统计模式的预警，目的是对未来的大气污染发展状况提前把握，并构建预警机制。因此，大气污染预警的研究不仅能促进环境精细化管理，也是人类生存和发展的基础。VOCs 污染物基于自身易扩散、易挥发等特点，引发了很多污染，对人们生活的方方面面以及自身健康造成影响，是近些年需要解决的一个重点和难点问题，VOCs 预警有助于实现环境的提前管控，并积极采取措施来降低损失。

9.2　VOCs 预警指标体系的建立

"指标"是指能够反映事物或现象的量化信息。VOCs 污染预警指标可以表征、判断、评价 VOCs 污染程度，由若干个相评价互关联的指标组成一个有机体，以指标体系为基础和前提，进行预测和评价研究，将评价对象解析为可以操作的结构，并对每一个指标的权重赋值，指标的变化反映污染物减排形式的变化，并构成层次化、结构化的指标体系。预警指标体系是预警的重要步骤，它是污染指标的有机结合体，由一系列相互关联的、能反映污染变化的指标组成。

9.2.1　预警指标选取原则

在预警指标选取的过程中，不仅要考虑当下反映污染状况的指标，还要考虑引起污染发生的根源指标，以及可能导致污染加重的一些其他指标，指标选取的原则如下：

（1）科学性原则。所选取的指标有一定的理论依据，能真实反映 VOCs 污染发展趋势和实际影响较大的因素，有明确的物理意义和生态学意义。

（2）全面性原则。VOCs 污染传播呈现出复杂性和过程性的特点，对众多有影响的指标进行综合考虑来选取，尽可能包含 VOCs 污染的各个方面，做到全面覆盖和不遗漏，否则可能会影响预警结果，

（3）针对性原则。根据对 VOCs 污染预警有影响的主要因素来选取，在生产和生活过程中一些产生 VOCs 的人为因素以及各种社会因素等都需要考虑。相关指标的选取结合自身的特征考虑，遵循指标选取中的客观因素。

（4）可行性原则。所选取的指标能够在大数据的环境下方便有效获得，并对污染物预警作出正确的评价，保证预警指标数据全面性的同时也要保证其容易获取，并且数据的权威性较高，可为预警分析提供依据。

9.2.2　初级预警指标筛选与关联性分析

在预警指标体系的构建中，通过对警源的分析、警兆的辨识和警情的判断来表达 VOCs 污染传播过程。警源指标是造成 VOCs 污染的源头；警兆指标是当 VOCs 浓度超过环境自身的净化水平时，造成环境污染形成的污染风险前兆；警情指标是当下的 VOCs 污染问题对社会活动造成的影响。

警源指标包括自然指标、企业生产指标和交通运输等与 VOCs 产生相关的指标。警源指标选取的依据是考虑 VOCs 的产生及传输过程中的影响因素，其中自然环境指标是环境因素，与 VOCs 污染的传播、扩散等过程有关，包括温度、湿度、风向、降水、森林覆盖率、空气质量优良天数等。VOCs 在空气中容易扩散，因此在传输过程受到一定自然因素的影响，在这种情况下当污染途经一个子区域

时, 对其他子区域贡献了部分浓度。企业生产中尤其是工业企业的生产是产生 VOCs 主要源之一, 因此企业生产指标包含排放 VOCs 企业数量、工业源 VOCs 企业数目、工业源企业在行业中的占比等; 交通运输指标主要包括机动车数量、车辆燃油使用量等, 由于近几年机动车保有量不断增加, 车辆行驶过程中对 VOCs 污染的贡献很大。

警兆指标包括经济指标和城市生活指标, 警兆指标选择的依据是当前造成的污染看似不会对人们的生产生活造成影响, 但长期下去会威胁到整个社会的生存环境。经济与环境之间相互影响, 经济发展水平的高低与环境治理的能力存在关联性, 环境是经济发展的重要因素, 经济政策的推出和发行也影响环境治理策略。初步筛选的经济指标有 GDP 年增长率、人均 GDP、不同产业所占的比例、农业总产值等; 城市与生活指标指城市生活中也产生部分 VOCs, 常见的指标有城镇人口比重、城市人口密度、秸秆燃烧率等, 当城市人口增多时, 工业化造成的污染也会加重, 而农村化肥使用和秸秆的燃烧过程中也会产生部分 VOCs。

警情指标包括 VOCs 浓度和污染治理两方面, 即当前的污染问题对人们社会生活的影响以及污染治理。浓度指标指的是 VOCs 浓度的预测值, 是预警指标中最重要的因素, 通过随机森林算法获得。预警的基础是预测值与限值的大小比较, 当超出限值时提前预警并采取预防措施, 并在发生污染时准确地预报污染物变化趋势, 所以浓度指标的大小在很大程度上决定了污染预警的结果, 对预警等级判断有重要意义。污染治理指标是当 VOCs 使得环境系统遭到损害时, 根据相关的标准进行治理的一种手段和方法, 反映污染治理的指标包括环境污染治理年增长率、废气处理率、消烟除尘率等。

各指标要素间存在着关联性。警源指标是污染发生的根源, 而警兆位于警源之后、警情之前, 警情是在警源和警兆作用下污染对人们社会生活和自然环境的作用。在警源、警兆和警情下所属的各指标中最主要的指标是浓度指标, 预警的前提是通过预测得到的各子区域 VOCs 浓度值, 为预警等级的划分和综合评价提供依据。自然环境指标对 VOCs 产生及扩散的各个过程的浓度值有一定的影响, 同时浓度指标的高低也对自然要素有影响, 会造成环境中 VOCs 的污染, 进而对人类社会活动造成危害。企业生产和交通运输是产生 VOCs 的主要根源, 污染产生后在自然因素的作用下污染发生扩散和转移, 当空气中污染物含量过高时企业生产活动和交通运输也会受到牵制。经济指标因素与自然指标相辅相成, 高速的经济发展带动了自然生态的合理化, 生态环境越好经济发展越平衡, 同时经济指标因素与企业生产活动也相互影响, 工业企业的发展带动了经济发展, 但对于生产过程中产生的污染也需要政治经济政策来治理和防护。城市与生活水平也取决于经济发展高低, 当城市人口增多时, 会促进工业的发展, 同时资源也会越来越紧张, 环境污染加剧。当 VOCs 排放浓度的增加导致环境污染, 此时需要进行污染治理，通过各个阶段的污染治理与防控，不仅能促进人们城市生活的水平提高，还能提高经济发展的速度。因此，各个预警指标之间存在相互联系，同时又互相影响和制约，组成了完整的指标体系，初步筛选的预警指标如图9.1所示。

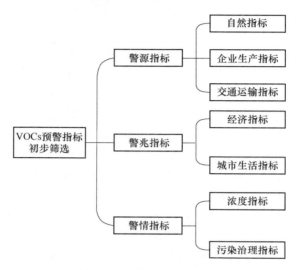

图9.1　预警指标初步筛选

9.2.3　最终预警指标体系

对于初步筛选的VOCs预警指标，去除没有特征意义和指向不明显指标，最后得到最优的预警指标体系，如表9.1所示。

表9.1　VOCs预警指标体系

预警指标	一级指标	二级指标	单　位
警源指标	自然指标	气温	℃
		风速	m/s
		降水	mm
	企业生产指标	排放VOCs企业数目	个
		工业源VOCs企业数目	个
	交通运输指标	交通运输量增长率	%
		机动车保有量	万辆
警兆指标	经济指标	GDP年增长率	%
		第二产业比例	%
	城市与生活指标	城镇人口比重	%
		城市人口密度	人/平方公里
		农用化肥施用量	万吨

预警指标	一级指标	二级指标	单 位
警情指标	浓度指标	VOCs 浓度	$\mu g/m^3$
	污染治理指标	环境污染治理投资年增长率	%
		废气处理率	%

9.3 VOCs 预警综合评价

9.3.1 预警指标数据处理

在进行预警研究时, 由于评价指标存在趋向性、量纲和量级差别, 因此为了使评价结果具有可比性, 排序客观、公正和合理, 就必须先对评价指标的原始值进行若干 "预处理"、类型一致化和无量纲化处理[4]。VOCs 预警指标涉及各个方面, 指标间是存在相互影响的, 但同时也有不同之处, 不同指标的单位也不相同, 为了确保预警结果的精确性和系统科学性, 首先得进行无量纲化的处理。无量纲化处理时为了确保各序列间的相对合理性, 各项预警指标要去掉序列值的量纲。数据标准化处理的方法主要有总和标准化、标准差标准化、极值标准化和极差标准化[5]。采用极值法时, 在计算过程中首先列出原始矩阵 $\boldsymbol{T} = \left[t_{ij} \right]_{n \times m}$, 见式 (9.1):

$$\boldsymbol{T} = \begin{Bmatrix} t_{11} & t_{12} & \cdots & t_{1m} \\ t_{21} & t_{22} & \cdots & t_{2m} \\ \vdots & \vdots & & \vdots \\ t_{n1} & t_{n2} & \cdots & t_{nm} \end{Bmatrix} \qquad (9.1)$$

式中, t_{ij} 为第 i 个子区域下的第 j 个预警指标的数值。

使用极值法时, 使数值在 [0, 1] 这个区间内。VOCs 预警指标的正向指标的值变大时, 警情的稳定性越高; 负向指标值越大预警评价结果越差, 预警级别升高。采用极值处理法, 分别用正向和负向标准化公式处理原始矩阵, 如式 (9.2)、式 (9.3) 所示。

正向指标的标准化处理:

$$t'_{ij} = \frac{t_{ij} - \min(t_{ij})}{\max(t_{ij}) - \min(t_{ij})} \qquad (9.2)$$

负向指标的标准化处理:

$$t'_{ij} = \frac{\max(t_{ij}) - t_{ij}}{\max(t_{ij}) - \min(t_{ij})} \qquad (9.3)$$

式中, t'_{ij} 为预警指标经过标准化处理后的无量纲值; $\max(t_{ij})$ 为第 i 个子区域在

第 j 个预警指标下子区域VOCs浓度最大值；$\min(t_{ij})$ 为第 i 个子区域第 j 个预警指标子区域 VOCs 浓度最小值。

9.3.2　预警指标权重的计算

在预警体系中指标权重的计算表示了其相对重要程度，对指标权重的研究主要分为以下几种。（1）主观赋权法较多地依赖于决策者的主观判断，决策者可以根据待决策的实际问题和自身的知识经验，合理地确定影响决策的各指标权重的排序[6]。（2）利用客观赋权法确定指标权重是基于各种数学模型和方法进行的，客观性较强，但是该方法利用观察数据提供的信息来确定权重，计算过程相对复杂[7]。常用的主观赋权法包括最小平方法、层次分析法、环比平方法等；客观赋权法主要有变异系数法、熵权法等；综合赋权法由各种集成法组成。

本章采用熵权法来赋值，赋值确定过程通过度量不确定因素来实现，熵的大小与不确定性成正比，与信息量成反比，运用熵权法的具体过程如式（9.4）~式（9.7)所示。

$$f_{ij} = \frac{t'_{ij}}{\sum\limits_{i=1}^{n} t'_{ij}} \tag{9.4}$$

式中，f_{ij} 为第 j 个预警指标下第 i 个子区域的预警指标值的占比；i 的范围为 $1 \leqslant i \leqslant n$，$j$ 的范围为 $1 \leqslant j \leqslant m$。

$$e_j = -g \sum\limits_{i=1}^{n} f_{ij} \cdot \ln f_{ij} \tag{9.5}$$

式中，e_j 为第 j 个指标的熵值，其中 $g = 1/\ln n$。

$$d_j = 1 - e_j \tag{9.6}$$

式中，d_j 为第 j 个预警指标的差异系数，d_j 的值影响预警指标信息效用的效果，信息效用与权重值的大小成正比。

$$w_j = \frac{1 - e_j}{\sum\limits_{j=1}^{m} (1 - e_j)} = \frac{d_j}{\sum\limits_{j=1}^{m} d_j} \tag{9.7}$$

式中，w_j 为第 j 个指标的权重值。

9.3.3　VOCs 预警综合评价和等级划分

综合评价对多个研究指标一起评价，并选择最优指标或按照大小排序，针对研究对象，运用方法或模型，对被评价的样本作出定量性的判断。熵权法与其他综合评价方法相比，可以根据样本数据本身的数据特征判断权重，并且可信度更高[8]。VOCs 预警综合评价是通过建立预警指标体系，计算模型中各子区域的综合得分，并判断所属的预警等级区间。子区域 A_i 的预警综合指数 z_i 如式（9.8）所示。

$$z_i = \sum_{j=1}^m w_j t'_{ij} \tag{9.8}$$

VOCs 预警等级的划分参考雾霾预警等级、城市大气污染预警等级和污染减排预警等级。我国气象局将雾霾预警等级分为三级，反映不同的雾霾污染程度；各城市大气污染预警等级划分根据 AQI 的值来确定，采用三级预警或四级预警划分的方法；污染减排预警根据污染减排预警安全指数所属的区间，界定为四级或五级预警级别[9]。VOCs 是雾霾形成的重要前体物质，也是城市 VOCs 污染物的组成部分。由于 z_i 是一个综合性表达值，位于 0~1 之间，所以根据污染严重程度将 VOCs 预警的警情划分为 P_1、P_2、P_3、P_4 等不同的范围区间，其中 P_1、P_2、P_3、P_4 分别表示一级预警、二级预警、三级预警和四级预警，用不同颜色表示 VOCs 在不同等级区间的警情，并对不同子区域进行预警定级。预警等级划分如表 9.2 所示。

表 9.2 预警等级划分表

预警综合指数	0~0.2	0.2~0.5	0.5~0.8	0.8~1
预警等级	一级	二级	三级	四级
预警信号	蓝色	黄色	橙色	红色

分析不同的子区域中所属不同预警等级的概率时，对每一个子区域的预警警情定级，z_i 所属区间的概率 P_i 为：

$$P_i = \frac{n_i}{N} \tag{9.9}$$

式中，n_i 为属于第 i 个预警等级区间的子区域个数；N 为子区域的总个数；当 $P_i = \max\{P_1, P_2, P_3, P_4\}$ 时，该子区域的预警等级为 i 级。

9.4 基于指标预警模型的综合评价

9.4.1 指标权重的计算

在以陕西省各区县（三级云网格）为子区域时，根据预警指标体系最终确定的 7 个一级预警指标和 15 个二级预警指标，对正向指标和负向指标分别按照式（9.2）和式（9.3）计算，并根据式（9.1）对指标数据预处理，然后采用熵权法计算各个指标的权重值，如表 9.3 所示。

表 9.3　VOCs 预警指标权重

预警指标	一级指标	二级指标	权重
警源指标	自然指标	气温	0.021
		风速	0.047
		降水	0.027
	企业生产指标	排放 VOCs 企业数目	0.038
		工业源 VOCs 企业数目	0.041
	交通运输指标	交通运输量增长率	0.061
		机动车保有量	0.069
警兆指标	经济指标	GDP 年增长率	0.042
		第二产业比例	0.126
	城市与生活指标	城镇人口比重	0.055
		城市人口密度	0.056
		农用化肥施用量	0.028
警情指标	浓度指标	VOCs 浓度	0.239
	污染治理指标	环境污染治理投资年增长率	0.083
		废气处理率	0.067

　　由表 9.3 可知，浓度指标的影响最大，说明 VOCs 预警是以预测浓度为依据，浓度的高低对预警结果有很大的影响；其次为经济指标中的第二产业比例、污染治理指标中的环境污染治理投资年增长率、交通指标中的机动车保有量等，说明经济增长和污染治理对 VOCs 浓度污染有不可忽略的贡献。通常，机动车和燃油在使用时能产生大量 VOCs，并造成区域性的污染，在这种情况下通过增加环境污染治理投资来推进环境的治理与防控；城市与生活指标中城镇人口比重和城市人口密度对 VOCs 预警的作用相对不高，但也说明城市人口的增加和变动会影响 VOCs 浓度；自然指标中的气温、降水的权重值最小，对 VOCs 预警结果的贡献最低，但其影响同样是不可忽略的。

9.4.2　预警等级与综合评价

　　通过污染预警模型的计算，得到了陕西省不同区县预警等级与警情分布，根据式（9.8）、式（9.9），对于预警综合指数的所属区间和预警等级的确定，如表 9.4 所示。

表 9.4 陕西省各区县预警等级概率及警情

区域	预 警 等 级				
	1	2	3	4	级别
未央区	2.0%	13.3%	84.7%	0.0%	3
灞桥区	0.0%	7.8%	92.2%	0.0%	3
长安区	0.0%	70.9%	29.1%	0.0%	2
泾阳县	0.0%	61.9%	24.6%	0.0%	2
…	…	…	…	…	…
秦都区	0.0%	61.2%	23.65%	0.0%	2

根据表 9.4,可以得出陕西省各个区县的预警级别,由区县间的预警数据可以得到各地级市的预警级别,最后得到陕西省 VOCs 预警级别。在预警等级的判断中,由每个区县所属的最大预警等级来确定。依据预警级别判断 VOCs 的污染程度,一级为蓝色预警,表示子区域预警综合指数在 [0,0.2] 区间内,VOCs 污染程度相对较轻;二级为黄色预警,预警综合指数在 [0.2,0.5] 区间内,VOCs 污染程度与蓝色预警相比较严重,如表 9.4 中长安区、泾阳县和秦都区;三级为橙色预警,预警综合指数在 [0.5,0.8] 范围内,如表 9.4 中的未央区和灞桥区;四级为红色预警,预警综合指数在 [0.8,1] 范围内,此时 VOCs 污染十分严重。对于处于预警级别较高的地区提前采用防范措施,对于预警级别不高的地区,也应制定相应的政策控制 VOCs 浓度与总量。

9.5 本章小结

本章主要介绍 VOCs 污染指标预警的方法。在指标预警中首先选择各个对预警过程影响较大的预警指标,获得最终预警指标后采用熵权法计算各指标的权重,并进行子区域预警综合评价和警情级别的判断。根据本章并结合前几章的研究提出的改进与建议如下:

(1)将网格化管理应用于关联区域间污染的联防联控研究。网格化管理是区域精细化管理的关键步骤,也是污染防治的基础,每一级网格中心管理人员将网格的信息(包括网格数据、网格点的污染情况、网格内排放源的图片和视频等资料)进行信息横向和纵向共享。横向基础上某网格的信息为所属部门分析排放源提供历史数据,根据历史数据可以预测潜在污染趋势;纵向基础上该网格将信息依次上传到上级云网格中心,最后汇总至一级(顶层)云网格管理中心。当一组基础网格数据显示的 VOCs 总浓度或某成分浓度超出标准时,根据网格编码唯一确定所属的网格,同时将信息记录档案。同一基础网格内污染再次出现时,对档案记录更新,对每个基础网格的污染实时监测和汇总。

　　（2）利用关联区域内子区域间的污染影响程度，对相关子区域实行防控措施。监督每个子区域中的各个重污染企业的污染浓度，出台相应的政策，减少对环境的污染和危害。对不同层级中每个子区域在一定的时间段内的 VOCs 排放总浓度、平均浓度、同比增长（减少）百分比排序，排名靠后者为重点监督对象，并将基础网格和污染源信息公布，同时进行 VOCs 源头控制、过程监管和末端处理。VOCs 源头控制可以通过设备优化、原料质量改进、使用 VOCs 代替品等方面实现，识别基础网格中不同类型排放源，使用低挥发性或清洁性材料减少原料中 VOCs 含量；过程监管对不同行业不同排放源的施工工艺对比；末端治理对不同排放源产生的 VOCs 首先鼓励回收利用，当不适合回收或回收率不高时采用销毁技术。

　　（3）建立健全 VOCs 污染预测和预警机制。通过污染问题的发现来预警溯源，降低污染的危害程度。将组织体系按照网格层级合理地调动，及时发现问题，让每一个层级的工作人员都参与到问题的跟进与反馈中。每级云网格中心有总任务目标，云网格中心内工作人员有各自的分目标，精细具体的工作目标对应需要承担的责任。当出现某次由 VOCs 造成的污染事故时，先追查一级云网格中心的责任，包括排放标准的推行、收取超标费用的检查、排污任务分配等；接着追查二级云网格中心的责任，包括任务实施过程的监督、标准含义的解读等；最后追责到企业和个人，调查发生事故的详细原因，对于生产过程违规、生产设备和原材料不符合标准等造成超值排放，责任过错方承担相应的责任。

参 考 文 献

［1］Lin Xialv, Wang Xiaofeng, Wang Yuhan, et al. Optimized neural network based on genetic algorithm to construct hand-foot-and-mouth disease prediction and early-warning model ［J］. International Journal of Environmental Research and Public Health, 2021, 18（6）：2959.

［2］Liu Yun, Chen Xin, Jia Liming, et al. The effect and research of environmental analysis software in environmental early warning under the background of big data ［J］. Journal of Physics：Conference Series, 2021, 1732（1）：572~588.

［3］刘淑容. 环境污染预警及其综合防治 ［J］. 能源与环境, 2017（1）：70, 72.

［4］徐林明, 李美娟. 动态综合评价中的数据预处理方法研究 ［J］. 中国管理科学, 2020, 28（1）：162~169.

［5］童彦, 朱谷生, 张梅芬, 等. 云南城市生态环境与农村生态环境耦合协调管线分析 ［J］. 亚热带水土保持, 2016, 28（2）：12~15.

［6］邓宝. 基于组合赋权法的指标权重确定方法研究与应用 ［J］. 电子信息对抗技术, 2016, 31（1）：12~16.

［7］颜惠琴, 牛万红, 韩惠丽. 基于主成分分析构建指标权重的客观赋权法 ［J］. 济南大学学

报（自然科学版），2017，31（6）：519~523.

［8］周瑾. 基于熵值法的上海市大气污染排放水平综合评价研究［J］. 上海节能，2020（10）：
       1141~1144.

［9］李婷. 基于人工神经网络的污染减排预警系统研究［J］. 现代电子科技，2017，40（9）：
       183~186.

10 关联区域内 VOCs 危害程度评价

由于 VOCs 会对环境和人体健康产生危害，因此为有效监管 VOCs 危害状况、防止危害的发展，需要对 VOCs 危害程度进行评价。为方便开展研究，以下研究内容中将受到 VOCs 污染危害的关联区域统称为目标区域。本章根据 VOCs 危害对象的类型，建立 VOCs 导致大气环境子系统、地表自然生态环境子系统和人体健康子系统受损的系统动力学模型，以 VOCs 导致这三个子系统经济损失数额来衡量 VOCs 危害程度指数大小。本章内容可以判断目标区域在确定时间的 VOCs 危害程度指数等级，并可以确定目标区域在一定时间序列内 VOCs 危害程度指数的发展趋势，为污染治理时间和治理措施的选取提供有效参考，从而预防目标区域产生更严重的污染，也为目标区域何时需要进行 VOCs 危害程度成因解析作出基础判断。

10.1 VOCs 产生危害的作用机理

10.1.1 VOCs 对环境危害的作用机理

VOCs 对环境的影响可根据作用的对象分为对大气环境的影响和对地表自然生态环境的影响。VOCs 不仅会导致空气环境酸化和湖泊富营养化，还会产生臭氧污染和二次有机气溶胶污染，从而降低空气环境质量[1]。而 VOCs、二次有机气溶胶（SOA）和 $PM_{2.5}$ 这三者之间存在一定的相关关系，首先 VOCs 可在大气环境中被一些自由基等物质氧化，发生化学反应后会产生各种具有不同挥发性的物质，比如有些 VOCs 产生的具有较低挥发性的物质可以部分转化为二次有机气溶胶（SOA），而二次生成的有机气溶胶 SOA 对气溶胶的贡献可达 20%～80%[2]，且 $PM_{2.5}$ 中重要的组成成分就是气溶胶，其占 $PM_{2.5}$ 质量浓度的 20%～90%[3]。由此可以得到 VOCs、二次有机气溶胶和 $PM_{2.5}$ 之间的量化关系。不仅如此，VOCs 在氧化性较强的条件下会转化成细颗粒物 $PM_{2.5}$，从而造成雾霾。具体 VOCs 发生的化学反应及其产物如图 10.1 所示。

VOCs 所能生成的产物比较多，并且对环境存在着较大的危害。由于气溶胶颗粒中具有含氧、含氮等一些极性官能团，会使得气溶胶具有更强烈的极性和吸湿性能，气溶胶存在于大气中，会导致大气能见度下降，也会导致灰霾天气的形

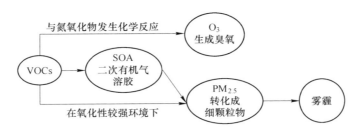

图 10.1 VOCs 的化学反应及其产物

成和气候产生变化[4]，不仅如此，气溶胶也会对人体健康具有较大的危害。因此，要想减轻大气颗粒物污染、完全消除光化学烟雾以改善大气环境质量，就必须对 VOCs 进行控制，才能达到较好的污染治理效果[5]。

10.1.2 VOCs 对人体健康危害的作用机理

VOCs 具有基因毒性，对人体的神经、造血、免疫系统和各器官具有伤害性[6]，也会对人体的肝脏、肾脏、大脑造成一定程度的损害。VOCs 对人的影响与其浓度有关，当 VOCs 浓度在人体内达到一定量时，会出现头晕、四肢乏力等情况，甚至严重时会出现抽搐、休克等症状。Boeglin 等[7]为探索 VOCs 和人体患癌症之间的相关性，采用了三种模型进行研究，结果发现 VOCs 除了会使得人体患肺癌，对大脑、神经以及其他内分泌系统等也具有致癌性。世界卫生组织国际癌症研究中心的《世界癌症报告 2014》中罗列了 18 类环境污染物，这些污染物均会导致人体患癌，其中包含很多种 VOCs 组分，如苯、甲醛、三氯乙烯、环氧乙烷、多氯联苯等[8]。其中甲醛是具有较高毒性的物质，根据流行病学调查结果显示，人体暴露在甲醛浓度越高的环境中，鼻咽癌发病率上升得越快，表明两者之间存在正相关关系。除此之外，苯系物的毒性也较高，现已被列为致癌性比较严重的物质，它主要是通过呼吸道和皮肤接触侵入人体，从而导致人体中毒，因此使用苯系物来代表 VOCs 开展研究具有重要的实际意义。

10.2 关联区域内 VOCs 危害过程分析

根据自然环境的组成要素判断 VOCs 危害的对象类型，以此将 VOCs 的危害分为对大气环境的危害、地表自然生态环境的危害以及人体健康的危害，并由此分析 VOCs 产生危害的过程和结果，为相关评价研究做准备。

10.2.1 VOCs 对大气环境的危害

在文献［9］、文献［1，2］以及关于 VOCs 对大气环境的作用机理相关分析中阐述了 VOCs 与臭氧污染的关系及 VOCs、二次有机气溶胶（SOA）和 PM$_{2.5}$这三者之间的关系，可知 VOCs 发生反应会产生 SOA，导致空气环境中气溶胶浓度增加；而气溶胶又是 $PM_{2.5}$ 中的重要组分，从而会导致 $PM_{2.5}$ 浓度增加。当空气中 $PM_{2.5}$ 浓度较高时，会导致雾霾天气的产生。另外，VOCs 与 NO_x 发生化学反应会产生臭氧（O_3），使得空气环境中 O_3 浓度的增加，从而产生臭氧污染。因此，选择由 VOCs 导致的雾霾污染和臭氧污染来描述 VOCs 对大气环境产生的危害，其具体危害过程和结果如图 10.2 所示。

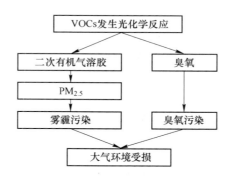

图 10.2　VOCs 对大气环境的危害过程分析图

10.2.2　VOCs 对地表自然生态环境的危害

根据文献［1］及相关分析可知 VOCs 具有毒性，会对地表自然生态系统产生危害作用。VOCs 通过降雨和沉降的方式进入地表的水体环境和土壤环境中，导致水体和土壤中 VOCs 浓度较高，影响地表各种水生生物和陆生生物的存活和生长，从而危害着地表各个生态子系统。VOCs 进入水体后对水中生物具有毒性作用，导致其死亡率增加，破坏湖泊生态环境。VOCs 进入土壤后会引发草地、森林和耕地土壤污染问题，这会使得草、树木和农作物的抵抗能力下降，影响草、树木和农作物的正常生长，导致草地面积和森林面积退化以及农作物产量下降，破坏草地、森林和耕地生态环境子系统；而草地面积和森林面积的退化又会导致水土流失面积的增加。但是，地表自然生态环境具有一定的自我修复能力去减少自身所受到的危害。因此选择由 VOCs 导致的土壤污染和水体污染，进而造成各相关指标的增加来描述 VOCs 对地表自然生态环境造成的危害，其具体危害过程和结果如图 10.3 所示。

10.2.3　VOCs 对人体健康的危害

根据文献［10~12］及相关分析，VOCs 中的很多组分如苯系物、甲醛等对人体具有严重的毒性和致畸致癌作用，可导致人体出现很多方面的病症和癌症。VOCs 通过呼吸道、皮肤等进入人体，会导致人体的呼吸和神经等系统受到严重

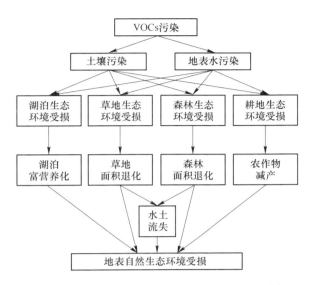

图 10.3　VOCs 对地表自然生态环境的危害过程分析图

伤害，当人体中的 VOCs 浓度达到一定值时，会导致人体血液和肝脏等器官的病变以及各种急慢性疾病和癌症发病率的持续上升。因此选取 VOCs 导致的最常见的癌症和呼吸系统疾病这两种疾病来描述 VOCs 对人体健康产生的危害，其具体危害过程和结果如图 10.4 所示。

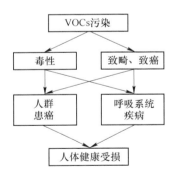

图 10.4　VOCs 对人体健康的危害过程分析图

10.2.4　VOCs 危害过程综合分析

如果 VOCs 会造成环境污染和人体健康受损，那势必就会产生相应的经济损失，因此在上述关于 VOCs 对大气环境、地表自然生态环境和人体健康的危害性分析的基础上，用 VOCs 对这三个子系统造成的经济损失来表征 VOCs 危害的严重程度，并由这三个子系统共同构成 VOCs 危害程度评价的综合系统，如图 10.5 所示。

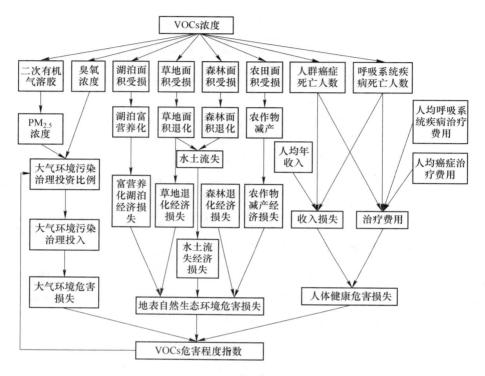

图 10.5　VOCs 危害程度评价的综合系统图

10.3　关联区域内 VOCs 危害程度系统动力学评价模型构建

由于 VOCs 危害程度评价是一个复杂的动态过程，且需要观测一定时间序列内 VOCs 危害程度指数的变化趋势，而系统动力学方法（system dynamics，SD）具有强大的计算和预测能力，因此采用系统动力学进行 VOCs 危害程度评价模型的构建。

10.3.1　模型因果关系图

在建立模型因果关系图时，若两个变量存在因果上的正负相关关系时，可以分别用带正负号的箭头来加以表示。依据图 10.5 中 VOCs 危害程度评价的综合系统图分析出各个变量之间的因果关系和存在的正负反馈作用，并根据这种因果关系表示方法，采用 VensimPLE 软件绘制 VOCs 危害程度评价的系统动力学模型因果关系图，如图 10.6 所示。

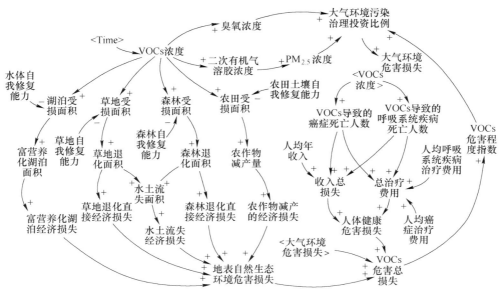

图 10.6　VOCs 危害程度评价的系统动力学模型因果关系图

在 VOCs 危害程度评价的 SD 模型因果关系图中，通过确定各个变量之间的正负因果关系，发现 VOCs 危害程度评价系统中含有的两条因果反馈回路如下：

（1）VOCs 浓度→+臭氧浓度→+大气环境污染治理投资比例→+大气环境危害损失→+VOCs 危害总损失→+VOCs 危害程度指数→+大气环境污染治理投资比例

（2）VOCs 浓度→+二次有机气溶胶浓度→+PM$_{2.5}$浓度→+大气环境污染治理投资比例→+大气环境危害损失→+VOCs 危害总损失→+VOCs 危害程度指数→+大气环境污染治理投资比例

10.3.2　系统动力学模型流图

系统动力学模型中的水平变量表示物理量的积累水平，速率变量表示水平变量的变化率[13]。根据对 VOCs 危害程度评价因果关系图的分析，明确 VOCs 危害程度指数大小是由大气环境危害损失、地表自然生态环境危害损失、人体健康危害损失数额以及目标区域的 GDP 共同决定的。因此根据所要解决的问题对各变量进行分类，将因果关系图中大气环境危害损失、地表自然生态环境危害损失和人体健康危害损失均设置为状态变量，将三个状态变量的年增加量设置为速率变量，并添加其他相关变量，采用专业软件 VensimPLE 建立完整的 VOCs 危害程度评价的系统动力学模型流图，如图 10.7 所示。

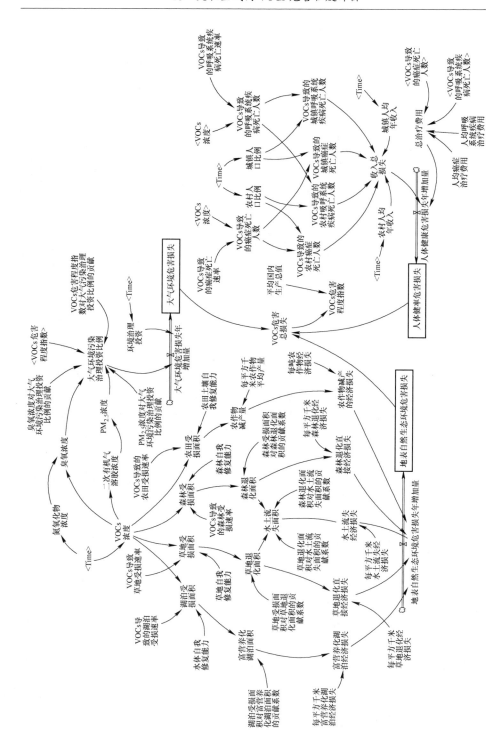

图 10.7　VOCs 危害程度评价的系统动力学模型流图

10.3.3 VOCs 危害程度指数分级

由于 VOCs 所产生的危害具有一定的积累性,因此可以用 VOCs 所造成的经济损失来衡量目标区域的 VOCs 危害程度指数高低。本章采用公式(10.1)计算 VOCs 危害程度指数[14]:

$$F = \frac{EL}{G} \tag{10.1}$$

式中,F 为 VOCs 危害程度指数;EL 为 VOCs 造成的目标区域经济总损失(包括大气环境、地表自然生态环境和人体健康三方面的危害损失);G 为目标区域在研究时间段的年平均国内生产总值。

式(10.1)表明可以通过经济损失数额大小来判断目标区域的 VOCs 污染程度大小。从经济角度可以看出,VOCs 造成的经济损失占目标区域的 GDP 的比例越大,表明目标区域在研究年份的危害程度指数越高,标示着该年的 VOCs 污染越严重。

VOCs 危害程度指数分级是对 VOCs 产生危害大小的合理反映,因此对 VOCs 危害综合系统做出准确的等级划分是进行危害程度评价的基础。为了使评价结果能给危害程度的应对提供合理的依据,根据危害指数的计算结果,将 VOCs 对环境和人体健康的危害程度划分为极严重、严重、较重和轻微四个等级[14]。具体的危害指数分级表见表 10.1。

表 10.1　危害程度指数分级表

危害状况	危害程度指数
极严重	≥0.1%
严重	0.05%~0.1%
较严重	0.01%~0.05%
轻微	<0.01%

10.4　案例研究

10.4.1　案例背景和数据来源

X 城市,由于周边工业化的快速发展,致使当地受到 VOCs 污染,其环境和人体健康都受到了一定危害,也给当地造成了一定的经济损失。为了验证上述系统动力学模型的有效性,本章对 X 市进行 VOCs 危害程度评价,确定危害等级,并观察其在未来若干年 VOCs 污染情况,以便提前采取措施进行控制。本章研究系统边界中的空间边界限定为 X 市包含的所有范围,研究时间为 2013~2025 年,时间步长 DT=1 年。其中 2013~2018 年是模型的实际历史年份，2019~2025 年是模型的模拟预测年份。该 SD 系统模型中所涉及的数据来源于 X 市 2014~2019 年的《统计年鉴》、X 市 2013~2018 年《生态环境状况公报》、中国疾病负担报告等资料，其他常量的取值根据已有文献资料、卫生统计资料及经验所得。按照以上来源，统计 X 市实际的数据规律获得模型中各相关速率和系数。另外，模型中部分变量的公式是根据变量之间的相关性采用获得的，部分无法从统计年鉴和资料中获得的数据是通过历史数据拟合的公式计算获得的。

10.4.2　系统方程的构建

根据相关的数据及系统模型各变量间的相互关系，构建模型的系统方程。模型中主要的计算方程式如表 10.2 所示。

表 10.2　系统模型中主要的计算方程式

变量名称	变量计算公式	单位
VOCs 危害程度指数	VOCs 造成的经济总损失/平均国内生产总值	Dmnl
大气环境污染治理投资比例	$PM_{2.5}$ 浓度×浓度 $PM_{2.5}$ 对大气环境污染治理投资比例的贡献+臭氧浓度×浓度臭氧对大气环境污染治理投资比例的贡献+VOCs 危害程度指数×VOCs 危害程度指数对大气污染治理投资比例的贡献	Dmnl
大气环境危害损失年增加量	环境治理投资×大气环境污染治理投资比例	万元
湖泊受损面积	VOCs 浓度×VOCs 导致的湖泊受损速率×（1-水体自我修复能力）	km^2
富营养化湖泊面积	湖泊受损面积×湖泊受损面积对富营养化湖泊面积的贡献系数	km^2
富营养化湖泊经济损失	富营养化湖泊面积×每平方千米富营养化湖泊经济损失	万元
草地受损面积	VOCs 浓度×VOCs 导致的草地受损速率×（1-草地自我修复能力）	km^2
草地退化面积	草地受损面积×草地受损面积对草地退化面积的贡献系数	km^2
草地退化直接经济损失	草地退化面积×每平方千米草地退化经济损失	万元
森林受损面积	VOCs 浓度×VOCs 导致的森林受损速率×（1-森林自我修复能力）	km^2
森林退化面积	森林受损面积×森林受损面积对森林退化面积的贡献系数	km^2
森林退化直接经济损失	森林退化面积×每平方千米森林退化经济损失	万元
水土流失面积	森林退化面积×森林退化面积对水土流失面积的贡献系数+草地退化面积×草地退化面积对水土流失面积贡献系数	km^2
水土流失经济损失	水土流失面积×每平方千米水土流失经济损失	万元

变量名称	变量计算公式	单位
农田受损面积	VOCs 浓度×VOCs 导致的农田受损速率×（1-农田土壤自我修复能力）	km²
农作物减产量	农田受损面积×每平方千米农作物平均产量	t
农作物减产的经济损失	农作物减产量×每吨农作物经济损失	万元
地表自然生态环境危害损失年增加量	农作物减产的经济损失+富营养化湖泊经济损失+森林退化直接经济损失+水土流失经济损失+草地退化直接经济损失	万元
VOCs 导致的农村癌症死亡人数	VOCs 导致的癌症死亡人数×农村人口比例	人
VOCs 导致的城镇癌症死亡人数	VOCs 导致的癌症死亡人数×城镇人口比例	人
VOCs 导致的农村呼吸系统疾病死亡人数	VOCs 导致的呼吸系统疾病死亡人数×农村人口比例	人
VOCs 导致的城镇呼吸系统疾病死亡人数	VOCs 导致的呼吸系统疾病死亡人数×城镇人口比例	人
收入总损失	（VOCs 导致的农村呼吸系统疾病死亡人数+VOCs 导致的农村癌症死亡人数）×农村人均年收入+（VOCs 导致的城镇呼吸系统疾病死亡人数+VOCs 导致的城镇癌症死亡人数）×城镇人均年收入	万元
总治疗费用	VOCs 导致的呼吸系统疾病死亡人数×人均呼吸系统疾病治疗费用+VOCs 导致的癌症死亡人数×人均癌症治疗费用	万元
人体健康危害损失年增加量	总治疗费用+收入总损失	万元
VOCs 危害总损失	大气环境危害损失+地表自然生态环境危害损失+人体健康危害损失	万元

10.4.3 模型检验

10.4.3.1 模型历史检验

运用相对误差方法对所建立的 VOCs 危害程度评价模型的运行结果进行检验，以臭氧浓度为例，其历史值和仿真值的相对误差计算结果见表 10.3。发现在 2013～2018 年中各年的臭氧浓度的相对误差均较小，且在 10% 以内，表示该模型对臭氧浓度的模拟仿真结果与实际情况相一致，可以认为变量通过检验，其他变量的历史值也与此相似，表明该模型通过历史检验。

表 10.3　臭氧浓度历史检验结果（2013~2018 年）

项　目	臭氧浓度/μg·m⁻³					
	2013	2014	2015	2016	2017	2018
历史值	131	131	145	162	185	180
仿真值	131.239	130.658	144.747	162.026	183.701	181.253
相对误差	0.00182	0.00261	0.00174	0.00016	0.00702	0.00696

10.4.3.2　模型稳定性检验

该 SD 模型的初始时间步长 DT = 1 年，运行模型得到其初始状态，再将模型时间步长分别设置为 DT = 0.5 年和 DT = 0.25 年时，这三种时间步长下模型的模拟结果如图 10.8 所示。可以看出 VOCs 危害总损失和 VOCs 危害程度指数这两个变量各自的三条曲线变化趋势非常相近，表明该 SD 模型的稳定性比较高。通过以上两方面的分析，可以确定本章构建的系统模型能够对现实系统的定量关系做出较为真实、准确的模拟。

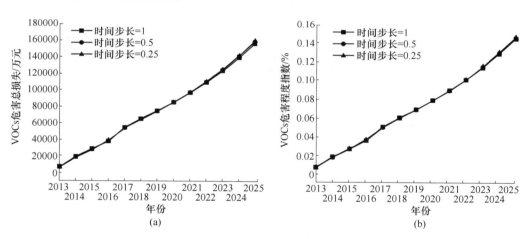

图 10.8　模型稳定性检验结果图
（a）VOCs 危害总损失的稳定性检验；（b）VOCs 危害程度指数的稳定性检验

10.4.4　模拟结果分析

本章对 2013~2025 年时间段 X 市的 VOCs 危害程度进行评价，观察该时间段 VOCs 危害程度等级的变化趋势，并对 X 市未来若干年的 VOCs 危害程度进行预测，确定各年 VOCs 危害等级。VOCs 危害总损失由大气环境危害损失、地表自然生态环境危害损失和人体健康危害损失共同构成，模拟结果如图 10.9 所示。

X 市 2013~2018 年的国内生产总值根据统计年鉴查找，2019~2025 年各年的

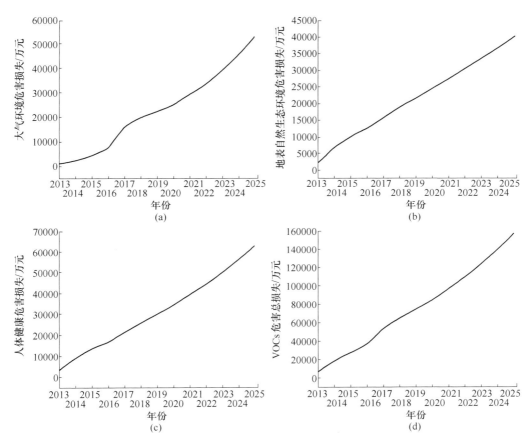

图 10.9   VOCs 导致的经济损失变化趋势图

（a）大气环境危害损失变化趋势图；（b）地表自然生态环境危害损失变化趋势图；
（c）人体健康危害损失变化趋势图；（d）VOCs 危害总损失变化趋势图

国内生产总值数据采用公式拟合获得，因此可以得出 2013～2025 年平均国内生产总值为 10855.8 亿元，可按照公式（10.1）计算 VOCs 的危害程度指数，得到 VOCs 危害程度指数发展趋势如图 10.10 所示。根据各年 VOCs 危害程度指数的计算结果和危害程度指数分级标准，确定各年 VOCs 危害程度等级，从而对 X 市的 VOCs 危害程度进行定量和定性综合评价。

从图 10.9 可以看出，在 2013～2025 年时间段内，大气环境危害损失、地表自然生态环境危害损失和人体健康危害损失一直在不断增长，并且 VOCs 危害总损失数额比较大，反映出 VOCs 对 X 市的环境和人体健康产生的危害是比较大的。通过图 10.10 可以对 VOCs 对 X 市造成的危害进行定量和定性相结合的评价：根据 VOCs 危害程度指数分级标准，在 2013～2017 年，VOCs 危害程度处于

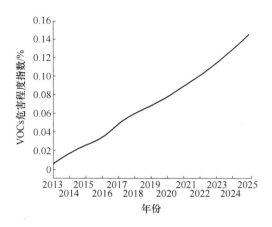

图 10.10   VOCs 危害程度指数发展趋势图

0.01%～0.05%之间，对 X 市的危害程度等级为较严重；随着 VOCs 污染的持续增加，在 2018～2021 年，VOCs 危害程度处于 0.05%～0.1%之间，此时对 X 市的危害等级为严重；通过预测，可以看出在 2022 年 VOCs 危害程度为 0.10%，即 VOCs 对 X 市所造成的危害在 2022 年达到极严重程度，并且这种情况一直持续到 2025 年甚至更长时间。图 10.9 和图 10.10 都反映出 VOCs 所造成的危害呈现直线增长趋势，不仅对环境和人体健康造成严重危害，而且还会减弱环境的自我修复能力，从而导致危害越来越大。

通过以上结果分析，可以清楚地认识到 VOCs 危害的严重性，由于其危害是逐渐增加的，因此需要提前采取措施防止 VOCs 危害变得更加严重，才能保证环境和人体健康不受到进一步的损害。因此，为防止 X 市 VOCs 危害进一步发展，应立刻采取措施或者至少在 2022 年之前采取措施，从源头上对 X 市 VOCs 危害进行控制和治理。在明确 VOCs 对环境和人体健康造成的破坏量后，有针对性地进行大气环境、生态环境修复和人体健康保护，以改善环境质量和保障人们健康生活。

10.5   本章小结

VOCs 对环境和人体健康的危害系统是一个含有多个变量且具有动态的复杂系统，而系统动力学方法可描述各变量之间复杂的、动态的关系。本章综合考虑 VOCs 对环境和人体健康的危害，重点分析 VOCs 产生危害的过程和结果，通过 VensimPLE 软件建立各个变量的系统方程，构建出 VOCs 危害程度评价的系统动力学模型，并进行模拟运行，可用于实现对 VOCs 危害状况发展趋势的评价研究。通过对 VOCs 危害程度指数进行等级划分，分为"极严重、严重、较重、轻微"四个等级，为确定 VOCs 危害水平提出评判标准，也为进行 VOCs 对大气环境、地表自然生态环境和人体健康的累积危害性定量定性评价提供了一种新方法。定量定性化的 VOCs 危害程度评价有助于认清 VOCs 所造成危害的严重性，增强人们的生态环境保护和自我保护意识，本模型能够有效评价 VOCs 造成的危害，可为污染治理时间和治理措施的选取提供有效参考依据，预防目标区域产生更严重的污染。

参 考 文 献

［1］ So K L, Guo H, Li Y S. Long-term variation of $PM_{2.5}$ levels and composition at rural, urban, and roadside sites in Hong Kong: Increasing impact of regional air pollution. Atmospheric Environment, 2007, 41 (40): 9427~9434.

［2］ Kanakidou M, Seinfeld J H, Pandis S N, et. al. Organic aerosol and global climate modelling: a review. Atmospheric Chemistry and Physics, 2005, 5 (4): 1053~1123.

［3］ 陈文泰，邵敏，袁斌. 大气中挥发性有机物（VOCs）对二次有机气溶胶（SOA）生成贡献的参数化估算 ［J］. 环境科学学报，2013, 33 (1): 63~172.

［4］ 郑玫，闫才青，李小滢. 二次有机气溶胶估算方法研究进展 ［J］. 中国环境科学，2014, 34 (3): 555~564.

［5］ 王海林，张国宁，聂磊，等. 我国工业 VOCs 减排控制与管理对策研究 ［J］. 环境科学，2011, 12: 3462~3468.

［6］ Qian Hua, Dai Xiahai. An approach to indoor air pollution and its health effects ［J］. Shanghai Environmental Science, 2006, 25 (1): 33~38.

［7］ Boeglin M L, Wessel D, Henshel D. An investigation of the relationship between air emissions of volatile organic compounds and the incidence of cancer in Indiana counties ［J］. Environmental Research, 2006 (100): 242~254.

［8］ 邹小农. 环境污染与中国常见癌症流行趋势 ［J］. 科技导报，2014, 32 (26): 58~64.

［9］ Derwent R G, Jenkin M E, Saunders S M, et al. Photochemical ozone formation in north west Europe and its control ［J］. Atmospheric Environment, 2003, (37): 1983~1991.

［10］ Zhang Xinmin, Xue Zhigang, Li Hong, et al. Ambient volatile organic compounds pollution in China ［J］. Journal of Environmental Sciences, 2017, 55 (5): 69~75.

［11］ Bahadar H, Mostafalou S, Abdollahi M. Current understandings and perspectives on non-cancer health effects of benzene: A global concern ［J］. Toxicology and Applied Pharmacology, 2014, 276 (2): 83~94.

［12］ 杨新兴，李世莲，尉鹏，等. 环境中的 VOCs 及其危害 ［J］. 前沿科学，2013, 7 (4): 21~35.

［13］ 谢宏，张萌萌. 基于系统动力学理论的煤矿粉尘危害评价及分级管理研究 ［J］. 华北科技学院学报，2020, 17 (2): 1~9.

［14］ 李航，夏建新，吴燕红. 少数民族地区常态灾害危害度评价 ［J］. 防灾科技学院学报，2012, 14 (4): 60~65.

11 关联区域内 VOCs 危害程度成因解析

在第 10 章中，研究了目标区域在一定时间段内的 VOCs 危害程度发展趋势，判断了研究时间段内 VOCs 危害程度指数等级，并确定 VOCs 污染治理的时点，因此在目标区域污染发展为非常严重之前找出目标区域污染的成因至关重要，有助于采取有效措施控制 VOCs 污染，从而保护生态环境和人体健康。为了找出排放并扩散 VOCs 到目标区域的若干污染源，防止目标区域受到进一步的污染，本章使用对象函数 Petri 网建立了关联区域内 VOCs 危害程度成因解析模型，能够清晰地挖掘出污染源排放 VOCs 导致目标区域污染严重的逻辑因果关系，定量计算各潜在污染源对目标区域 VOCs 危害程度的贡献率，从而探究出目标区域 VOCs 污染程度的成因，即找出对目标区域危害较大的若干污染源。

11.1 关联区域内 VOCs 危害程度成因解析的基本原理

11.1.1 关联区域内 VOCs 危害程度成因解析的场景描述

假设某个区域受到 VOCs 污染危害，我们将该区域称为目标区域。为了防止目标区域受到进一步的严重污染，需要找出产生并迁移 VOCs 到该区域的污染源，从而采取措施控制污染源 VOCs 的排放。

污染物会在气象条件作用下在各区域之间迁移，从而使目标区域受到污染，由此形成了污染的关联区域。关联区域内 VOCs 危害程度成因解析是指在已知目标区域 VOCs 危害程度的基础上，利用后向轨迹聚类分析找出对目标区域产生污染的所有潜在污染源，根据潜在污染源的传播路径确定污染的关联区域，并计算所有潜在污染源对目标区域 VOCs 危害程度的贡献率，根据计算得出的贡献率大小，从而探究出导致目标区域受到 VOCs 污染程度较大的若干污染源，即找出了成因。

下面进行 VOCs 危害程度成因解析的场景描述：假设受危害的目标区域 A_0 已经确定，其与潜在污染源所在区域（简称潜在源区域）以及在 VOCs 迁移过程中受潜在污染源污染的过渡区域构成污染的关联区域。假设 S_1，S_2，$\cdots$，S_M 为关联区域内的 M 个潜在污染源，潜在污染源之间相互没有关联性，每个潜在污染源用 "◉" 表示，本章只研究各个潜在污染源与目标区域之间的联系。考虑在气象因素以及地表多种促进因素和障碍因素的作用下，VOCs 会在从潜在污染源产生后进行迁移。其中，对 VOCs 迁移有促进作用的因素称为促进因素，例如工厂、村庄等会产生 VOCs 的场所，用"▢"表示；抑制 VOCs 迁移的因素称为障碍因素，例如高山、河流等，用"△"表示。图 11.1 描述了关联区域组成要素的分布图，关联区域内含有目标区域 A_0、潜在污染源、潜在源区域（1、2、3）、受潜在污染源污染的过渡区域（4、5、6、7、8）以及若干促进因素和障碍因素[1]。

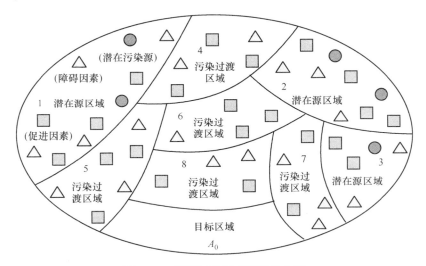

图 11.1　关联区域组成要素分布图

11.1.2　潜在污染源与目标区域联系的建立

在确定潜在污染源的数量和地理位置的基础上（见第 11.1.3 节第（1）步），对各个潜在污染源 S_1，S_2，…，S_M 做前向轨迹聚类分析，将各个潜在污染源的聚类轨迹信息叠加在含有促进因素和障碍因素的图上。在促进因素的作用下，VOCs 的迁移量会增加，在障碍因素的作用下，VOCs 迁移量会减少。假设将轨迹经过的所有促进因素和障碍因素类型考虑在内，且每个因素只出现一次，不区分出现的先后顺序，每个潜在污染源考虑四条到目标区域的聚类路径，不考虑路径的交叉，按照聚类轨迹迁移方向，从潜在污染源开始沿着识别出来的因素将 VOCs 迁移至目标区域的各条路径表示出来，从而建立各个潜在污染源 S_1，S_2，…，S_M 与目标区域 A_0 的连接关系，如图 11.2 所示[1]。

11.1.3　关联区域 VOCs 危害程度成因解析的步骤

VOCs 从潜在污染源 S_1，S_2，…，S_M 排出后，在气象因素以及地表多种促进

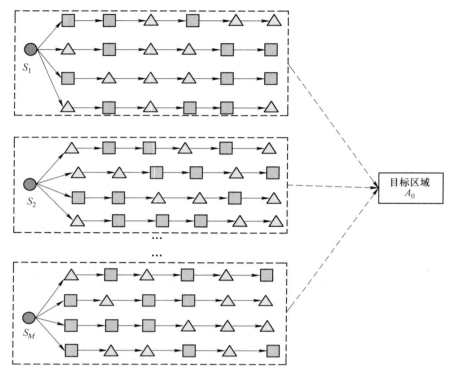

图 11.2　关联区域内各潜在污染源与目标区域的关系图

因素和障碍因素作用下，沿着多条路径到达目标区域 A_0，下面介绍对目标区域 A_0 危害最大的污染源的成因解析方法[1]。

（1）潜在污染源的确定。假设目标区域 A_0 的危害程度大小为 D_0，其值的计算如 11.2.4 节的公式（11.2）所示。在关联区域内对目标区域 A_0 进行后向轨迹聚类分析，确定影响该区域的气流轨迹的方向和空间位置分布。将 A_0 的聚类轨迹信息叠加在含有工厂等会产生大量 VOCs 的潜在污染源的图上，确定所有会迁移 VOCs 到目标区域 A_0 的潜在污染源的数量和地理位置，将各个潜在污染源记为 S_1，S_2，…，S_M。

（2）潜在污染源与目标区域联系的建立。如第 11.1.2 节和图 11.2 的描述，建立关联区域内各个潜在污染源与目标区域之间的关联关系，为之后的计算做准备。

（3）目标区域 VOCs 危害成因的确定。首先，计算各个潜在污染源的危害程度值 D，其值的计算如 11.2.4 节的公式（11.2）所示；其次，根据图 11.2 所示，沿着从潜在污染源到目标区域的路径，在一定时间内，分别计算各个潜在污

染源 S_1，S_2，$\cdots$，S_M 能迁移到目标区域 A_0 的危害程度增量值；最终根据各潜在污染源对目标区域的危害程度增量值和目标区域 A_0 的危害程度值，进行计算即可得出各个潜在污染源对目标区域 A_0 危害程度的贡献率，将计算得到的贡献率进行排序，贡献率较大的若干潜在污染源即为导致目标区域的 VOCs 危害程度为 D_0 的成因。

11.2　VOCs 危害程度成因解析 Petri 网模型

研究目标区域 VOCs 危害程度成因解析的主要目的在于挖掘导致目标区域受到 VOCs 污染的逻辑因果关系，从而找出导致其受到污染的成因。而 Petri 网能够将实际问题用网状图形形象、清晰地表示出来[2]，且可以将实际属性信息和函数表达式储存在库所中以便进行模型运算。因此本章采用对象函数 Petri 网进行建模和计算。

11.2.1　VOCs 危害程度成因解析的定义

定义 1：基于对象函数 Petri 网的 VOCs 危害程度成因解析模型 OFPNM 定义为一个 8 元组，OFPNM $=(S，T；F，M，G，h，\lambda，\eta)$，其中：

（1）$N=(S，T；F)$ 为 OFPNM 模型的基本网，其中，$|S|=n>0$，$|T|=m>0$。

（2）库所集 S 可划分为促进状态集 S_p 和障碍状态集 S_b，$S=S_p \cup S_b$，$S_p \cap S_b =\varnothing$，其中，促进状态集 S_p 包括工厂、村庄等，障碍状态集 S_b 包括高山、河流等；对于任意 $s \in S$，$s=\{R，f\}$，R 为对象库所 p_i 具有的两种类型的属性集合，一种静态属性集 $R_s = \{a_1，a_2，\cdots，a_i\}$ 是描述对象库所的信息，如地理属性，对象库所的性质（促进或抑制作用）一般为模型的输入；另一种动态属性集 $R_d = \{a_{i+1}，a_{i+2}，\cdots，a_k\}$ 是描述对象库所在模型运行中的动态属性，如危害程度，$R_s \cup R_d = R$，$R_s \cap R_d = \varnothing$；$f=\{f_{i+1}，f_{i+2}，\cdots，f_k\}$ 是属性的一系列函数集，用于对对象库所的动态属性进行更新；F 具体的函数表达式会在第 11.2.4 节阐述。

（3）$T = \{t_1，t_2，\cdots，t_m\}$ 为模型中 m 个变迁的集合，每个变迁表示导致 VOCs 发生迁移的事件，如气象因素中的风吹；F 为地表重要库所与事件的连接弧。

（4）$M：S \to \{0，1\}$，对于任意 $s \in S$，当 s 表示的库所具备 VOCs 迁移的条件时，$M(s) = 1$，否则，$M(s) = 0$。

（5）G 表示各对象库所的危害程度水平，对于任意的 $s \in S$，$G_h(s) = k$ 表示库所 s 在 h 时刻的危害程度值为 k。

（6）h 用于表示系统当前所处的时刻，当 $h=0$ 时，系统处于初始时刻。

（7）$\lambda = \{\lambda_1, \lambda_2, \cdots, \lambda_m\}$ 表示 VOCs 迁移速率的集合，与变迁相互对应，其值是由 VOCs 迁移至对象库所所需平均时间 t_0 决定。

（8）$\eta = \{\eta_1, \eta_2, \cdots, \eta_m\}$ 是平均变化系数集合，其值由前集对象库所的促进或抑制作用性质决定，它主要是用于各对象库所危害程度值增加量的计算[1]。

11.2.2　OFPNM 模型的构建流程

为了模拟潜在污染源排放的 VOCs 迁移从而导致目标区域受到 VOCs 污染，并定量计算各潜在污染源对目标区域 VOCs 危害程度的贡献率，将实际 VOCs 迁移过程抽象为 OFPNM 模型，计算 VOCs 迁移过程中危害程度的变化，可按如下具体步骤构建模型。

（1）OFPNM 模型中迁移路径的确定。确定 VOCs 迁移路径是构建该 Petri 网模型的关键，HYSPLIT 模型常被用于模拟和分析大气污染物的迁移轨迹和迁移规律[3]。VOCs 从潜在污染源处排出后，会在气象条件的作用下产生迁移。通过输入研究时间的气象数据信息，使用 HYSPLIT4.0 模拟从潜在污染源出发的 VOCs 迁移轨迹，将 HYSLIT 模式前向轨迹聚类路径抽象为 VOCs 危害程度成因解析 Petri 网的传播路径，并确定污染的关联区域。

（2）OFPNM 模型中对象库所的确定。具体库所确定步骤如下：1）选择一个潜在污染源，在关联区域内将该潜在污染源的前向轨迹聚类信息叠加到含有促进因素和障碍因素的图上，以潜在污染源所在子系统为起点，将该潜在污染源抽象为第一个库所，并在 VOCs 迁移路径上不断寻找其他子系统，直至到达目标区域，将寻找到的所有子系统（如高山、河流、村庄、城镇、县城、工厂等）抽象为对象库所；2）其他潜在污染源在所有 VOCs 迁移路径上对象库所的确定按照步骤 1）来进行；3）将识别出的重复对象库所进行合并，确定最终迁移路径上的所有对象库所，同时记录各对象库所的地理信息，迁移到达时间等信息。此外，为计算各潜在污染源对目标区域 VOCs 危害程度的贡献率，应建立各对象库所危害程度计算的一套函数表达式。

（3）OFPNM 模型中变迁的确定。从各潜在污染源出发，考虑所有的 VOCs 迁移路径，当同一条迁移路径上两个对象库所在地理空间上存在关联关系时，此时在两库所之间添加一个变迁，并建立起库所到变迁的输入弧和变迁到库所的输出弧。按照这种方法，将所有路径的变迁全部提取完成。

（4）OFPNM 模型的形成。针对 VOCs 迁移造成目标区域污染的问题，结合前文给出的 VOCs 危害成因解析 Petri 网模型的定义，在 VOCs 迁移路径上将影响其迁移过程的各种地表促进和障碍因素抽象为对象库所，各因素之间的关系提取为变迁，建立各潜在污染源到目标区域的复杂网络[1]。

上述关于 OFPNM 模型的具体构建流程如图 11.3 所示。

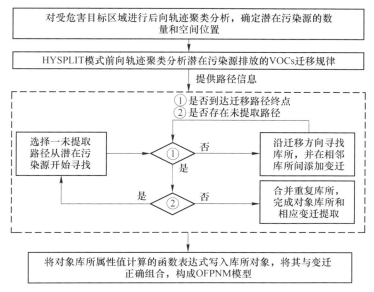

图 11.3 OFPNM 模型构建方法流程图

11.2.3 VOCs 浓度计算

在进行 VOCs 危害程度成因解析的过程中，需得出从潜在污染源排放的 VOCs 在各对象库所处的初始浓度分布，下面将利用高斯模型对 OFPNM 模型上任意对象库所的浓度进行模拟计算，如下式所示：

$$C(x, y, z, t) = \rho_i \frac{Q_0}{4\pi x (\sigma_y \sigma_z)^{1/2}} \exp\left[-\frac{\mu}{4x}\left(\frac{y^2}{\sigma_y} + \frac{z^2}{\sigma_z}\right) \right] \qquad (11.1)$$

式中，Q_0 为潜在污染物源瞬时排放量；ρ_i 为聚类路径 i 的贡献率；x，y，z 分别为对象库所在经纬度和高程方向距潜在污染源的距离；μ 为平均风速；σ_x，σ_y，σ_z 分别为 x，y，z 的扩散系数，其取值与天气和风速有关[4]。

11.2.4 VOCs 迁移表示及计算

11.2.4.1 危害程度计算

目标区域的危害程度和 OFPNM 模型上所有对象库所的初始危害程度，可按如下公式[5]计算。

$$D = \frac{C}{C_T} \qquad (11.2)$$

式中，D 为 VOCs 危害程度；C 是 VOCs 浓度值，各对象库所的浓度值可按式（11.1）

进行计算; C_T 是 VOCs 的浓度限值, 可通过国家目前实行的相关标准确定。

11.2.4.2 Petri 网运行过程中的有关计算

从潜在污染源排放的 VOCs 在迁移过程中, 各对象库所的危害程度会发生一系列的变化, 因此需要理清各种情况下危害程度值的计算方法。针对定义 1, VOCs 迁移过程的 Petri 网图形表达如图 11.4 所示[1]。

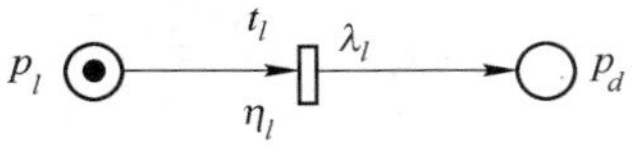

图 11.4   VOCs 迁移过程的 Petri 网图形表示

设 $p_l \in {}^*t_l$, $p_d \in t_l{}^*$ $(l = 1, 2, \cdots, n)$, λ_l 为平均变迁速率, η_l 为 t_l 的平均变化系数, $G_h(p_l)$、$G_h(p_d)$ 分别表示库所 p_l、p_d 的危害程度值, $h = 0, 1, \cdots$[1]。

(1) 加权值。若 p_d 的危害程度值是一个加权值, 当各变迁激发后, $G_h(p_d)$ 的计算表达式为:

$$G_h(p_d) = \sum_{l=1}^n \lambda_l \eta_l G_{h-1}(p_l), \ h = 0, 1, 2, \cdots \tag{11.3}$$

(2) 累积值。若 p_d 的危害程度值是一个累积值, 当各变迁激发后, $G_h(p_d)$ 的计算表达式为:

$$G_h(p_d) = G_{h-1}(p_d) + \sum_{l=1}^n \lambda_l \eta_l G_{h-1}(p_l), \ h = 0, 1, 2, \cdots \tag{11.4}$$

(3) 约束条件。在 VOCs 危害程度成因解析研究中, 由于各对象库所的危害程度值不会是负数, 因此需要添加下面的约束条件, 即:

$$G_h(p_d) = \begin{cases} G_h(p_d) & G_h(p_d) > 0 \\ 0 & G_h(p_d) \leqslant 0 \end{cases}, \ h = 0, 1, 2, \cdots \tag{11.5}$$

11.2.5   目标区域污染成因确定步骤

利用对象函数 Petri 网计算一定时间序列内各潜在污染源对目标区域 VOCs 危害程度贡献率的步骤如下。

(1) 令 $h = 0$, 确定各对象库所在式 (11.1) 中的各个参数, 计算 OFPNM 模型中各对象库所的 VOCs 浓度值, 查找目标区域的 VOCs 浓度值, 并确定 VOCs 浓度限值 C_T。

(2) 根据式 (11.2) 计算目标区域的危害程度值 D_0、各潜在污染源的危害

程度值 D 和各对象库所的初始危害程度。明确各对象库所危害程度值的计算方法，根据 VOCs 迁移达到时间和各对象库所的性质确定参数 λ、η。

（3）令 $h=1$ 时运行模型，结合 VOCs 危害程度成因解析 Petri 网中各对象库所的类型，根据式（11.3）至式（11.5）计算变迁发生后各对象库所的危害程度值，直至计算到目标区域这个对象库所，则记录下当前各潜在污染源对目标区域产生的危害程度增量值。

（4）根据上述得到的各潜在污染源对目标区域产生的危害程度增量值和目标区域危害程度值，通过计算即可得到各个潜在污染源对目标区域危害程度的贡献率，并将得出的各个贡献率进行比较大小，贡献率较大的若干潜在污染源即是造成目标区域受到相应 VOCs 危害程度的成因[1]。

11.3 案例研究

11.3.1 数据来源及 Petri 网模型的构建

本案例选择 X 市作为目标区域，在 2018 年 11 月，该市成为全国污染严重的地区之一，VOCs 成为当地的主要污染物，因此研究该时段内该市污染严重的成因，以此验证模型的有效性及可行性具有重要意义。轨迹聚类分析所使用的气象数据来源于全球资料同化系统（GDAS），选取时间为 2018 年 11 月份的第 2 周，在这个时段利用 HYSPLIT4.0 软件对 X 市中心点进行后向轨迹聚类分析，将 X 市后向轨迹信息显示在叠加了工厂、工业园等潜在污染源矢量数据的 ARCGIS 中，并选取 A 食品工业园、B 肥料厂、C 制药厂、D 化工公司和 E 电子公司五个潜在污染源。分别对这 5 个潜在污染源作前向轨迹分析，剔除没有到达 X 市的路径，得到 5 个潜在污染源到 X 市的聚类轨迹图。

虽然 HYSPLIT 模型本身自带地图，但是无法精确识别迁移轨迹上经过的地方[6]，因此为精准识别 VOCs 各迁移路径上的地表促进因素和障碍因素，将各潜在污染源的聚类路径的三维信息导入到 Arcgis 模型中，得到各潜在污染源 VOCs 迁移的聚类轨迹如图 11.5 所示。根据图 11.5 中各轨迹上的因素，作出 VOCs 危害程度成因解析的 Petri 网模型，见图 11.6 所示[1]。

在该市 VOCs 危害程度成因解析 Petri 网模型中，$t_1 \sim t_{49}$ 这 49 个变迁均表示气象因素中风的作用这一事件，在 VOCs 从潜在污染源迁移至该市的过程中，提取到的对象库所包含高山、河流、村庄、城镇、县城、工厂这六种类型。根据 HYSPLIT 模型聚类轨迹的结果，可得到各条路径的贡献率数据，根据 Arcgis 中的结果得到各库所的地理位置信息及其对应的路径数据。该 VOCs 危害程度成因解析 Petri 网中 $p_1 \sim p_{49}$ 这 49 个对象库所的详细信息如表 11.1 所示[1]，其中 p_{41} 表示目标区域 X 市。

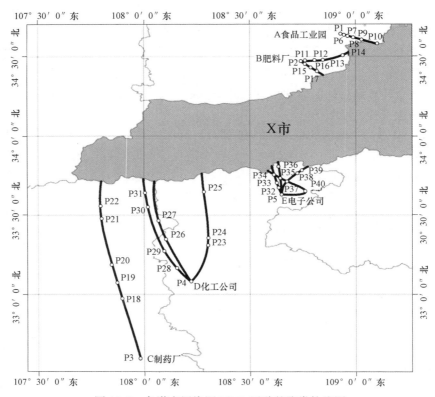

图 11.5　各潜在污染源 VOCs 迁移的聚类轨迹图

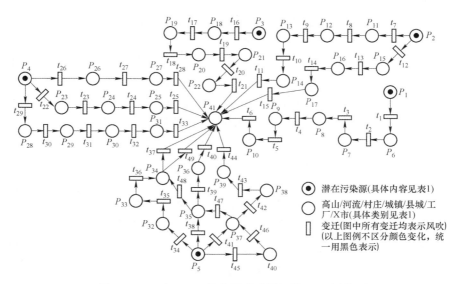

图 11.6　X 市 VOCs 危害程度成因解析 Petri 网模型

表 11.1 VOCs 危害程度成因解析 Petri 网中各对象库所的详细信息

潜在污染源	路径编号	路径贡献率	路径上的对象库所	位　置	库所编号
A 食品工业园	0		A 食品工业园	34.64N，108.93E	p_1
	1	36%	西焦村	34.63N，108.94E	p_6
			白象方便面厂	34.63N，108.96E	p_7
			渠岸镇	34.62N，108.99E	p_8
			安乐镇	34.60N，109.03E	p_9
			滩李村	34.58N，109.10E	p_{10}
B 肥料厂	0		B 肥料厂	34.47N，108.74E	p_2
	1	18%	空港新城临空产业园	34.48N，108.76E	p_{11}
			高庄镇	34.48N，108.81E	p_{12}
			泾电铜业	34.48N，108.85E	p_{13}
			崇文镇	34.51N，108.94E	p_{14}
	4	18%	岳家村	34.45N，108.76E	p_{15}
			新兴工业园	34.42N，108.81E	p_{16}
			烟王村	34.40N，108.82E	p_{17}
C 制药厂	0		C 制药厂	32.59N，107.98E	p_3
	4	36%	西乡县	32.97N，107.90E	p_{18}
			牧马河	33.07N，107.87E	p_{19}
			黄金峡镇	33.18N，107.85E	p_{20}
			西河	33.48N，107.80E	p_{21}
			岳坝镇	33.56N，107.79E	p_{22}
D 化工公司	0		D 化工公司	33.08N，108.22E	p_4
	1	50%	宁陕县	33.31N，108.30E	p_{23}
			五金厂	33.36N，108.30E	p_{24}
			新场镇	33.65N，108.28E	p_{25}
	2	14%	梅子镇	33.35N，108.10E	p_{26}
			陈家坝镇	33.47N，108.07E	p_{27}
	4	18%	饶峰镇	33.17N，108.15E	p_{28}
			两河镇	33.28N，108.10E	p_{29}
			长角坝镇	33.55N，108.02E	p_{30}
			龙草坪乡	33.64N，108.00E	p_{31}

续表 11.1

潜在污染源	路径编号	路径贡献率	路径上的对象库所	位　置	库所编号
E 电子公司	0		E 电子公司	33.63N，108.65E	p_5
	1	50%	安沟村	33.67N，108.64E	p_{32}
			小四方沟村	33.70N，108.63E	p_{33}
			神仙岩	33.76N，108.61E	p_{34}
	2	36%	西沟村	33.73N，108.64E	p_{35}
			旬河	33.81N，108.64E	p_{36}
	3	9%	苦竹沟村	33.71N，108.67E	p_{37}
			广货街镇	33.76N，108.72E	p_{38}
			秦岭山脉	33.78N，108.75E	p_{39}
	4	5%	杨柳村	33.65N，108.76E	p_{40}
			苦竹沟村（交点）	33.71N，108.67E	p_{37}
			西沟村（交点）	33.71N，108.68E	p_{35}
			神仙岩（交点）	33.76N，108.61E	p_{34}

　　通过 HYSPLIT 模型输出的高程信息和时间数据，可以确定各条路径上每个对象库所的海拔和到达时间，将表 11.1 中各对象库所的经纬度转化为距离确定各对象库所距潜在污染源的距离，根据模型的起始时间、各对象库所的到达时间和到达的地理位置，通过中国气象数据网查找历史气象数据确定各对象库所的天气状况和平均风速，x、y、z 方向的扩散系数根据文献 [4] 中相应的内容所确定。各潜在污染源 VOCs 的排放速率参照天津市《工业企业挥发性有机物排放控制标准》（DB 12/524—2014）对各行业在排气筒高度为 30m 时 VOCs 排放速率限值的规定，模型中 VOCs 浓度限值参照《大气污染物综合排放标准》（GB 16297—1996），根据这些信息，从而可得到模型中各对象库所的地理信息数据、天气状况以及初始危害程度的计算结果，见表 11.2[1]。

　　根据上述计算的各对象库所的初始危害程度，模拟五个潜在污染源单独存在时，计算该时间段内各潜在污染源对 X 市 VOCs 危害程度的影响情况，并对比五个潜在污染源分别对 X 市污染造成的影响程度各占多少（称为贡献率），以此找出该市污染严重的成因。通过对各对象库所的到达时间取倒数即可得到各变迁速率值，见表 11.3。根据迁移路径上各对象库所的性质，确定平均变化系数的取值，见表 11.4[1]。

表 11.2　模型地理信息数据（2018 年 11 月 8 日）及对象库所的初始危害程度

对象库所	海拔/m	天气	到达时间	浓度/mg·m⁻³_30m	初始危害程度	对象库所	海拔/m	天气	到达时间	浓度/mg·m⁻³_30m	初始危害程度
p_1	425	晴	0.0	3.4772	0.0435	p_4	410	多云	0.0	5.8194	0.0727
p_6	420	晴	1.2	1.6072	0.0201	p_{23}	930	晴	5.4	2.8563	0.0357
p_7	422	晴	2.1	1.3912	0.0174	p_{24}	1231	晴	6.9	2.2162	0.0277
p_8	413	晴	3.7	0.9569	0.0120	p_{25}	1593	晴	12.7	0.4208	0.0053
p_9	402	晴	5.4	0.4107	0.0051	p_{26}	749	晴	7.3	0.9805	0.0123
p_{10}	379	晴	7.3	0.0157	0.0002	p_{27}	938	晴	9.8	0.1037	0.0013
p_2	497	晴	0.0	3.7232	0.0465	p_{28}	633	多云	3.1	1.1478	0.0143
p_{11}	492	晴	1.4	1.4835	0.0185	p_{29}	576	多云	5.5	0.2579	0.0032
p_{12}	466	晴	3.6	1.0136	0.0127	p_{30}	1488	晴	11.3	0.0573	0.0007
p_{13}	450	晴	4.8	0.7935	0.0099	p_{31}	1452	晴	13.5	0.0418	0.0005
p_{14}	388	晴	7.7	0.1916	0.0024	p_5	751	晴	0.0	3.0663	0.0383
p_{15}	477	晴	1.8	1.2573	0.0157	p_{32}	1170	晴	2.3	1.4858	0.0186
p_{16}	464	晴	3.1	0.9074	0.0113	p_{33}	1601	晴	3.1	1.1553	0.0144
p_{17}	415	晴	4.5	0.4376	0.0055	p_{34}	1370	晴	4.7	0.6052	0.0076
p_3	1391	多云	0.0	5.0259	0.0628	p_{35}	1369	晴	4.0	1.1455	0.0143
p_{18}	1076	晴	9.1	1.9017	0.0238	p_{36}	1671	晴	5.7	0.5149	0.0064
p_{19}	455	晴	10.7	1.3816	0.0173	p_{37}	1234	晴	3.4	0.3407	0.0043
p_{20}	599	晴	12.5	0.7315	0.0091	p_{38}	1195	晴	5.1	0.1789	0.0022
p_{21}	849	晴	17.2	0.0534	0.0007	p_{39}	1559	晴	6.0	0.0386	0.0005
p_{22}	1769	晴	18.4	0.0459	0.0006	p_{40}	1287	晴	3.2	0.1338	0.0017

表 11.3　变迁速率值

变迁	速率 λ	变迁	速率 λ	变迁	速率 λ	变迁	速率 λ
t_1	0.833	t_{14}	0.222	t_{27}	0.102	t_{40}	0.159
t_2	0.476	t_{15}	0.175	t_{28}	0.069	t_{41}	0.294
t_3	0.270	t_{16}	0.110	t_{29}	0.323	t_{42}	0.196
t_4	0.185	t_{17}	0.093	t_{30}	0.182	t_{43}	0.167
t_5	0.137	t_{18}	0.080	t_{31}	0.088	t_{44}	0.149
t_6	0.128	t_{19}	0.058	t_{32}	0.074	t_{45}	0.313
t_7	0.714	t_{20}	0.054	t_{33}	0.067	t_{46}	0.154
t_8	0.278	t_{21}	0.049	t_{34}	0.435	t_{47}	0.130
t_9	0.208	t_{22}	0.185	t_{35}	0.323	t_{48}	0.111
t_{10}	0.128	t_{23}	0.145	t_{36}	0.213	t_{49}	0.102
t_{11}	0.112	t_{24}	0.079	t_{37}	0.169		
t_{12}	0.556	t_{25}	0.066	t_{38}	0.250		
t_{13}	0.323	t_{26}	0.137	t_{39}	0.175		

表 11.4　平均变化系数值

平均变化系数 μ	值	平均变化系数 μ	值	平均变化系数 μ	值	平均变化系数 μ	值
μ_1	1	μ_{14}	2.93	μ_{27}	1.45	μ_{40}	0.38
μ_2	2.32	μ_{15}	1.3	μ_{28}	1.75	μ_{41}	1
μ_3	1.48	μ_{16}	1	μ_{29}	1	μ_{42}	1.73
μ_4	1.78	μ_{17}	0.53	μ_{30}	1.99	μ_{43}	1.41
μ_5	1.73	μ_{18}	0.47	μ_{31}	1.63	μ_{44}	0.35
μ_6	1.43	μ_{19}	1.92	μ_{32}	1.41	μ_{45}	1
μ_7	1	μ_{20}	0.55	μ_{33}	1.55	μ_{46}	1.92
μ_8	2.93	μ_{21}	2.03	μ_{34}	1	μ_{47}	1.73
μ_9	1.72	μ_{22}	1	μ_{35}	1.61	μ_{48}	1.83
μ_{10}	2.58	μ_{23}	0.72	μ_{36}	1.81	μ_{49}	0.44
μ_{11}	1.63	μ_{24}	2.15	μ_{37}	0.44		
μ_{12}	1	μ_{25}	1.32	μ_{38}	1.83		
μ_{13}	1.38	μ_{26}	1	μ_{39}	1.83		

11.3.2　结果分析与讨论

通过计算，可得到五个潜在污染源的各条路径对该市危害程度的贡献情况，如表 11.5 所示，通过对各条路径的贡献率进行合计，可得到各潜在污染源对该市危害程度的贡献情况，如图 11.7 所示，据此探究出 X 市受到 VOCs 危害程度的成因。

表 11.5　五个潜在污染源的各条路径对 X 市危害程度的贡献情况

污染源名称/路径	路径 1	路径 2	路径 3	路径 4
A 食品工业园	8.84×10^{-4}	0	0	0
B 肥料厂	0.00222	0	0	0.00566
C 制药厂	0	0	0	6.50×10^{-5}
D 化工公司	9.48×10^{-4}	5.55×10^{-4}	0	8.58×10^{-5}
E 电子公司	0.00193	9.34×10^{-4}	1.35×10^{-4}	0.00116

从表 11.5 中可以看出，B 肥料厂的两条路径对 X 市危害程度的贡献值最大，且路径 4 比路径 1 的贡献值大，这是由于 B 肥料厂距离 X 市较近，且路径 4 在到达该市的过程中经过的促进 VOCs 迁移的因素较多，比如经过了一个工业园，这会使得 VOCs 在迁移过程中携带更多的含有 VOCs 的气团进行迁移至该市。E 电子

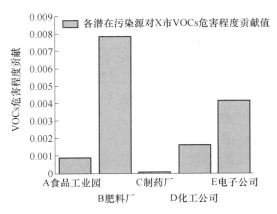

图 11.7　各潜在污染源对 X 市危害程度贡献情况

公司距离该市也较近，且对该市污染过程中产生的路径条数较多，因此其贡献也较大，而对于 C 制药厂，由于其在五个污染源中距离该市最远，含有的迁移路径较少，且在迁移过程中经过两处河流，当含有 VOCs 的气团遇到河流时，由于河流处风速较大，会使得 VOCs 气团被吹散，导致迁移过程中 VOCs 浓度降低。

　　通过图 11.7 可以看出，B 肥料厂对该市危害程度贡献值最大，而 C 制药厂对该市 VOCs 危害程度的贡献值最小。结合图 11.5 和表 11.5 可以发现，若潜在污染源距离目标区域越远，且迁移过程中经过的障碍因素越多，则其对目标区域的危害程度贡献越小。因此可以表明，虽然 C 制药厂的排放浓度值比较大，但是其在污染传播过程中经过的地表阻碍因素较多，导致 VOCs 迁移受到阻挡，所以其对该市危害的贡献程度极小；而 B 肥料厂产生 VOCs 迁移到该市的时间较短，因此其危害程度贡献是最大的。

　　由于工业源排放 VOCs 占人为源的一半以上，因此由 2018 年 11 月第 2 周 $PM_{2.5}$ 浓度及其与 VOCs 浓度之间的关系，得出 X 市在该时间段的平均 VOCs 浓度为 $228\mu g/m^3$，并根据查出的 VOCs 浓度限值计算出由工业源导致的该市的危害程度为 0.76，因此各潜在污染源对 X 市 VOCs 危害程度的贡献率情况为：A 食品工业园的贡献率为 0.12%，B 肥料厂的贡献率为 1.04%，C 制药厂的贡献率 0.0086%，D 化工公司的贡献率为 0.21%，E 电子公司的贡献率为 0.55%。可以看出对该市污染影响贡献率大小排序为：B 肥料厂>E 电子公司>D 化工公司>A 食品工业园>C 制药厂，贡献率排序靠前的三个污染源为 B 肥料厂、E 电子公司和 D 化工公司，即这三个潜在污染源在该研究时间段对该市 VOCs 危害程度的贡献比重较大，可以采用此种方法确定出导致该市污染严重的原因。所以要防止该市产生更严重的污染，需要采取措施控制关系比重较大的污染源 VOCs 的排放，并可以根据这些污染源所在位置及其 VOCs 迁移路径建立联防联控区域来防治 VOCs 污染。

11.4　本章小结

　　将若干潜在污染源 VOCs 的迁移路径上经过的地表各种促进和抑制因素按照一定的规则抽象为对象库所，相应的气象因素抽象为变迁，构建了关联区域内 VOCs 危害程度成因解析的对象函数 Petri 网模型，并给出关联区域内各潜在污染源对目标区域 VOCs 危害程度贡献率的算法，从而探索出目标区域受到 VOCs 危害的原因。对象函数 Petri 网的使用有效反映了各对象库所的属性随时间动态变化的过程。本章以 X 市为具体案例，通过模型运行将各潜在污染源排放的 VOCs 迁移到该市的过程形象直观地展现出来，为探究区域污染成因提供了一种新的方法，并扩展了对象函数 Petri 网的应用领域。本章建立的模型既可用于多个潜在污染源排放 VOCs 导致目标区域污染的复杂系统的建模和计算，也可用于制定大气 VOCs 污染治理方案以实现环境和人体健康保护提供参考，同时也可为联防联控区域的建立以进行共同防护和治理提供理论依据。

参 考 文 献

[1] 黄光球，吴甜甜. 基于对象函数 Petri 网的关联区域 VOCs 危害成因解析 [J/OL]. 系统仿真学报：1~14[2021-04-03]. http：//doi. org/10. 16182/j. issn1004731x. joss. 20-0802.
[2] 袁崇义. Petri 网原理与应用 [M]. 北京：电子工业出版社，2005.
[3] Stein A F, Draxler R R, Rolph G D, et al. NOAA's HYSPLIT Atmospheric Transport and Dispersion Modeling System [J]. Bulletin of the American Meteorological Society, 2015, 96 (12)：726~741.
[4] 何宁，吴宗之，郑伟. 一种改进的有毒气体扩散高斯模型算法及仿真 [J]. 应用基础与工程科学学报，2010, 18 (4)：571~580.
[5] 黄光球，刘权宸，陆秋琴. 基于状态 Petri 网的矿区生态环境脆弱度动态评价方法 [J]. 安全与环境学报，2017, 17 (4)：1583~1588.
[6] 雷正翠，张备，臧晓钟，等. 基于 HYSPLIT4.8 的常州市大气污染扩散应急响应系统研究 [J]. 安徽农业科学，2010, 38 (24)：13527~13530.

12 关联区域内 VOCs 危害程度控制

为防止目标区域受到进一步的 VOCs 危害，在找出导致目标区域 VOCs 危害程度严重的若干污染源的基础上，需要控制这些污染源 VOCs 的排放和迁移，但是在实际生活中由于各种因素限制，难以解决污染源完全不排放 VOCs 的问题，因此本章从控制污染源 VOCs 的迁移角度出发，来控制 VOCs 对目标区域的危害。污染源排放的 VOCs 会通过在大气、水体和土壤环境中迁移，从而导致目标区域受到污染，因此需要确定出 VOCs 在这几种环境中迁移的关键影响因素，即找出影响目标区域 VOCs 污染程度的关键影响因素，再借助系统动力学方法确定这些关键影响因素对目标区域 VOCs 危害程度的影响行为和影响程度，以提出相应的控制措施来防止目标区域污染加重。

12.1 目标区域 VOCs 污染程度的影响因素分析

为了控制污染源排放的 VOCs 对目标区域的污染危害作用，应将污染源 VOCs 如何迁移至目标区域的过程表述出来，并确定污染源排放的 VOCs 对目标区域的大气、土壤和水体环境污染程度分别会受到哪些因素的影响。

12.1.1 VOCs 引发的大气污染程度的影响因素

首先，污染源排气口的空间位置、出口形状和出口朝向会影响 VOCs 的排出效果，而 VOCs 的排出效果和污染源排放的 VOCs 浓度共同影响着 VOCs 从排气口排出的水平。气象因素和地形因素会影响大气污染物在空气中的扩散过程[1]。其中，风速的大小影响污染物的迁移扩散，当风速越大时，含有污染物的气团会被吹散，导致污染物迁移到位于下风向地点的浓度越低[2]；地形条件中含有对VOCs 迁移起促进和抑制作用的因素，因此会对其迁移过程产生影响。同时，VOCs 从排气口排出的水平和 VOCs 在大气中迁移的水平共同影响着 VOCs 对大气污染的水平。因此，可以看出污染源排放的 VOCs 导致目标区域大气污染的过程会受到污染源的排气口参数、气象因素、地形因素和污染源排放的 VOCs 浓度的共同影响。具体的污染源排放的 VOCs 对目标区域大气污染程度的影响因素分析如图 12.1 所示。

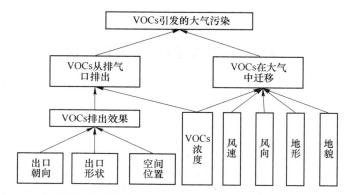

图 12.1　污染源排放的 VOCs 对目标区域大气污染程度的影响因素分析

12.1.2　VOCs 引发的土壤污染程度的影响因素

VOCs 从排气口排出后，不仅会在大气中迁移，也会沉降到地表的土壤中，从而在土壤中产生迁移。其中，风速、风向及地理因素中的地形、地貌会影响 VOCs 的沉降位置。研究表明，VOCs 能被土壤和地下水吸附，从而会在土壤和水体中达到一种气、液、固的三相平衡状态[3]。首先，VOCs 自身的特性、在土壤中的存在状态会影响其在土壤中的迁移；其次，土壤的物理和化学性质会影响其迁移，如土壤中有机物质的含量等[4]，这是因为土壤具有自净的能力，土壤中含有的微生物可以吸附和降解 VOCs[5~7]，将 VOCs 降解为 CO_2、H_2O 等小分子[8]，从而使污染物的数量发生变化，这可以降低甚至消灭 VOCs 污染物的毒性[9]。VOCs 也能进行氧化还原反应，使其自身氧化成为二氧化碳、水等小分子物质[10]。通过以上分析，污染源排放的 VOCs 在土壤中迁移而导致大气污染的过程会受到气象因素、地理因素、污染源排放的 VOCs 浓度、土壤性质等的共同影响。具体的污染源排放的 VOCs 对目标区域土壤污染程度的影响因素分析如图 12.2 所示。

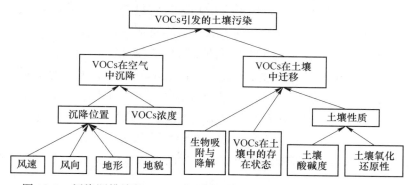

图 12.2　污染源排放的 VOCs 对目标区域土壤污染程度的影响因素分析

12.1.3 VOCs 引发的水体污染程度的影响因素

与 VOCs 造成的土壤污染相似，VOCs 从排气口排出后，也会通过沉降和降水进入水体环境中，从而在水体中产生迁移。风速、风向及地理因素中的地形、地貌会影响 VOCs 的沉降位置。水体具有自净能力[11]，水体中的大量微生物可以降解有机污染物，从而控制水体污染[12]。污染源排放的 VOCs 在水体中迁移而导致大气污染的过程会受到气象因素、地理因素、污染源排放的 VOCs 浓度、水体性质等的共同影响。具体为：污染源排放的 VOCs 浓度和 VOCs 的沉降位置共同影响着 VOCs 在空气中沉降水平；VOCs 中含有酸性和碱性物质，能在水体中发生化学反应。因此，VOCs 随水体迁移、VOCs 在水体中的存在状态、水体酸碱度和生物吸附与降解均会对 VOCs 在水体中迁移产生影响。具体的污染源排放的 VOCs 对目标区域的水体污染程度的影响因素分析如图 12.3 所示。

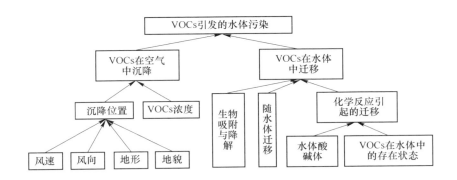

图 12.3 污染源排放的 VOCs 对目标区域水体污染程度的影响因素分析

12.2 目标区域 VOCs 污染程度的关键影响因素辨识

12.2.1 VOCs 引发的污染的事故树模型

污染源排放的 VOCs 可通过在大气、土壤和水体环境中迁移导致目标区域产生污染，而在 VOCs 污染迁移过程中会受到很多因素的影响。为了识别出污染源排放的 VOCs 对目标区域 VOCs 污染程度的关键影响因素，根据图 12.1、图 12.2和图 12.3，将 VOCs 引发的污染设置为顶上事件，将 VOCs 引发的大气污染、VOCs 引发的土壤污染和 VOCs 引发的水体污染认定为 "VOCs 引发的污染" 的下属事件，分析有关 VOCs 的污染迁移的影响因素，构建出 "VOCs 引发的污染" 的事故树，如图 12.4 所示。

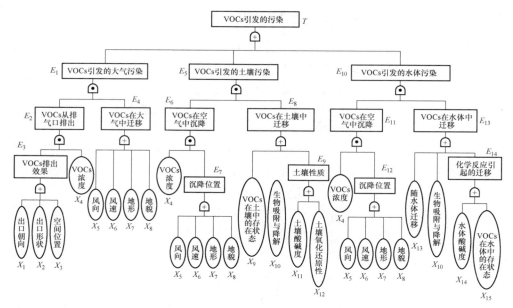

图 12.4　VOCs 引发的污染事故树图

12.2.2　事故树分析

12.2.2.1　最小割集的求取

根据上述建立的事故树,采用布尔代数法求出"VOCs 引发的污染"该事故树的最小割集,将公式进行化简后,得到该事故树的 31 个最小割集,具体内容如表 12.1 所示。

表 12.1　"VOCs 引发的污染"事故树的最小割集内容

编号	内容	编号	内容	编号	内容
K_1	X_1、X_4、X_5	K_{15}	X_4、X_5、X_{11}	K_{29}	X_4、X_7、X_{11}
K_2	X_1、X_4、X_6	K_{16}	X_4、X_5、X_{12}	K_{30}	X_4、X_7、X_{12}
K_3	X_1、X_4、X_7	K_{17}	X_4、X_5、X_{13}	K_{31}	X_4、X_7、X_{13}
K_4	X_1、X_4、X_8	K_{18}	X_4、X_5、X_{14}	K_{32}	X_4、X_7、X_{14}
K_5	X_2、X_4、X_5	K_{19}	X_4、X_5、X_{15}	K_{33}	X_4、X_7、X_{15}
K_6	X_2、X_4、X_6	K_{20}	X_4、X_6、X_9	K_{34}	X_4、X_8、X_9
K_7	X_2、X_4、X_7	K_{21}	X_4、X_6、X_{10}	K_{35}	X_4、X_8、X_{10}
K_8	X_2、X_4、X_8	K_{22}	X_4、X_6、X_{11}	K_{36}	X_4、X_8、X_{11}
K_9	X_3、X_4、X_5	K_{23}	X_4、X_6、X_{12}	K_{37}	X_4、X_8、X_{12}
K_{10}	X_3、X_4、X_6	K_{24}	X_4、X_6、X_{13}	K_{38}	X_4、X_8、X_{13}
K_{11}	X_3、X_4、X_7	K_{25}	X_4、X_6、X_{14}	K_{39}	X_4、X_8、X_{14}
K_{12}	X_3、X_4、X_8	K_{26}	X_4、X_6、X_{15}	K_{40}	X_4、X_8、X_{15}
K_{13}	X_3、X_4、X_5、X_9	K_{27}	X_4、X_7、X_9		
K_{14}	X_3、X_4、X_{10}	K_{28}	X_4、X_7、X_{10}		

在求出"VOCs 引发的污染迁移"的所有最小割集之后，以最小割集 K_1 为例，当基本事件 X_1（出口朝向）、X_4（VOCs 浓度）、X_5（风向）都发生的时候，极有可能导致顶上事件"VOCs 引发的污染"的发生。

12.2.2.2 结构重要度分析

在得出该事故树的最小割集后，需要进行结构重要度计算，这种定性分析方法具有一定代表性，可以分析出这 15 个基本事件对"VOCs 引发的污染"的影响程度。"VOCs 引发的污染"中各基本事件结构重要度按照公式（5-1）[13]并结合表 12.1 进行计算，各基本事件结构重要度计算结果如表 12.2 所示。

$$I_{\Phi(i)} = \frac{1}{k} \sum_{j=1}^{m} \frac{1}{n_j}$$

式中，k 为最小割集总数；m 为含有第 i 个基本事件的最小割集总数；n_j 为第 i 个基本事件所属的第 j 个最小割集中基本事件的总数。

表 12.2 结构重要度结果表

序号	结果	序号	结果	序号	结果
$I_{\Phi(1)}$	0.033	$I_{\Phi(6)}$	0.083	$I_{\Phi(11)}$	0.033
$I_{\Phi(2)}$	0.033	$I_{\Phi(7)}$	0.083	$I_{\Phi(12)}$	0.033
$I_{\Phi(3)}$	0.033	$I_{\Phi(8)}$	0.083	$I_{\Phi(13)}$	0.033
$I_{\Phi(4)}$	0.333	$I_{\Phi(9)}$	0.033	$I_{\Phi(14)}$	0.033
$I_{\Phi(5)}$	0.083	$I_{\Phi(10)}$	0.033	$I_{\Phi(15)}$	0.033

从表 12.2 中的计算结果可以看出，$I_{\Phi(4)} > I_{\Phi(5)} = I_{\Phi(6)} = I_{\Phi(7)} = I_{\Phi(8)} > I_{\Phi(1)} = I_{\Phi(2)} = I_{\Phi(3)} = I_{\Phi(9)} = I_{\Phi(10)} = I_{\Phi(11)} = I_{\Phi(12)} = I_{\Phi(13)} = I_{\Phi(14)} = I_{\Phi(15)}$，通过该排序可以确定对顶上事件"VOCs 的污染迁移"影响较大的五个基本事件为：VOCs 浓度（X_4）、风向（X_5）、风速（X_6）、地形（X_7）和地貌（X_8），这五个是对 VOCs 污染迁移影响较大的五个因素，可以作为关键影响因素进行后续研究。下面需要建立相应的 VOCs 危害程度控制的系统动力学模型对上述事故树得到的结果进行更深层次的分析，研究关键影响因素在不同取值范围时 VOCs 危害程度水平的变化趋势和变化程度，以总结合理的控制措施。

12.3 关联区域内 VOCs 危害程度控制的系统动力学模型

12.3.1 系统动力学模型因果关系图

依据图 12.4 中"VOCs 引发的污染"的事故树图，并分析出各个变量之间的因果关系和正负反馈关系，根据系统动力学中的正负因果关系表示方法，采用 VensimPLE 软件绘制出 VOCs 危害程度控制的系统动力学模型因果关系图，如图 12.5 所示。

在 VOCs 危害程度控制的 SD 系统模型因果关系图中，通过分析各个变量之间的因果正负关系，发现 VOCs 危害程度控制系统的系统动力学因果关系图中含

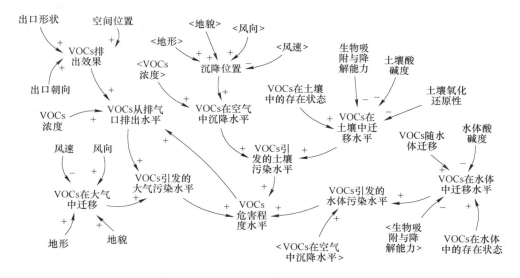

图 12.5　VOCs 危害程度控制的因果关系图

有的四条因果反馈回路如下：

（1）出口形状（出口朝向/空间位置）→+VOCs 排出效果→+VOCs 从排气口排出水平→+VOCs 引发的大气污染水平→+VOCs 危害程度水平→+VOCs 从排气口排出水平；

（2）VOCs 浓度→+VOCs 从排气口排出水平→+VOCs 引发的大气污染水平→+VOCs 危害程度水平→+VOCs 从排气口排出水平；

（3）风速（风向/地形/地貌）→—VOCs 引发的大气污染水平→+VOCs 危害程度水平→+VOCs 从排气口排出水平→+VOCs 引发的大气污染水平；

（4）风向（地形/地貌）→+VOCs 引发的大气污染水平→+VOCs 危害程度水平→+VOCs 从排气口排出水平→+VOCs 引发的大气污染水平。

12.3.2　系统动力学模型流图

根据 VOCs 危害程度控制因果关系图的分析，明确各变量之间的联系，并确定出目标区域 VOCs 产生的危害程度水平高低是由 VOCs 引发的大气污染水平、土壤污染水平和水体污染水平共同决定，而 VOCs 危害程度水平的高低又制约着 VOCs 从排气口排出水平，两者呈反比关系。因此根据所要解决的问题以及各种变量的性质的描述对各变量进行分类，将因果关系图中 VOCs 引发的大气污染水平、VOCs 引发的土壤污染水平和 VOCs 引发的水体污染水平均设置为状态变量，将 VOCs 引发的大气污染水平、土壤污染水平和水体污染水平的增加量设置为速率变量，并添加其他若干变量和相应的系数，采用专业软件 VensimPLE 建立完整的 VOCs 危害程度控制的系统动力学模型流图，如图 12.6 所示。

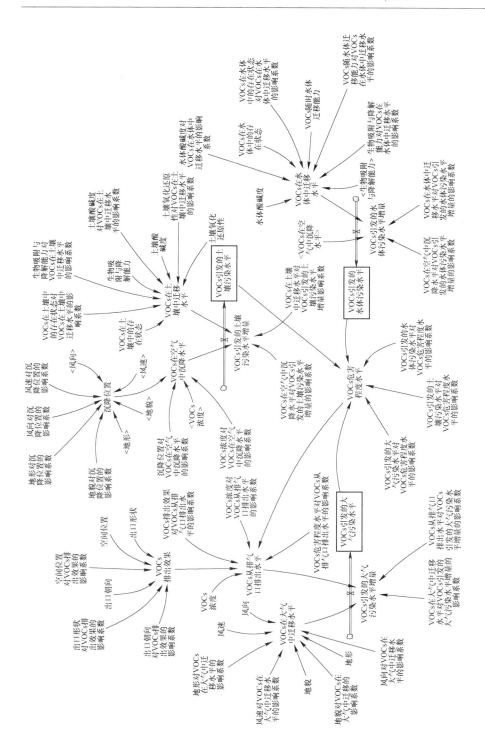

图 12.6 关联区域内 VOCs 危害程度控制系统动力学流图

12.4 案例研究

12.4.1 案例背景及数据来源

2018 年 X 市污染严重，选取第 11 章中处于该市东北方向的工厂 B 作为研究案例，该厂一直源源不断排放的 VOCs 会通过大气、土壤和水体环境迁移至 X 市，对该市的大气、土壤和水体环境造成污染。设置该 SD 模型的初始时间为 0，观测 VOCs 危害程度水平在 10 年内的变化趋势，模型的时间步长为 1 年，通过设定不同的控制场景确定 X 市 VOCs 污染的控制措施。

根据事故树模型中结构重要度的计算结果，可以确定出各基本事件所对应的变量在系统动力学模型中的相关系数，如风速、风向、地形和地貌对 VOCs 在大气中迁移水平的影响程度相同，因此其相关影响系数均为 0.25。模型中有些变量的相关系数采用层次分析法进行确定，如 VOCs 危害程度（y_1）、VOCs 浓度（y_2）和 VOCs 排出效果（y_3）对 VOCs 从排气口排出水平的影响系数的确定：首先根据各变量之间重要程度进行 1~9 的标注得到判断矩阵 A—y_i，经过计算得到各变量的权重值如表 12.3 所示。该 A—y_i 判断矩阵的 $\lambda_{max} = 3.033$，$CI = 0.0165$，通过查表求得 $CR = 0.032 < 0.1$，表明该结果通过一致性检验，可将该计算的权重值作为影响系数使用。根据中国气象数据网、中国土壤数据库以及各变量的结构重要度大小等资料设定模型中一些变量的取值，污染源排放的 VOCs 浓度，根据第 4 章 B 肥料厂排放的 VOCs 浓度确定，为 $3.7232 mg/m^3$。

表 12.3 　A—y_i 判断矩阵及影响因素权重值

A	y_1	y_2	y_3	权重
y_1	1	3	7	0.656
y_2	1/3	1	4	0.265
y_3	1/7	1/4	1	0.080

12.4.2 系统方程的构建

根据相关数据和变量之间的关系建立系统模型方程式，其中模型主要的计算方程式见表 12.4。

表 12.4 　系统模型中主要的计算方程式

系统	变量名称	变量计算公式	单位
大气污染系统	出口朝向对 VOCs 排出效果的影响系数	0.333	Dmnl

系统	变量名称	变量计算公式	单位
大气污染系统	出口形状对 VOCs 排出效果的影响系数	0.333	Dmnl
	空间位置对 VOCs 排出效果的影响系数	0.333	Dmnl
	VOCs 排出效果	出口形状×出口形状对 VOCs 排出效果的影响系数+出口朝向×出口朝向对 VOCs 排出效果的影响系数+空间位置×空间位置对 VOCs 排出效果的影响系数	Dmnl
	VOCs 浓度	3.7232	mg/m^3
	风速	3.2	m/s
	VOCs 排出效果对 VOCs 从排气口排出水平的影响系数	0.08	Dmnl
	VOCs 浓度对 VOCs 从排气口排出水平的影响系数	0.265	Dmnl
	VOCs 危害程度水平对 VOCs 从排气口排出水平的影响系数	0.656	Dmnl
	VOCs 从排气口排出水平	VOCs 排出效果×VOCs 排出效果对 VOCs 从排气口排出水平的影响系数+VOCs 浓度×VOCs 浓度对 VOCs 从排气口排出水平的影响系-VOCs 危害程度水平×VOCs 危害程度水平对 VOCs 从排气口排出水平的影响系数	Dmnl
	风速对 VOCs 在大气中迁移水平的影响系数	0.25	Dmnl
	风向对 VOCs 在大气中迁移水平的影响系数	0.25	Dmnl
	地形对 VOCs 在大气中迁移水平的影响系数	0.25	Dmnl
	地貌对 VOCs 在大气中迁移的影响系数	0.25	Dmnl
	VOCs 在大气中迁移水平	地形×地形对 VOCs 在大气中迁移水平的影响系数+地貌×地貌对 VOCs 在大气中迁移的影响系数+风向×风向对 VOCs 在大气中迁移水平的影响系数-风速×风速对 VOCs 在大气中迁移水平的影响系数	Dmnl

系统	变量名称	变量计算公式	单位
大气污染系统	VOCs 在大气中迁移水平对 VOCs 引发的大气污染水平增量的影响系数	0.5	Dmnl
	VOCs 从排气口排出水平对 VOCs 引发的大气污染水平增量的影响系数	0.5	Dmnl
	VOCs 引发的大气污染水平增量	VOCs 从排气口排出水平×VOCs 从排气口排出水平对 VOCs 引发的大气污染水平增量的影响系数+VOCs 在大气中迁移水平×VOCs 在大气中迁移水平对 VOCs 引发的大气污染水平增量的影响系数	Dmnl
	VOCs 引发的大气污染水平对 VOCs 危害程度水平的影响系数	0.333	Dmnl
土壤污染系统	风向对沉降位置的影响系数	0.25	Dmnl
	风速对沉降位置的影响系数	0.25	Dmnl
	地形对沉降位置的影响系数	0.25	Dmnl
	地貌对沉降位置的影响系数	0.25	Dmnl
	沉降位置	地形×地形对沉降位置的影响系数+地貌×地貌对沉降位置的影响系数+风向×风向对沉降位置的影响系数−风速×风速对沉降位置的影响系数	Dmnl
	沉降位置对 VOCs 在空气中沉降水平的影响系数	0.25	Dmnl
	VOCs 浓度对 VOCs 在空气中沉降水平的影响系数	0.75	Dmnl
	VOCs 在空气中沉降水平	VOCs 浓度×VOCs 浓度对 VOCs 在空气中沉降水平的影响系数+沉降位置×沉降位置对 VOCs 在空气中沉降水平的影响系数	Dmnl
	VOCs 在土壤中的存在状态对 VOCs 在土壤中迁移水平的影响系数	0.25	Dmnl

续表 12.4

系统	变量名称	变量计算公式	单位
土壤污染系统	生物吸附与降解能力对 VOCs 在土壤中迁移水平的影响系数	0.25	Dmnl
	土壤酸碱度对 VOCs 在土壤中迁移水平的影响系数	0.25	Dmnl
	土壤氧化还原性对 VOCs 在土壤中迁移水平的影响系数	0.25	Dmnl
	VOCs 在土壤中迁移水平	VOCs 在土壤中的存在状态×VOCs 在土壤中的存在状态对 VOCs 在土壤中迁移水平的影响系数−土壤氧化还原性×土壤氧化还原性对 VOCs 在土壤中迁移水平的影响系数−土壤酸碱度×土壤酸碱度对 VOCs 在土壤中迁移水平的影响系数−生物吸附与降解能力×生物吸附与降解能力对 VOCs 在土壤中迁移水平的影响系数	Dmnl
	VOCs 在空气中沉降水平对 VOCs 引发的土壤污染水平增量的影响系数	0.5	Dmnl
	VOCs 在土壤中迁移水平对 VOCs 引发的土壤污染水平增量的影响系数	0.5	Dmnl
	VOCs 引发的土壤污染水平增量	VOCs 在土壤中迁移水平×VOCs 在土壤中迁移水平对 VOCs 引发的土壤污染水平增量的影响系数＋VOCs 在空气中沉降水平×VOCs 在空气中沉降水平对 VOCs 引发的土壤污染水平增量的影响系数	Dmnl
	VOCs 引发的土壤污染水平对 VOCs 危害程度水平的影响系数	0.333	Dmnl
水体污染系统	水体酸碱度对 VOCs 在水体中迁移水平的影响系数	0.25	Dmnl
	VOCs 在水体中的存在状态对 VOCs 在水体中迁移水平的影响系数	0.25	Dmnl
	VOCs 随水体迁移能力对 VOCs 在水体中迁移水平的影响系数	0.25	Dmnl

系统	变量名称	变量计算公式	单位
水体污染系统	生物吸附与降解能力对 VOCs 在水体中迁移水平的影响系数	0.25	Dmnl
	VOCs 在水体中迁移水平	VOCs 在水体中的存在状态×VOCs 在水体中的存在状态对 VOCs 在水体中迁移水平的影响系数−水体酸碱度×水体酸碱度对 VOCs 在水体中迁移水平的影响系数−生物吸附与降解能力×生物吸附与降解能力对 VOCs 在水体中迁移水平的影响系数	Dmnl
	VOCs 在空气中沉降水平对 VOCs 引发的水体污染水平增量的影响系数	0.5	Dmnl
	VOCs 在水体中迁移水平对 VOCs 引发的水体污染水平增量的影响系数	0.5	Dmnl
	VOCs 引发的水体污染水平增量	VOCs 在水体中迁移水平×VOCs 在水体中迁移水平对 VOCs 引发的水体污染水平增量的影响系数+VOCs 在空气中沉降水平×VOCs 在空气中沉降水平对 VOCs 引发的水体污染水平增量的影响系数	Dmnl
	VOCs 引发的水体污染水平对 VOCs 危害程度水平的影响系数	0.333	Dmnl
	VOCs 危害程度水平	VOCs 引发的土壤污染水平×VOCs 引发的土壤污染水平对 VOCs 危害程度水平的影响系数+VOCs 引发的大气污染水平×VOCs 引发的大气污染水平对 VOCs 危害程度水平的影响系数+VOCs 引发的水体污染水平×VOCs 引发的水体污染水平对 VOCs 危害程度水平的影响系数	Dmnl

12.4.3　模型灵敏度分析

通过对模型中参数的改变，确定模型中最敏感的参数，从而可以更好地对模型进行修改和完善。灵敏度分析的计算公式[14]为：

$$S = \frac{(Y'_t - Y_t)/Y_t}{(X'_t - X_t)/X_t}$$

式中，X_t 和 X'_t 分别为该参数调整前后 t 时刻的数值；Y_t 和 Y'_t 分别为该参数调整前后 t 时刻的模拟预测值；S_t 为系统模型中某一变量在 t 时刻相对某一参数的灵敏度。如果 S 的计算结果小于 1，则说明该参数对该变量的影响程度较小。

VOCs 危害程度控制模型中的常量有 VOCs 浓度、风速、风向、地形、地貌、生物吸附与降解、土壤酸碱度、水体酸碱度等。通过对模型的研究意义、建模目的进行全面细致的分析，最终确定被测参数。以风速为例，分别以参数的-5%~5%的变化量来模拟，各个指标变化均较为敏感，其中 VOCs 在大气中迁移水平的敏感度为 1.78。运用灵敏度分析对模型进行全面、科学的分析，最终确定的敏感性参数有 VOCs 浓度、风速、风向。

12.4.4 方案设计及结果分析

根据 VOCs 危害程度控制的系统动力学流程图和设定的变量方程式。通过运行模型，得到初始状态下 VOCs 危害程度水平的变化趋势，如图 12.7 所示，可以看出 VOCs 危害程度是呈上升趋势的，如果不采取措施控制 VOCs 的迁移，会导致 X 市的 VOCs 污染越来越严重，从而影响环境和人体健康。

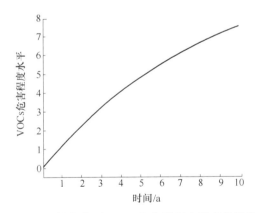

图 12.7　初始状态下 VOCs 危害程度水平变化趋势图

12.4.4.1 方案设计

由结构重要度的计算结果可知，VOCs 浓度、风速、风向、地形和地貌是影响 VOCs 危害程度水平的关键因素，下面将通过改变这五个关键影响因素的取值范围来设定不同的方案，经过模型运行后各方案下 VOCs 危害程度水平的变化趋势结果如图 12.8 所示。

方案 1：模型中各变量的值不变，将污染源排放的 VOCs 浓度值提高 10% 和降低 10%，观察 VOCs 危害程度水平的变化情况。

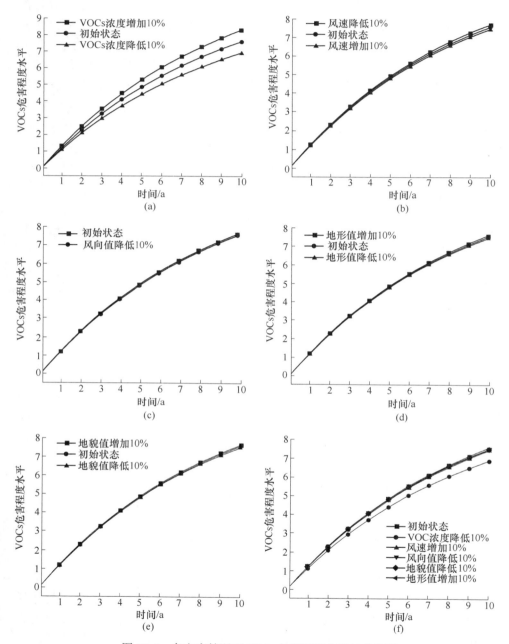

图 12.8　各方案情况下 VOCs 危害程度水平的变化图

（a）方案 1 的 VOCs 危害程度水平变化图；（b）方案 2 的 VOCs 危害程度水平变化图；

（c）方案 3 的 VOCs 危害程度水平变化图；（d）方案 4 的 VOCs 危害程度水平变化图；

（e）方案 5 的 VOCs 危害程度水平变化图；（f）各方案中使 VOCs 危害程度水平降低情况图

方案 2：模型中各变量的值不变，将风速提高 10% 和降低 10%，观察 VOCs 危害程度水平的变化情况。

方案 3：模型中各变量的值不变，将风向值降低 10%，使得污染源排放的 VOCs 迁移至 X 市的量减少，观察 VOCs 危害程度水平的变化情况。

方案 4：模型中各变量的值不变，将地形值增加 10% 和降低 10%，使得污染源排放的 VOCs 迁移至 X 市的量增加和减少，观察 VOCs 危害程度水平的变化情况。

方案 5：模型中各变量的值不变，将地貌值增加 10% 和降低 10%，使得污染源排放的 VOCs 迁移至 X 市的量增加和减少，观察 VOCs 危害程度水平的变化情况。

12.4.4.2 结果分析

由图 12.8(a) 可以看出，当提高污染源排放的 VOCs 浓度时，VOCs 危害程度水平是增加的，当降低污染源排放的 VOCs 浓度时，VOCs 危害程度水平是减少的，并且变化明显，可得出 VOCs 浓度与 VOCs 危害程度水平是呈正相关的，可以通过控制污染源排放的 VOCs 浓度来减少 VOCs 带来的危害。同理，由图 12.8(b) 可以看出，风速与 VOCs 危害程度水平是呈反相关的，原因是如果风速对 VOCs 的输送具有稀释冲淡的作用，风速过大，会使得 VOCs 被吹散，就很难产生污染危害了，因此也可以从风速的角度来控制 VOCs 危害程度水平的增加。在图 12.8(c) 中，模型初次运行时的初始情况是污染源位于 X 市的东北方向，设置风向为东北风，由于 X 市位于污染源的下风向，此时污染源排放的 VOCs 可以顺着风向迁移至该市，当将风向调整为稍微偏离东北风时，此时污染源排放的 VOCs 迁移至该市的量有所减少，使得 VOCs 危害程度水平明显下降，因此可以从风向层面控制 VOCs 污染。在图 12.8(d)(e) 中可以看出，地形地貌也会对 VOCs 迁移产生影响，促进 VOCs 迁移的地形地貌使得 VOCs 危害程度水平增加，而阻碍 VOCs 迁移的地形地貌使得 VOCs 危害程度水平减少，但是影响程度较小。

通过将各方案中的关键影响因素范围调整为使 VOCs 危害程度水平降低的值时运行模型，得到图 12.8(f)。从图中可以看出，VOCs 浓度对 VOCs 危害程度水平的影响幅度最大，其次为风速、风向，而地形和地貌的影响程度最小。通过控制这五个关键影响因素来减少 VOCs 污染危害是最有效的方法，其中控制污染源 VOCs 的排放浓度是最好的方案，其次控制风速和风向也可有效降低 VOCs 危害程度水平，也可以采取其他好的辅助措施来共同控制 VOCs 污染迁移。

12.5 VOCs危害程度控制措施

根据以上的结果分析，可以提出控制污染源排放的 VOCs 产生迁移的措施和建议，以减轻目标区域的 VOCs 污染状况，具体内容如下所述。

12.5.1　从污染源层面采取的控制措施

为了减轻污染源排放 VOCs 对目标区域的污染危害程度，从源头采取措施进行控制是最有效的方法，具体源头控制措施有：

（1）应主要控制污染源排放的 VOCs 浓度，这可以通过在工业生产过程中控制 VOCs 的产生量进行：应鼓励各工业行业使用通过环境标志产品认证的环保新型材料和清洁能源，比如对于涂料和印刷行业，尽量使用水溶性、高固体及无苯的材料，并且各种类型的行业应尽量少用或者不用有机溶剂，以减少 VOCs 的产生；并且如果在生产过程中使用含有 VOCs 的产品和原料时，应设置废气回收装置，将收集的废气进行处理并达到排放标准时进行排放；也可以通过改进工艺流程技术、改进设备等源头控制措施来减少 VOCs 的产生以降低 VOCs 的排放量，从而降低污染源排气口 VOCs 浓度。

（2）可以通过合理设计和安排污染源排气筒的高度、形状、出口朝向以及空间位置来减少污染源排放的 VOCs 对目标区域和中间过渡区域的污染，比如对于污染源排气筒高度的选择，若污染源周围半径 200m 范围内有建筑物时，则应设置其排气筒高度高于建筑物 5m 以上，使得 VOCs 得以吹散，以防止污染源产生的 VOCs 影响危害附近居民的生活和身体健康；对于污染源空间位置的选择，可以根据当地常年盛行风向，合理设置污染源的地理位置和排气筒的出口朝向，使得目标区域位于污染源排气筒出口朝向的上风向，并远离污染源，以控制污染源排放的 VOCs 对目标区域的危害。

12.5.2　从大气污染层面采取的控制措施

在减少了污染源 VOCs 产生量的基础上，为减少 VOCs 通过大气环境到达目标区域的迁移量，减轻污染源排放的 VOCs 对目标区域大气环境的污染程度，可以采取以下控制措施：

（1）为减轻由于污染源排放 VOCs 迁移所产生的污染，可以通过采取在污染区域植树造林的方法，以引导局部气流方向，使得 VOCs 迁移路径多经过具有阻碍作用的地形地貌或者反向远离目标区域迁移，比如若污染区域周边含有较多的高山、河流，可以根据气流方向在该区域种植树木来引导 VOCs 气团迁移方向经过这些高山、河流，从而阻挡部分 VOCs 气团或者使得气团被吹散，进而使得污染源排放的 VOCs 迁移至目标区域的量有所减少，减轻污染状况。

（2）可以通过建立风速和风向监控及测量系统，确定不同时间污染源所在区域的风向和风速大小，并可以根据当地不同的风速大小和风向合理安排污染源排气筒的废气排放量。比如若污染源区域的风速较大时，可以增加排气筒 VOCs

的排放量, 因为此时较大的风速可以将含有污染物的气团吹散, 减少污染的传播; 若当地的风速正常, 且风向有利于 VOCs 向目标区域传播时, 此时需减少污染源排气筒的 VOCs 排放, 使得污染降低。

12.5.3 从土壤污染层面采取的控制措施

在减少污染源 VOCs 产生量的基础上, 为减少 VOCs 通过土壤环境到达目标区域的迁移量, 减轻污染源排放的 VOCs 对目标区域土壤环境的污染程度, 可以采取以下控制措施:

(1) 根据土壤微生物可以吸附降解土壤中有机物这一原理, 通过确定污染源排放的 VOCs 种类、污染源所在区域、中间污染过渡区域和目标区域土壤中 VOCs 的存在形式, 选择可以吸附降解 VOCs 的一些土壤微生物, 通过将 VOCs 降解成小分子物质来消除和降低其在土壤中的毒性, 减少 VOCs 在土壤中的含量, 也抑制了 VOCs 通过污染源区域土壤环境迁移至目标区域, 同时也可以采取此方法治理目标区域土壤中的 VOCs。

(2) 可以根据污染源所在区域、中间污染过渡区域和目标区域的环境特点和土壤中 VOCs 的种类, 合理选用土壤改良剂和化肥等, 通过 VOCs 与这些物品中的化学物质发生化学反应的方式来消除 VOCs 以保护土壤环境, 减少污染源 VOCs 对目标区域的污染危害。

(3) 可以根据目标区域中含有的 VOCs 种类的性质来合理规划该区域的土地利用方式, 这是因为若目标区域中某片区域土壤中沉降有较多具有较强毒性的 VOCs 物质, 这些毒性物质会使得农作物和森林树木等死亡, 导致农作物减产及森林、草地面积退化, 因此此时应避免规划该片土地作为农田、森林、草地等类型来使用, 以减少 VOCs 带来的污染经济损失。

12.5.4 从水体污染层面采取的控制措施

在减少污染源 VOCs 产生量的基础上, 为减少 VOCs 通过水体环境到达目标区域的迁移量, 减轻污染源排放的 VOCs 对目标区域水体环境的污染程度, 可以采取以下控制措施:

(1) 水体污染控制和土壤污染控制类似, 根据水体微生物可以吸附降解水体中有机物这一原理, 可以通过确定污染源所在区域、中间污染过渡区域和目标区域中 VOCs 在土壤中的存在状态, 选择可以吸附降解 VOCs 的一些水体微生物, 通过使得 VOCs 与微生物发生化学反应的方式将其分解为小分子, 以消除和降低其毒性, 减少水体中 VOCs 的含量。

(2) 需要掌握生物吸附降解的作用时间对 VOCs 迁移的影响规律, 合理选择其作用时间以有效发挥生物的吸附降解作用, 并以最大效果对 VOCs 产生的污染进行控制；可以根据污染源所在区域、中间污染过渡区域及目标区域水体环境中 VOCs 的类型，在水体中加入合适的吸收剂等措施来去除 VOCs，以降低其产生的污染。

（3）可以根据目标区域中含有的 VOCs 种类的性质来合理规划该区域的水体利用方式，这是因为若目标区域中某片区域水体中沉降有较多具有较强毒性的 VOCs 物质，这些毒性物质会使得水体中生物的死亡，因此此时应避免规划该片土地作为人工养殖池塘来使用，以减少 VOCs 带来的污染经济损失。

12.5.5 VOCs 末端治理措施

现实生活中，由于生产的需求和各种因素的限制，只能采取措施尽量控制污染源 VOCs 的排放量和通过各种介质到达目标区域的 VOCs 迁移量。而对于已迁移至目标区域的一些 VOCs 气团及目标区域自身排放的 VOCs，这些 VOCs 也会对目标区域产生危害作用，因此需要进行 VOCs 末端治理，从而减少污染带来的损失。一般可以采取催化氧化、吸附、吸收、浓缩等方法进行末端治理，比如对于印刷行业，可以使用预处理、活性炭吸附与深度处理三者相结合的方式进行 VOCs 得有效治理。而对于一般工业行业企业进行 VOCs 末端治理时，可以根据污染源排放废气的浓度高低、风量大小及生产工艺流程等选择合适治理方法。比如若污染源排放废气的浓度低、风量大，此时最应采用活性炭进行吸附，且减少风量、增加浓度等浓缩技术进行治理，并在提高 VOCs 排放浓度后进行净化处理；若废气的排放浓度高，可以使用溶剂回收进行 VOCs 处理，但是当遇到难以回收的 VOCs 物质时，最好采用高温焚烧、催化燃烧等技术进行处理。

12.6 本章小结

用事故树的形式将污染源排放的 VOCs 在大气、土壤和水体环境中污染迁移过程中而引发目标区域污染所涉及的相关影响因素直观地展现出来，通过计算出"VOCs 引发的污染"事故树中各基本事件的结构重要度，识别出污染源排放的 VOCs 导致目标区域污染程度的五个关键影响因素。根据事故树模型建立关联区域内 VOCs 危害程度控制的系统动力学模型，体现了污染源排放的 VOCs 导致目标区域大气、土壤和水体受到污染的过程和状态。通过改变五个关键影响因素的取值范围来设定不同的控制场景方案，根据模型运行结果确定了五个关键影响因素对 VOCs 危害程度水平的影响行为和影响程度，确定了五个影响因素对 VOCs 危害程度控制水平的正负影响行为和影响程度大小，并总结出了关联区域内 VOCs 危害程度控制的措施和建议。该模型可为制定 VOCs 危害程度控制措施以预防目标区域受到更加严重的 VOCs 危害提供参考。

参 考 文 献

［1］ 卢广平，陈宝智. 抚顺市气象和地形因素与大气污染扩散的研究［J］. 辽宁化工，2005
（9）：382~384.

［2］ 王琼琼. 浅析气象因素与大气污染之间的关系［J］. 资源节约与环保，2020（1）：105.

［3］ 万伟，李长秀. 土壤中挥发性有机物分析方法现状与进展［J］. 石油炼制与化工，2019，
50（5）：110~118.

［4］ Chiou C T, Shoup T D. Soil sorption of organic vapors and effects of humidity on sorptive mecha-
nism and capacity［J］. Environ Sci Technol，1985，19（12）：1196~1200.

［5］ Michaels A S, Bixler H J. Solubility of gases in polyethylene［J］. Journal of Polymer Science，
1961，50（154）：393~412.

［6］ Del Nobile M A, Mensitieri G, Nicolais L, et al. Gas transport through ethylene-acrylic acid
ionomers［J］. Journal of Polymer Science，1995，33（8）：1269~1280.

［7］ Schneider N S, Moseman J A, Sung N H. Toluene diffusion in butyl rubber［J］. Journal of Poly-
mer Science，1994，31（3）：491~499.

［8］ 朱颖茹. VOCs挥发性有机物治理技术的应用［J］. 资源节约与环保，2021（2）：
109~110.

［9］ 董娟. 有机物污染的土壤治理方法研究［J］. 化工管理，2019（1）：88~89.

［10］ 廖志琼. 光催化氧化法处理挥发性有机废气的分析研究［J］. 资源节约与环保，2014
（4）：174~175.

［11］ 邓柳. 城市污染河流水污染控制技术研究［D］. 昆明：昆明理工大学，2005.

［12］ 黄晨晨. 基于单体多维稳定同位素技术的沉积物中持久性有机污染物微生物厌氧降解研
究［D］. 广州：中国科学院大学（中国科学院广州地球化学研究所），2021.

［13］ 陈善江. 事故树-层次分析法在预防公路爆破飞石中的应用［J］. 科技和产业，2021，21
（3）：269~273.

［14］ 滕宇思. 基于系统动力学的西安市土地综合承载力评价与预测研究［D］. 西安：西北工
业大学，2016.